スマートテキスタイルの開発と応用

Development and Applications of Smart Textiles

監修：堀　照夫

Supervisor : Teruo Hori

シーエムシー出版

はじめに

衣料用繊維の製造が開発途上国にシフトする中，先進国の有望な繊維産業として“スマートテキスタイル”への展開に注目が集まっている。一昔前，“インテリジェントテキスタイル”と呼ばれてきたが，世の中の色々な分野で，例えばスマートウォッチ，スマート農業，スマートバスなどのように“スマート”と言う冠詞が付与されるようになり，繊維分野でもインテリジェントからスマートに置き換わってきた。このような動きの背景には「第4次産業革命」に代表されるように世の中のAI化，IoT化，さらにはロボット化・自動化がある。現在，約59億の世界の人口は，2050年には89億人になると予想されている。先進国では人口減少が止まらない一方，インド近辺やアフリカなどでの人口は増加の一途を辿る。先進国での人口減少に対応するために，また人材不足に対応するためにもAI化，IoT化はますます重要になる。

このような時代背景の下，衣料用産業分野においてもAI化，IoT社会への対応が急務となり，衣類への賢い（スマートな）機能が要求されるようになってきた。

スマートテキスタイルとは「一般の繊維素材では得られない新しい機能を備えたテキスタイル素材または既存の機能を新規の技術で得るテキスタイル素材の総称」であり，また，少し狭い意味では，「周囲の環境の変化に対応して，着用者の好ましい環境に動的に修整・対応していく機能を持つテキスタイル素材を呼ぶ」こともある。その他に，LEDランプを組み込んだテキスタイル，自立型電源や電池を搭載したテキスタイル，導電性繊維を交編または交織し，その基布に集積回路を構築するものづくりも対象となる。スマートテキスタイル分野の大きな部分を担う電子テキスタイル（e-テキスタイル）分野は電子部品を搭載したテキスタイルで生体情報をモニタリングするなどの目的で，世界各国で開発・販売が進んでいる。

一方，電気・電子分野とは無関係に，冷温感対応機能繊維（夏は涼しく，冬は暖かく感じられる繊維素材），遠赤外線を発生させて保温性を向上させた繊維素材の開発などは別途進められていて商品化も進んでいるが，今後はもっと高機能な機能を備えたものが期待できる。さらには，高い機能を有する新規繊維の製造や高分子アクチュエータを利用するテキスタイルの開発なども期待できる。また，小型のロボットとの組み合わせによる展開などもスマートなテキスタイルの展開も考えられる。

日本では2015年から毎年一回，東京Big Sightで「ウェアラブルEXPO」が開催され，内容は年々充実している。スマートテキスタイルと機能性めがねに関する要素技術と製品開発，さらにこれらを取り巻くアルゴリズムやIoT技術などの展示会である。縮小しつつある繊維産業や電子産業の新しい展開を期待し，経済産業省や日本化学繊維協会なども注目している。「ウェアラブルEXPO」の他にも類似の展示会やこの分野の講演会は国内外で盛んになっている。

スマートテキスタイルが安全にまた互換性をもって世界に普及するには世界共通の規格化が必要となるが，これらについては日本・韓国やヨーロッパなどではIECやISO化を目指しすでに文書作成に入っている。

本書ではスマートテキスタイル開発に必要な材料開発，要素技術をはじめ，スマートテキスタイルがどこまで実用化などについて開発の最先端を行く研究者および技術者に執筆いただいた。これからのスマートテキスタイル分野の参考になることを大いに期待している。

2019年7月

福井大学

堀　照夫

執筆者一覧（執筆順）

堀　照夫　福井大学　産学官連携本部　客員教授
牛島洋史　(国研)産業技術総合研究所　人間拡張研究センター
才脇直樹　奈良女子大学　大学院生活工学共同専攻　教授，学長補佐
清水祐輔　東洋紡㈱　コーポレート研究所　快適性工学センター　部長
上條正義　信州大学　繊維学部　先進繊維・感性工学科　感性工学コース　教授
赤石良一　大阪有機化学工業㈱　事業開発室　先進技術研究所　部長
三寺秀幸　ミツフジ㈱　開発部　素材開発　担当部長
井上　翼　静岡大学　工学部　電子物質科学科　教授
間瀬健二　名古屋大学　大学院情報学研究科　知能システム学専攻　教授
榎堀　優　名古屋大学　大学院情報学研究科　知能システム学専攻　助教
島上祐樹　名古屋学芸大学　メディア造形学部　ファッション造形学科　講師
田中利幸　あいち産業科学技術総合センター　尾張繊維技術センター　素材開発室　主任研究員
水野寛隆　㈱槌屋　技術開発本部　新製品開発センター　副部長
鈴木陽久　㈱槌屋　技術開発本部　新製品開発センター　課長補佐
髙橋秀也　大阪市立大学　大学院工学研究科　電子情報系専攻　教授
山崎　貢　㈱SHINDO　繊維カンパニー　繊維資材部(兼)企画広報部　次長
藤岡　潤　石川工業高等専門学校　機械工学研　准教授
森山信宏　㈱クレハ　フッ素製品部　主席部員
平井慎一　立命館大学　理工学部　ロボティクス学科　教授
ホ アン ヴァン　北陸先端科学技術大学院大学　マテリアルサイエンス系　准教授
松野孝博　立命館大学　理工学部　ロボティクス学科　助教
田實佳郎　関西大学　システム理工学部　学部長，理事
中村雅一　奈良先端科学技術大学院大学　先端科学技術研究科　物質創成科学領域　教授
杉野和義　住江織物㈱　技術・生産本部　テクニカルセンター
陸田秀実　広島大学　大学院工学研究科　准教授
板生　清　NPO法人ウェアラブル環境情報ネット推進機構　理事長；東京大学名誉教授；お茶の水女子大学学長特別招聘教授
清野　健　大阪大学　大学院基礎工学研究科　教授
鳥光慶一　東北大学　大学院工学研究科　ファインメカニクス専攻　特任教授
小野瀬良佑　名古屋大学　大学院情報学研究科　知能システム学専攻　D2
島崎仁司　京都工芸繊維大学　大学院工芸科学研究科　電気電子工学系　准教授
小野千晶　東北大学病院　精神科　学術研究員
富田博秋　東北大学　医学系研究科　精神神経学分野　教授
吉田　学　(国研)産業技術総合研究所　センシングシステム研究センター　スマートインタフェース研究チーム　研究チーム長
木村　睦　信州大学　繊維学部　化学・材料学科　教授
辻　創　(一財)カケンテストセンター　技術部　技術開発室

目　次

【第１編　スマートテキスタイルの基礎と設計】

第１章　スマートテキスタイルの研究動向　堀　照夫

第２章　スマートテキスタイル用プリンテッドエレクトロニクス　牛島洋史

第３章　生活工学におけるスマートテキスタイル研究　才脇直樹

第4章　快適性評価技術　清水祐輔

第5章　繊維製品における感性計測評価　上條正義

【第2編　スマートテキスタイル用材料の開発と応用技術】

第6章　伸縮性アクリル導電材料　赤石良一

第7章　銀めっき導電性繊維 AGposs®　三寺秀幸

第8章　カーボンナノチューブ紡績糸　井上　翼

第9章　導電性織物による布センサの開発

間瀬健二，榎堀　優，島上祐樹，田中利幸，水野寛隆，鈴木陽久

第10章　RFID ファイバー　髙橋秀也

第11章 導電ストレッチテープ「e-Strech」について 山崎 貢

第12章 感圧導電性編物を用いたセンサデバイス 藤岡 潤

第13章 フィルム状ピエゾセンサー 森山信宏

第14章　布地触覚センサ　**平井慎一，ホ アン ヴァン，松野孝博**

第15章　圧電素材を用いたスマートテキスタイル　**田實佳郎**

第16章　カーボンナノチューブ紡績糸を用いた布状熱電変換素子　**中村雅一**

第17章　繊維 / 布帛型太陽電池　**杉野和義**

第18章　柔軟発電素材による海洋エネルギー・ハーベスティング技術

陸田秀実

【第3編　スマートテキスタイルの実用化】

第19章　人間情報に基づいた冷暖房制御による快適衣服の実現

板生　清

第20章　暑熱労働環境の安心・安全を守るスマート衣服の開発

清野　健

第21章　シルク電極による医療機器開発　鳥光慶一

第22章　布圧力センサを用いた衣類型褥瘡予防介護補助システム

榎堀　優，小野瀬良佑，間瀬健二

第23章 導電性織物の無線応用 島崎仁司

第24章 「産後うつ」研究向け妊婦用スマートテキスタイルの開発 小野千晶，富田博秋

第25章 高伸縮性配線材料とそれを活用した圧力・伸びセンサー 吉田 学

第26章 有機導電性繊維を用いたテキスタイルデバイス 木村 睦

第27章　スマート防護服　　辻 創

第1編
スマートテキスタイルの基礎と設計

第1章　スマートテキスタイルの研究動向

堀　照夫[*]

1　繊維産業の背景とスマートテキスタイルへの展開

1．1　繊維産業の変遷

イギリスを中心に起こった産業革命で大きな役割を演じたのは繊維産業であり，世界の産業構造を変えたと言っても過言ではない。日本においても戦前戦後の経済急成長に大きな役割を演じたのが繊維産業であった。日本はヨーロッパ・アメリカから繊維産業の技術を導入し，安価で品質の良いモノづくりで世界の繊維産業のトップに躍り出た。しかし，衣料用繊維産業は，その後は労働力の安価なアジア各国，東欧諸国などへその生産基地を移し，今では，欧米では合成繊維の製造量も大きく低減している。フランスなどでのファッション産業に用いられる繊維素材も海外からの依存が増している。

こんな中，欧米の繊維産業は新しい用途展開を進めてきた。いわゆる「テクニカルテキスタイル」と「スマートテキスタイル」分野へのシフトである。テクニカルテキスタイルは繊維を衣料用以外の産業分野に優れた部材として利用するもので，コンクリートに混ぜて軽量で強い構造物を作ったり，飛行機や自動車のボディー製造の新規材料を提供したり，電気・電子製品の筐体に使われたり，その応用範囲は増え続ける。今では日本の合成繊維メーカが製造する繊維の70％程度がこのような産業用資材として使用されている。これらの分野はすでに数十年の実績を積み重ね，製品の規格化や国際標準化も進んでいる。

一方，スマートテキスタイル分野は少し前まで「インテリジェントファイバー」と呼ばれてきたもので，「より賢い繊維」を作ろうとする繊維産業への展開である。世の中で，スマートウォッチ，スマートオフィス，スマート農業などの色々な分野で，「スマート」の形容詞として使われるようになると，この分野もスマートテキスタイルと呼ばれるようになってきた。スマートテキスタイルの定義は前項に記した。衣服が暑さ・寒さなどから体を守り，美しく着飾るだけでなく，より高度な機能を付与した衣類がスマートテキスタイルである。

先進国での人口減少が進み，豊富な人材確保ができないこれからの社会において，多くの人手を使わず便利な社会生活を営む必要性が増してくる。世の中の情報がスマホなどを介して容易に得ることができ，さらに外国語も自由に通訳してくれる時代となってきた。

このような便利な機能を衣服に付与する技術がスマートテキスタイル技術であり，中でも電子

＊　Teruo Hori　福井大学　産学官連携本部　客員教授

部品などを組み入れた電子テキスタイル（e-テキスタイル）について，ドイツやフランスをはじめとするEU諸国で20～30年前から特に活発に研究がすすめられてきた。最近では香港や台湾でも急激に成長している。日本は少し遅れて開発が始まり，今では各技術要素では世界に並んだと言えよう。ここでは，国内外のスマートテキスタイル研究開発の状況について，特に，その要素技術と商品展開について解説する。

1. 2 初期のスマートテキスタイル研究

2006年に筆者らは「Future Textiles—進化するテクニカルテキスタイル」[2]を出版し，ここで当時のスマートテキスタイルの開発状況をまとめて紹介した。いわゆるe-テキスタイルの基本形である音楽を聴けるジャケット（写真1，左）はジャケットの腕の部分に作成したボタン部を押すことで，ポケットに入っている“ウォークマン”の再生，停止，早送り，逆戻しができる。生地には導電性繊維が縫い付けられ，押しボタンや音楽機器と連結されている[3]。

写真2は背中の部分に張り付けられた柔軟なソーラーパネルを利用し発電できるジャケットである。充電器を内蔵し，種々の電子機器に接続し，利用できる便利なジャケットである(ScotteVest社)。この他に，導電性繊維をパッチアンテナとして着装し，ケーブルを通じてGPS/Soldierラジオに接続されたウェアラブルアンテナも20数年前から米軍で使われている[4]。

同じく20数年前からヨーロッパを中心に電飾をあしらったウェアで着飾ったファッションショーが頻繁に行われた（一例を写真3に示す）が，最近ではこのような動きは少ない。

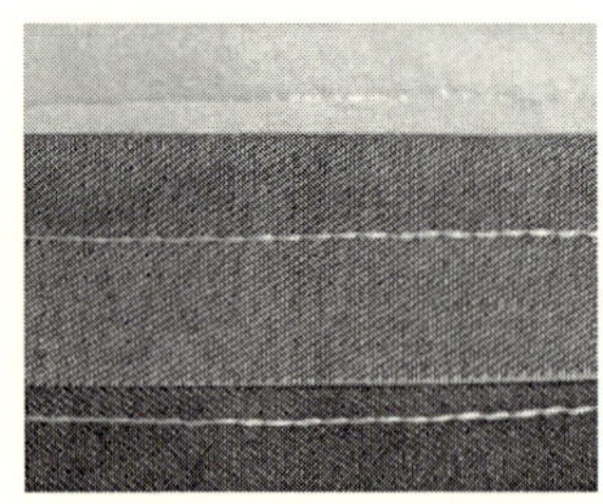
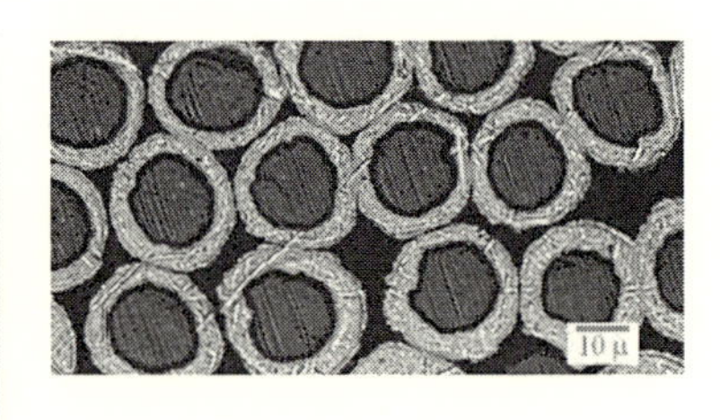

写真1　電子テキスタイルの基本形（左），めっき繊維の挿入（中），めっき繊維断面（右）

写真2　SCOTTeVEST社のソーラーパワージャケット

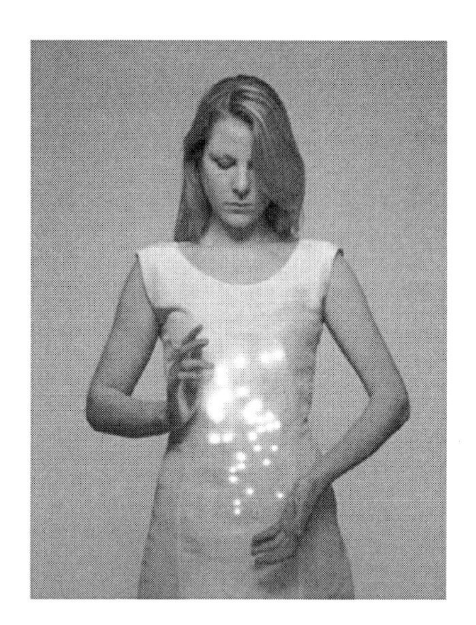

写真3　電飾された衣服

2　新時代のスマートテキスタイル研究

2. 1　欧米からの提案とアジアへの普及

前述のように，欧米では，1990年以降，徐々に衣料用繊維産業の勢いがなくなると，繊維が有する優れた物性を生かし，テクニカルテキスタイル分野での展開が進み，少し遅れて，さらに高い機能を付与した「インテリジェント繊維」（その後，スマートテキスタイル）の研究が徐々に進められた。特にウェアラブルコンピュータに代表されるように電子デバイスやセンサーなどと連結した衣服の展開が始まった。ウェアラブルコンピュータはもっと以前から展開が進むと思われてきたが，携帯電話・スマートフォンの進展により，必要性が低下し，大きな進展はなかった。

ヨーロッパでは，繊維業界の異業種交流が進み，スマートテキスタイルに関するモノづくりに拍車がかかると，EU各国が連携し，共同で推進するプロジェクトが組まれるようになった。例えば，大面積のテキスタイルに半導体チップを埋め込む応用を狙ったPASTA（Platform for Advanced Smart Textile Applications）計画[5]は，ベルギーのIMEC，フランス原子力庁CEA，ドイツのフラウンホーファ，スイスSCEMなど8団体が共同で研究開発を開始した。現在は13団体となり，第7フレームワークを実施している。詳細は論文やインターネットの情報などを参考にしてもらいたい。

アメリカでもスマートテキスタイル関連の研究開発は進むが，背景に軍事産業，NASAなどがあるため多くの情報収集は容易でない。

写真4　台湾の生体モニタリングシャツの例

また，衣料用繊維産業が熟成した台湾，香港，さらには中国，韓国でもスマートテキスタイル研究は一気に進んだ。日本はこれらのアジア諸国よりも少し遅れを取って動き出した。例えば，台湾のAiQ社は約20年前から生体モニタリングシャツを製造し，長年に亘ってアメリカなどへの輸出を行っている。また，毎年，医療やセキュリティー分野を対象に大規模な展示会も開催されている。

スマートテキスタイルの重要な部分を担う電子テキスタイルは，スポーツをはじめ，医療・介護，保育，教育機関，建築・土木分野などでも，従業員の健康管理や事故防止のために，スマートテキスタイル実用化への動きが始まっている。ロンドンの技術コンサルティング企業であるCientificaが2016年に発表した市場調査レポートによると，スマートテキスタイルの世界市場は，2025年までに1,300億ドル（約14兆円）を上回ると予測している。

2. 2　日本のスマートテキスタイル研究

2013年に，日本とフランスの間の日仏産業協力の中で，「日仏繊維協定」が締結された[6]。生産復興省競争力・産業・サービス総局，経済産業省製造産業局，アップ・テックス，テクテラ，日本化学繊維協会及び繊維学会が参加している。日本では，繊維学会が，この実働研究部隊として，「スマートテキスタイル連携研究推進委員会」を設立し，活動を行ってきた。一方，日本繊維機械学会では2012年からe-テキスタイル研究会を立ち上げて活動していたが，活動内容が繊維学会の「スマートテキスタイル連携研究推進委員会」に類似し，参加者もダブることから，これら2つの研究会を2016年4月に統合し，新しい「スマートテキスタイル研究会」が組織された。また，2016年6月には，日本繊維製品消費科学会もこの研究会に同調し，この3つの繊維系学会が1つの研究会を共同で運用することになった。日本の小規模な繊維系3学会が一つの研究会を運用することは極めて望ましいものである。

経済産業省もこの3学会連携の研究会運用を大いに期待している。欧米らに比べ遅れていたこの分野の研究開発を効率的に，より活発に進めることは日本の繊維産業の新しい展開に繋がっていくことが期待される一方，最近では，日本電子情報産業協議会（JEITA）や半導体団体（SEMI）などとも連携し，“硬い”電気・電子材料と“柔らかい”テキスタイルとの組み合わせによる従来になかったスマートな製品づくりと，この展開およびこの分野に関連する国際基準規格化IECへの提案は韓国が先行したが，今は韓国・日本が共同でウェアラブル関連のN文書を作成し，IEC-TC124で規格化が進められている。まだ公表はできないが投票段階まで進んでいる。

スマートテキスタイル研究会では，基礎研究から製品化・事業化への展開を目指すとともに，電気・電子，IT，健康，スポーツ，環境，社会科学などとの異業種の分野と連携した新しい展開が大いに期待している。

3　スマートテキスタイル開発の要素技術

スマートテキスタイル分野の重要な製品であるe-テキスタイルを製造するには以下の部品（要素）を準備する必要がある。

2018年2月のプリメールビジョン（パリ）で，公式では初めてウェアラブルラボの展示が行われた。特に新しいものは見られなかったが，スマートテキスタイルを作るための部品がまとめられていた。いずれも先端技術ではないが，まさに基本形であった。

(a)　生地。肌との接触を考慮して選択する必要がある。

(b)　導電性繊維。適切な電気抵抗を有し，摩擦や洗濯に対する耐久性も要求される。

(c)　導電性接着剤・ペーストなど。電子回路形成に用いられる。高い接着性と伸縮性も要求されるようになっている。

(d)　センサー，デバイス，ICチップなど。衣料に搭載するため，小型化，軽量化，薄型化が求められる。

(e)　電源・バッテリー。軽量で小型の自立型バッテリーが必要となる。

これらの部品が揃った後はこれらをテキスタイル上で連結し，目的としたセンサリングができるよう組み合わせていく技術が必要となる。これらの技術として①半田，②カシメ，③絡み，④接着，⑤刺繍，⑥プリントなどがある。半田や刺繍などについて詳細は延べないが，一部の技術については後述する。

3．1　導電性繊維

e-テキスタイルには電気・電子部品を衣服に搭載し，それぞれを導電性繊維で連結して仕上げる。導電性繊維の製造方法には大きく分けて次のようなものがある。

①　導電性物質を練込んで紡糸した繊維。主に繊維メーカで製造される。この方法で製造された導電性繊維は高い耐洗濯性を有する。

② めっき繊維。ポリエステルやナイロン，その他各種繊維を銀・銅めっきして得られるもので，本来めっきの密着性は十分でなかったが最近では30回以上の洗濯に耐えうるものも多くみられる。日本でもミツフジなど10社以上が実用化販売している。写真5は2017年のTechnical Textile展に展示されたスイス製の各種金属スパッタ繊維の例を示した。

③ 金属繊維。ステンレスや銅の細線化技術の向上により，100 μmの金属線が織編できるようになっている。有機繊維に比べ折れやすい，重い，硬いなどの欠点もあるが電気抵抗は非常に低く，用途によっては欠かせない。防錆加工を付与すれば耐洗濯性には問題がない。

④ 金属繊維カバリング糸。上述の金属繊維をポリエステルやベクトランなどの糸にカバリングしたものは半田付けもでき，洗濯耐久性もあるため用途が広まっている。電気抵抗も低いが，太くなる欠点がある。

⑤ 金属めっきフィルムのスリット糸。金属スパッタリング法などで金属皮膜を形成させたポリエステルフィルムなどをスリットし，繊維状にしたもので，金糸・銀糸などはこの方法で作られるものが多い。最近では密着性も向上している。

⑥ 繊維の内部だけを導電性化し，表面近辺は思うように染色できるように工夫されたものの展開も進んでいる。意匠性にメリットがある。

これらの導電性繊維の規格化・国際標準化はIEC TC124やISOで規格化の提案がなされている。繊維系では繊維の長さ当たりの抵抗Ω/mが主として用いられるが，電気電子系では体積抵抗Ω·cmが主となるなどの問題も解決されていない。

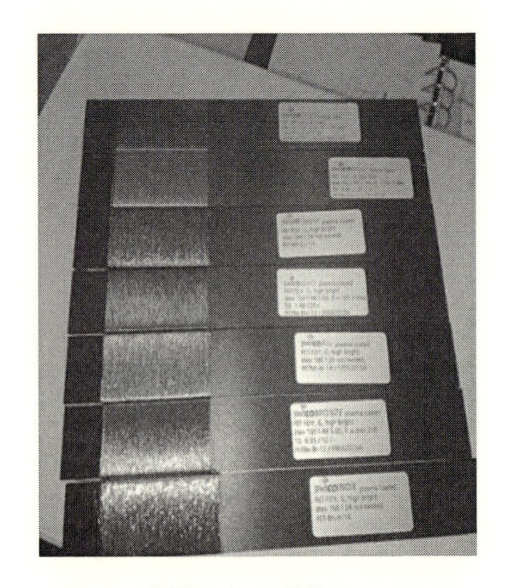

写真5 金属スパッタ繊維 Swicofil AG

3. 2　導電性ペーストおよびインキ

布帛上に回路を形成するために最も手軽い手法は，接着性のある導電性インキをインクジェット法やマスキング法である。この目的に開発された導電性ペーストやインクは一般には銀塩やカーボン粉末を練り込んだ高分子を用いて調製される。このため材料の色である黒色のものが多い。ナガセケムテックのDentronなどはこの目的に市販されている。有機の導電性物質ポリエチレンジオキシチオフェン/ポリスチレンスルホン酸PEDOT・PSSを練り込んだ繊維もあるが，導電性は低く，物理強度に問題が残る。

2016年の「ウェアラブルEXPO」で紹介されたセメダイン社の導電性接着剤Super-Xは弾性があって，いろいろなものを接着できる。その後放熱などのさまざまな機能を付加された。布や普通の接着剤では難しいシリコンゴムにも直接よくくっつく上に，回路が描ける。

Dupont社では，60℃でキュア可能な導電材料を出展した。従来の材料の硬化には100～120℃の高温が必要であったことから考えると，非常に便利な導電材料である。

また，これらの導電性ペーストをプリント後の布帛の伸縮性に対応できるものも準備されだした。一部では洗濯耐久性を向上させたものも見受けられる。

3. 3　絶縁ペースト

回路形成において絶縁部を確保する必要性もあり，この目的に絶縁ペーストも準備されている。規格化に関する例は見受けられない。

3. 4　伸縮性ロープ・テキスタイル

スマートテキスタイルに用いられる導電性繊維には用途により伸縮性が要求される場合が多い。旭化成のロボ電はこの代表的なもので第一回ウェアラブルEXPOをはじめ海外の展示会でも紹介されている。その他に，カジナイロンの伸縮性テキスタイルはカラーリング可能な導電性繊維として紹介されている。導電性シリコンゴム（信越化学），導電性塗料（呉竹）カーボン分散技術，ヤマハ「Stretchable Strain Sensor」も興味深い。規格化に関する情報は得ていない。

3. 5　各種センサー

3. 5. 1　ストレッチセンサー

ヤマハの「Stretchable Strain Sensor」は，ゴムのように伸び縮みするセンサーを使って，指の動きをモニタリングできるウェアラブルセンサーを紹介した。センサーの伸びの量によって電気抵抗値が変わるので，それによってどの指がどれ位曲げ伸ばしされているのかを計測することができる。センサーがついたグローブはストッキングのような素材を使っている。また，ヤマハのストレッチャブル変位センサーもゴムのように伸縮する変位センサーで，衣服や皮膚に取り付け，人の動きをリアルタイムで可視化できる。

3. 5. 2 圧力センサー

㈱槌谷は織物上の各所の圧力をリアルタイムでセンサリングできる布帛を開発した。この技術は生体センシング用にも展開できる。関西大学と帝人のグループは圧電組紐と圧電ローラを開発し，身体の動きをセンサリングするシステムの開発を進めている。

3. 5. 3 その他のセンサー

その他，居眠り防止用のセンサー，湿度センサー，温度センサーなどがあり，必要に応じて衣服類に装着できる。

3. 6 自立型バッテリー

まだ十分利用できるものは見当たらないが，今後の展開が望まれる分野である。今年の展示会で目についたもの2点を紹介する。1点目は㈱SHINDOが展示したLED織りこみリボンに接続されていた充電式の小型電源である。USBメモリ程度の小型でありながら，16時間連続使用可能となっている。これは各分野に応用可能と期待できる。もう一つはセイコウ電子の未来型電源である。環境発電によって発電されるμWやmWレベルの電力をキャパシタなどの蓄電素子に集めて，無線通信モジュールの電子回路を作動させるものである。また，汗の乳酸と反応する酵素発電により，乳酸量のセンシングと無線通信を行う「CLEAN汗パッチ」も興味深く思った。住江織物は大学などとの国のプロジェクトで太陽発電糸を開発している（図1）[7]。

一方，直径1 mm程度の球状太陽電池を導電性糸に直列に配置（半田付け），これを織機で織り上げた太陽光発電織物は福井のグループで開発されている（写真6）[8]。織物表面に樹脂加工することで耐候安定性や水に対する耐久性が確保されている。

これらのバッテリーにもまだ基準化についても取り組みは進んでいないようである。

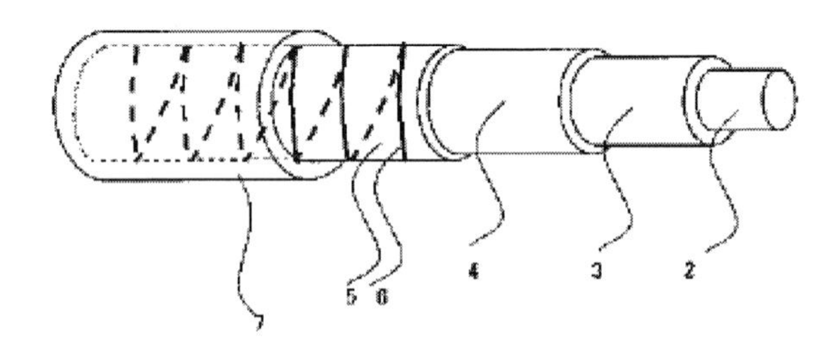

図1 繊維状太陽電池（住江織物）

1：基本繊維，2：導電材料，3：陰極側緩衝層，4：活性層，
5：透明電極層，6：電気取出線，7：封止層

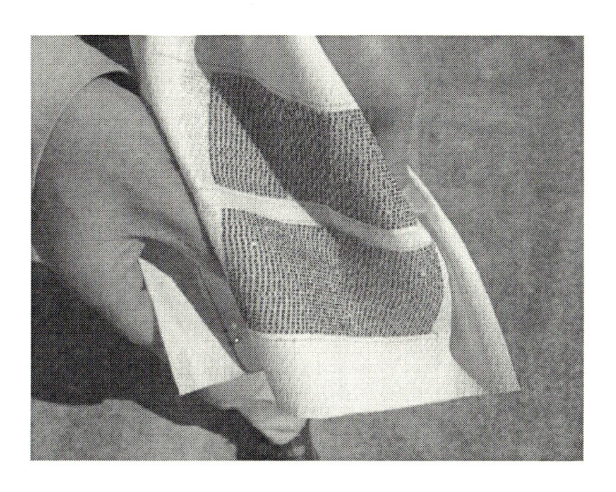

写真６　太陽光発電織物

3. 7　接続技術

導電性繊維やセンサーなどを接続し，また電子回路構成の技術は種々提案されている。従来技術と併せ，a）半田，b）カシメ，c）接着，d）絡み，e）プリント，f）刺繍などの技術が高度化され，またそれぞれがスマートテキスタイルを作り上げるにふさわしい方向に展開されている（図２参照）。プリント配線については電気電子系では規格があるが，織物用への記述はない。

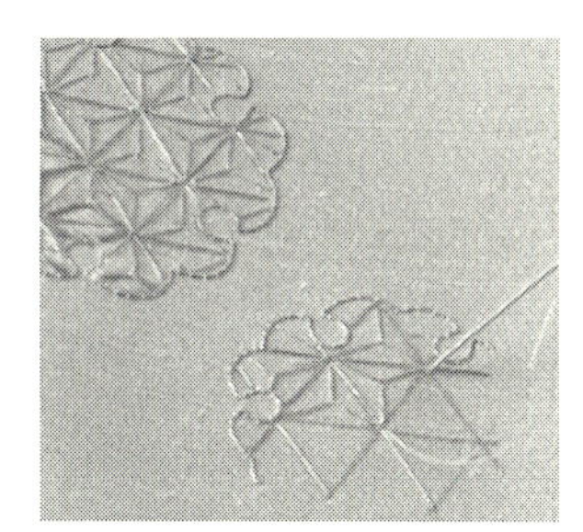

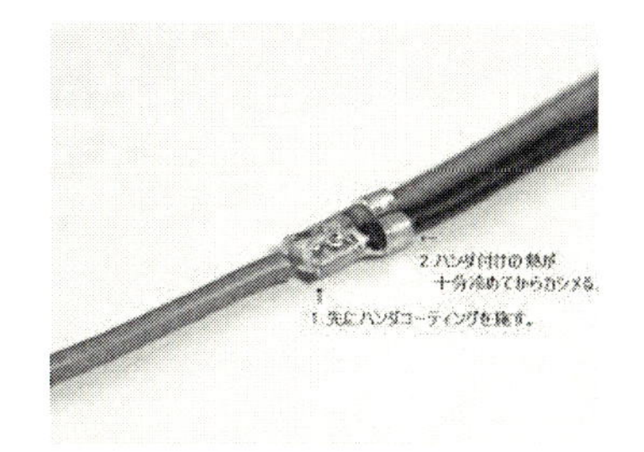

図２　回路構成技術
左上：半田，右上：刺繍
左下：プリント，右下：かしめ

4　スマートテキスタイルの開発と実用化

4. 1　シャツ型スマートテキスタイル

一昔前，e-テキスタイルと呼ばれた時代の開発製品はすでに業界紙やインターネットで数多くが紹介されている[9)]。例えば，背中の部分に太陽光発電パネルを張り，内部に充電器を入れ，各所にコンセントを配置したジャケットはアメリカではかなり販売されている。この種のジャケットは次々と新しいものの展開が行われている。また，アンテナをプリント配線した兵士用のジャケットは，GPS やソルジャーラジオなどと接続でき，兵士には便利なアイテムである。その他，痴漢退治用の衣服ノーコンタクトジャケットは，内蔵した 9 V の乾電池から 8 万ボルトの低電源電流により痴漢に対しショックをあたえるもので，着用者を守るための絶縁に工夫がある。

ここでは，2016，2017，および 2018 年に開催された「ウェアラブル EXPO」で目に付いた展示内容および最近目にした開発状況からいくつかを紹介する。

4. 1. 1　生体センシング用ウェア

現在，主となっているスマートウェアは心拍数などを計測するためのセンサーを内蔵させたもので，一般的には体に密着させる必要がある。しかし，そのためにセンサー用の電極や配線が着心地を悪くし，伸縮性を低下させるようなことがあれば本末転倒となる。先行したフランスの Cytizen Science 社の Smart Shirt や東レの hitoe はよく知られている。

前述の AiQ 社（台湾）などは米国に対し 20 年ほどの販売実績がある。欧米や台湾が先行したが，今では日本も各社が独自に心臓のセンシングを主体としてスマートシャツの開発が始まった。基本構造はほぼ同じで，電極（ウェアーに直接接続）＋センサー＋導電性繊維＋トランスミッターからなり，スマートフォンなどを用いて受信し，必要に応じてクラウドを利用した処理が行われる。

各社の展開を下記にまとめた。

・hitoe（東レ：ナノファイバー・PDOT・PSSA 利用）

・COCOMI（東洋紡：伸縮性素材）

・e-stitch（帝人：圧電刺繍）

・衣料型ウェアラブルシステム（グンゼ：ニット）

・hamon（ミツフジ：銀繊維）

・Xenoma（東大からのベンチャー企業：プリンテッドエレクトロニクス）

・その他

重要なことは，これらの開発は繊維企業だけでできるものではなく，ここには電気・電子企業が必ずかかわっていること，さらには生体関連分野に熟知しなければならないことである。先行したのは東レで，NTT の協力を得，hitoe の商品名で登場した（写真 7）。欧米他社と異なる技術にはナノファイバーを用いた電極であった。当初は着用にあたって心臓近辺に接触する部分を水で濡らすような指示があった。次いで発表された東洋紡の『COCOMI』は 2016 年 EXPO で

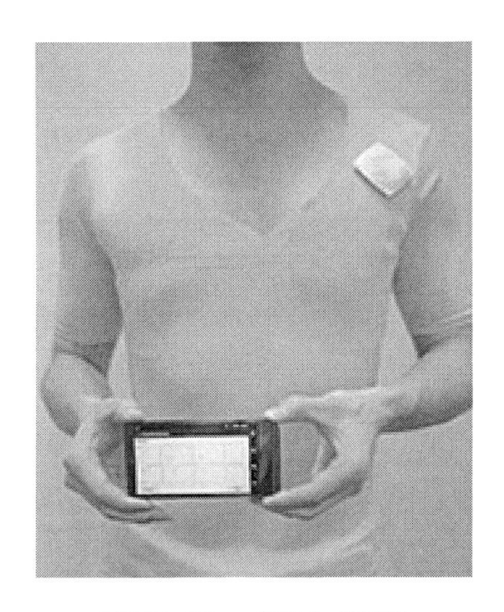

写真７　hitoe（東レ）の外観

写真８　COCOMI（東洋紡）の心臓モニタリングウェア

展示されたデモ用の心電図が取れるデバイスを展示した。『COCOMI』では電極と配線部の段差をなくし，非常に高い伸縮性を持つ配線材を開発し，自然な着心地を実現している。また，配線材は非常に導電性が高く，激しく伸び縮みしても電気をよく通すため，微弱な心筋などの電気信号も正確に送ることができるという。両手をデバイス上に置くだけで両手を置くだけで心電図が取れるデモもあり，衣服用への展開も進んでいる（写真８)。

写真9　非接触型センシングウェア（iSmartweaR：台湾工業技術院）

帝人，グンゼらも特徴ある技術を用いて新規性を出している。ミツフジは大型の投資を行い，福島に当社のセンシングシャツ hamon の製造に踏み切った。

東大からのベンチャー企業 Xenoma 社はプリンテッドエレクトロニクスを用いた最新技術で展開が期待される。

グンゼは NEC との共同プロジェクトで，当社が開発した機能性インナーウェアに NEC の小型ウェアラブル端末を接続し，スマホ経由でクラウド環境にデータを送信し蓄積。そのデータを活かして健康管理などに活用することを想定したシステム開発を進めている。

これに対し，最近非接触型の心拍モニタリング衣服が出てきた。まだ日本では紹介されていないが台湾の工業化学技術院が開発し，政府から表彰を受けた Non-contact SmartSuit (iSmartweaR)（写真 9）[10]がこれである。非接触型 radar sensor 技術と導電性ナノ銀粒子を用いてプリントされたアンテナ部からなり，生体情報（HB/BR/Motion）をモニタリングする衣服である。50 回洗濯にも耐え，HR は 48～240 beats/min（精度 95％以上），ワイアレスデータ送信は BT4.0，バッテリーは 250 mAh のリチウム電池である。

接触型も改良が進み，各社最新のものを展示していた。同じく台湾のものであるが，G.Puls International 社の Smart Clothing はシャツ型とチェストベルト型を展示。出来栄えは非常にいいものであった。

2019 年は展示がなかったが，昨年のグンゼ㈱の牛の酷暑対策ウェアラブルシステム『ウシブル』は，特殊な素材で作った牛用のウェアに水を浸透させて，その気化熱でウシの体温を下げるシステムで，導電性ニット線材を編みこんで，ウェアの濡れ具合を検知し，床に滴り落ちない適量の水を注水するためのコントロールに使っている。このアイデアは真夏に開催されるオリンピック観戦用のウェアなどへの展開として個人的には期待している。

生体センシングウェアの分野の先端を行くのはフランスである。2018 年 2 月に生体センシングウェアの最先端を行く BioSerenity 社を見学する機会を得た。この会社は 2013 年に設立され，開発研究所が何と 16 世紀創設のパリの総合病院（AP-HP，100,000 人を超えるスタッフ大病院）の中にある。ここで同社 COO の Marc Frouin 氏らから会社の概要，病院との連携などについて説明を受け，開発された身体計測用シャツやヘッドギアーなどの実物の紹介を受けた。病院内の BioSerenity 社のスタッフは hardware, software, biochemistry, medical らの専門家からなり，それぞれが 10～15 人のグループ。medical が中心を担う。

ここで開発された生体センシングウェアには図 3 に示すように各種センサーやインピーダンスが接続されていて，これを着用していれば生体の 50～60 の情報が得られるという。データは必要に応じてスマホなどを介し，ナースステーションなどに送信される。看護婦が患者のところへ出向かなくても生体情報が入ってくるのである。2020 年までは病院患者のみを対象とし，2020 年以降は在宅患者にも利用するという。2019 年からは年間 5 万着を生産し，世界 11ヵ国に供給するという。

説明を受けた後，古くからの綿織物の産地である Troyer にある生産工場を見学した。倉庫には日本，スイス，ドイツ製の導電性繊維（抵抗は 300 Ω/m と比較的高い）のボビンや各種センサーなどが準備されていた。製造工場内には織機・編機，ボンディング機，などが配置され，次々とセンシングウェアが製造されていた。洗濯機を用いた最終製品の洗濯試験もされている。

出来上がった製品は写真 10 にあるように綿織物の 2 重構造であり，2 層間には導電性繊維による配線やセンサーが接続され，肌に触れる部分にはいくつかのホックが出ている。小売りはされず，ソフトウェアと合わせてセットで売られるという。日本では各社が心臓モニタリングウェアを開発し，生産を開始したが，売り先が絞られていなく大量生産が見込めない状況にある中，

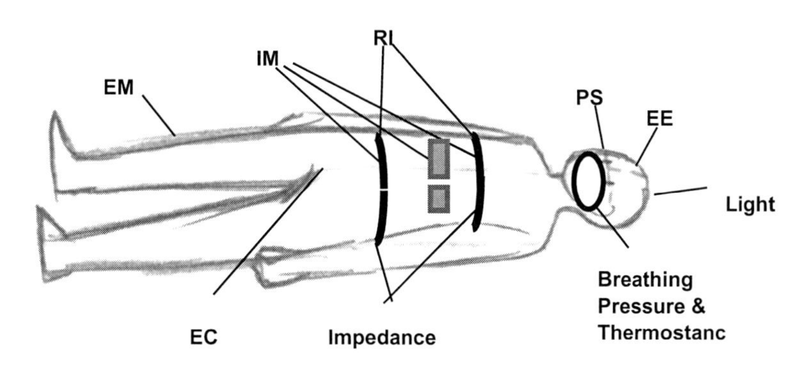

図 3　Bioserenity 社の生体センシングウェア内の各種センサーなどの配置

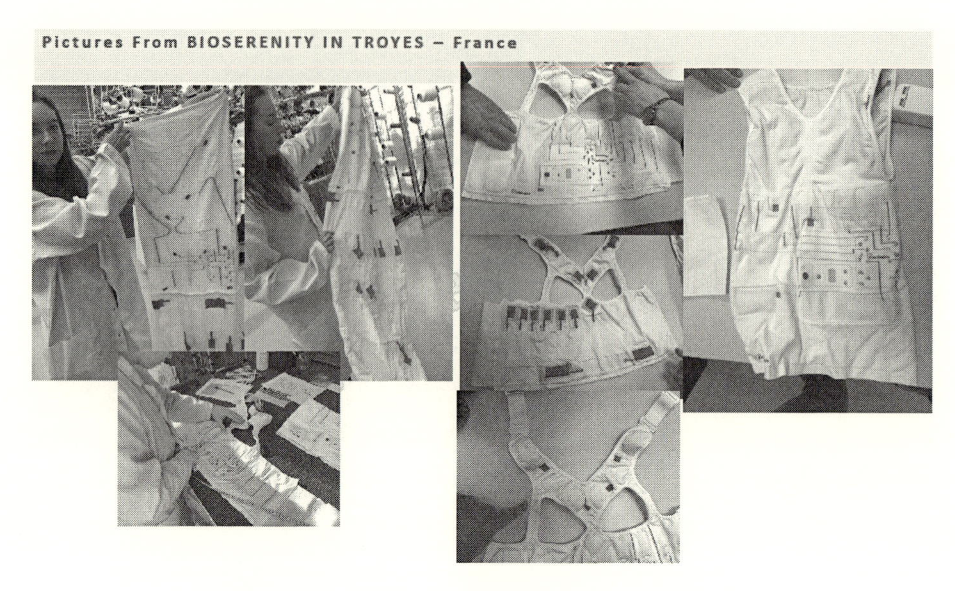

写真 10　Bioserenity 社の患者用生体センシングウェア

患者をターゲットに絞って開発されたフランスの展開は多いに参考になる。製品は，CS 基準はクリヤーし，現在は，認証機関イギリス（FDA）とドイツ（TUF）の認証を目指している。また，世界各国の基準および規格に対応すべく進めるという。さらに，生体適合性にはISO10993，OEKOTEX などの認証も必要とのことであった。

4. 1. 2　その他

(1) ウェアラブルヒーター

㈱三機コンシスはウェアラブル布製ヒーターを展示した。これはヒーターの原料として銀糸を編み込むことで柔らかく，伸縮性・通気性も確保するものである。縦横方向に 200％伸びる布製伸縮ヒーター（HOTOPIA）で，実際には，銀糸を織り込んでいる，裏表で絶縁糸を使っているので電気的には絶縁，通電で即暖などの効果を強調していた。現状では規格はない。

類似なものは台湾の LiTex 社からも数年前から出展されている。

(2) 癲癇患者用センシングウェア

ミツフジは，フランスの企業 BioSerenity が開発したも「てんかん患者のバイタルデータをモニタリングするための服と帽子」のセットを展示した（写真 11）。昨年の EXPO 会場では実際にこれを使った製品も展示されていた[11]。Bioserenity 社の研究所でもこれが展示されていた。すでに政府の許認可を得，販売も開始されているが，規格化はされていない。あちこちにデバイスが入ってはいるが，それでも一般的な服のシルエットに収まっている。

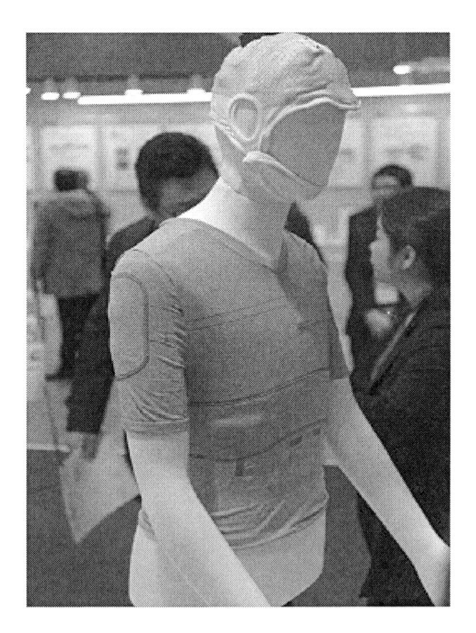

写真 11　癲癇の発作を予知できるウェア

5　今後の課題

日本では欧米らに比べ開発が遅れたが，この数年で関係各社の開発の意識が大きく変化し，加速度的に開発が進みだした。学会では，繊維系の３学会が連携を組み，精力的に研究開発を開始したことも開発に拍車がかかると期待している。

欧米に比べまだ追いついていないところは，電子・電気，IT 分野などとの連携であろう。

スマートテキスタイル分野でも電子テキスタイルが先行しているように見えるが，電気・電子が関らない分野はこれからの展開が期待される。繊維素材そのもののスマート化，人工アクチュエータなどの新しい部品を利用した用途開発はこれからであろう。いずれにしても繊維業界単独での開発には限界があり，色々な業界との連携をさらに模索し，チームを組んで取り組む必要があろう。また，この分野はまだ世界に通用する国際規格がなく，例えばめっき繊維の場合，電気抵抗はどの範囲なのか，耐洗濯性はどうなのかなどの規格化なども急がれる。

文　　献

1)　日経産業新聞，電子版，2014 年 1 月 21 日付
2)　堀照夫監修，Future Textils―進化するテクニカル・テキスタイル，繊維社（2006）

3） http://www.metalcladfibers.com/amberstrand
4） https://www.scottevest.com/
5） PASTA Project，http://www.pasta-project.eu
6） 繊維に関する協力覚書（MOC），2013年5月5日
7） K. Sugino, Y. Ikeda, S. Yonezawa, S. Gennaka, M. Kimura, T. Fukawa, S. Inagaki, Y. Konosu, A. Tanioka and H. Matsumoto, *J. Fibers Sci. Tech.*, **73**, 336（2017）
8） 太陽光発電織物，www.urase.co.jp/solar%20power.pdf
9） https://www.jetro.go.jp/j-messe/tradefair/ElderCare_50339
10） W-H. Sun, J.-W. Tang, *J. Fiber Sci. Tech.*, **73**, 352（2017）
11） ミツフジ・BioSerenity；www.youbuyfrance.com/jp/Posts-12045--bioserenity

第2章　スマートテキスタイル用プリンテッドエレクトロニクス

牛島洋史*

1　はじめに

プリンテッドエレクトロニクスは文字通り印刷技術を用いて作製された電子デバイスのことである。従来のエレクトロニクスが真空を多用し減算的であるフォトリソグラフィによって作製されてきたことと比べると，省エネルギー・省資源であり製造コストを低く抑えることができると考えられることから，この十数年に亘って，産学官の連携による技術開発に始まり，ベンチャー企業から大企業に至るまでの製品開発やデモンストレーションが盛んに行われている。その中でも，印刷や塗布によるデバイス作製は熱ダメージを抑えることが可能であり，ガラスやシリコンウェファよりは遥かに耐熱性の低いプラスチックフィルム上に電極や配線から半導体，絶縁膜などをパターニングでき，薄くて軽く，曲げても壊れない「フレキシブルエレクトロニクス」を作製する技術として注目されている。当初は，落としても曲げても壊れにくいディスプレイを目指して，フレキシブルな液晶や有機ELのディスプレイを試作しデモンストレーションする例が多く見られたが，人間の網膜上の視細胞よりも小さな画素サイズを実現した超高精細化やタッチセンサと組み合わせたタッチパネル化が進んだこともあり，人目を引くデモンストレーション以外に曲がるディスプレイの有効な使途が見出し難くなってきてもいる。CES 2019（Consumer Electronics Show 2019，2019年1月8～11日，ラスベガス（米）で開催）で曲がる有機ELディスプレイを搭載した折りたたみ式スマートフォンが注目されはしたが，耐久性などの問題から実用化するのかは甚だ疑問でもある。一方で，プラスチックフィルム上に印刷形成された電極や配線を用いてセンシングデバイスを作製することで，薄くて軽い可搬性と曲げることができるという可撓性を両立した「フレキシブルセンサ」の可能性も注目されている。これは，来たるべきIoT社会において，トリリオンセンサなどと表現されるように，様々な場所に配置されたセンサを活用し，安全・安心な生活を実現するための基盤技術としてのニーズがあるからである。

可搬性のあるセンシングデバイスは設置が容易であることから，生活空間のあちこちにセンサを配置して，人の生活を見守ることを可能にできることから，その利便性は容易に想像できる。では，可撓性の賦与されたセンサにはどんなアドバンテージがあるのであろうか。従前のガラスやシリコンウェファを基材として作製されたセンサは必然的に固い平板で，曲げられはしないので，機械や建物の筐体に固定化できはしても，配管などの円柱状の物体に巻き付けたり，人の体

* Hirobumi Ushijima　(国研)産業技術総合研究所　人間拡張研究センター

のような非可展面にそうように密着・装着したりすることは困難である。すなわち，センサに可撓性が賦与されれば，人間の体表面に密着しバイタルセンシングが容易になるということである。この可能性にいち早く注目したメーカがウェアラブルデバイスとして，バイタルセンシングを行うウェアの試作を始めてから，まだそれほど時間は経っておらず，今後の技術トレンドとして，このウェアラブルデバイスは強いニーズと大きなマーケットを背景に，急速な発展が期待できる。

2 ウェアラブルとフレキシブルハイブリッドエレクトロニクス

ウェアラブルすなわち，身に着けるという観点でデバイスを作製しようとすると，先ず，軽量化が必須となる。軽量化と薄型化は多くの場合同時に達成が可能である。次に考えねばならないのは，どのようにして身に着けるかである。眼鏡や腕時計のように身に着けるのであれば，軽量化は必須であっても，全体に可撓性を持たせる必要まではないであろう。衣服を着るように身に着けるのであれば，可撓性は必須となる。そして，下着や靴下のような，肌に直接触れたり密着したりするものなのか，上着のような肌には直接触れることはなく，密着する必要のないものなのかによって，どんな基材が必要なのかや，電極や配線に求められる仕様も変わってくることになる。更に，身に着けようとするデバイスの機能や性能も考慮に入れねばならない。ディスプレイのような表示デバイスを眼鏡や腕時計に実装することは，それほど難しいことではないが，衣服に実装することは様々な困難を伴うことが予想される。プラスチックフィルムを基材としてディスプレイを作製し，衣服に貼り付けたり，縫い付けたりした例の他，表示素子を極めて薄いフィルム上に構成することで，人の皮膚に直接貼り付けた例も知られてはいるが，いずれも解像度は高いとは言えず，実用化にはほど遠いものである。実は，そこに重要な技術課題が潜んでいるのである。高性能なデバイスをウェアラブル化するために薄型軽量化するのと同時に可撓性を持たせてフレキシブルにすると，必然的に配線の厚みが薄くなり，抵抗が大きくなってしまうことと，線幅が狭く膜厚が薄い配線を，布のような凹凸の大きな基材上に形成することが困難なのと，抵抗の大きな配線を曲げてしまうと電気的な特性が大きく変わってしまい，性能が安定しなくなってしまうという問題があるのである。更に，印刷や塗布が可能な半導体材料である有機半導体は，まだまだシリコンや酸化物などの無機系材料に比べ電荷移動度が低いことに加え，酸素や紫外線に対する耐久性が低く，安定性も決して高いとは言えず，印刷形成することができたとしても，半導体デバイスは実用的な性能や信頼性を得ることが極めて難しいという現状がある上，印刷形成された配線や電極は金属微粒子を分散させてインク化する際に用いる分散剤や粘度調整材などの誘電体のため，バルク金属が示す抵抗値までには低抵抗化ができないという宿命がある。そこでわれわれは，ウェアラブルデバイスの必要条件である可搬性と可撓性を同時に満足させるために，印刷によってフレキシブルな基材上に形成した配線に，MEMS技術によって小型化・薄型化・軽量化されたシリコン系チップを実装することで実現するフレキシブルハイブリッドエレクトロニクス（Flexible Hybrid Electronics：FHE）の開発研究を推し進めてきた。（図1，図2）

プラスチックフィルムを基板として，その上に配線を印刷形成し，受動素子などを実装することで可撓性を持った軽量なデバイスを作製することができるようになる。このプラスチックフィルム上に構成されたフレキシブルデバイスを布地に貼り付けたり，縫い付けたりすることでウェアラブルデバイスにすることが可能になるわけだが，そうなるとどうしても布地の風合いを損ねることになるばかりでなく，装着時の違和感の原因ともなってしまう恐れがある。装着時の違和感は，単純に曲がるというだけでは軽減することはできず，布地のように若干であっても伸縮性があれば，大幅に軽減できると考えられる。すなわち，眼鏡や腕時計のように身に着けるだけにとどまらず，衣服のように身にまとうウェアラブルデバイスを実現するためには，デバイスのフレキシブル化だけではなく，ストレッチャブル化が必要になるのである。

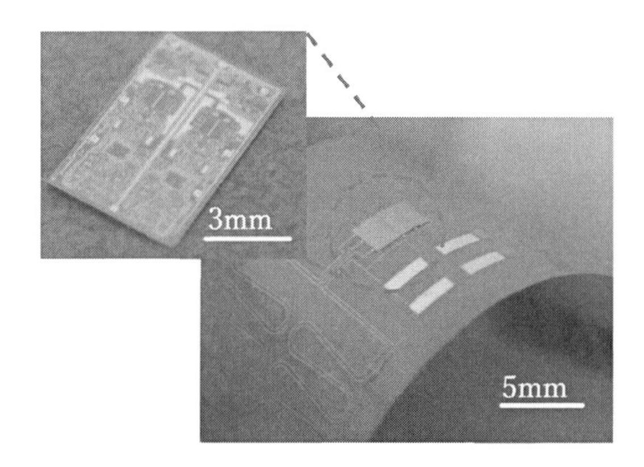

図1　CMP（Chemical and Mechanical Polishing）により薄化したシリコン系チップ

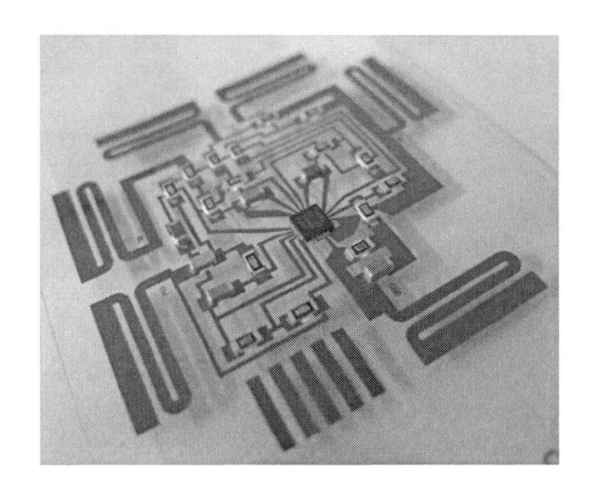

図2　PEN フィルム上に印刷形成された銅配線にシリコン系チップを実装した例

3　ストレッチャブルエレクトロニクス

デバイスに伸縮性を賦与するには，伸張性をもった基材の上に配線や電極を形成することと，特に配線が引き伸ばされることによって抵抗値が変わることを抑制する工夫が必要となる。多くの場合，ストレッチャブル導電ペーストは，構造異方性をもったフレーク状の金属微粒子を，塑性変形するエラストマー樹脂を含んだペースト中に分散させて調製される。導電性微粒子の形や大きさ，濃度，エラストマー樹脂の種類や濃度などにより，ストレッチャブル導電ペーストの性能は左右されることになる。このように配線は伸長による断面積の減少が原因の抵抗値増大が問題となるが，電極の場合は面積が変化してしまうこと自体が問題となってしまう。そこで，いくらデバイスをストレッチャブル化しようと言っても，電極の面積が大きく変わるようなことはすべきではなく，配線は伸長による抵抗値の増大を抑えねばならないことになる。そうなると，ストレッチャブルデバイスは全体が伸長する必要はなく，電極と電極を繋ぐ配線の部分に伸長性を賦与できれば良いということになる。屈曲や伸長による抵抗変化の少ない導電性ペーストの開発が企業によって進められているので，われわれは違った発想からの開発を試みた。ナイロン製の糸の表面に銀めっきを施し，これを撚糸にした導電糸が市販されているので，この導電糸をコイル状に巻くことで曲げたり伸ばしたりしても断面積が変わらない配線を作製した。このストレッチャブル配線は最大で200％程度までの伸長を繰り返しても抵抗変化は20％以下に抑えることができ，スポーツや衣料用途で求められる伸張率を十分に満たすことも可能である。更に，この導電糸を短く切り，ストレッチャブル基材上に印刷した接着剤のパターンに向けて電場をかけながら吹き付けてパターンを形成する静電植毛法により電極や配線を形成した。この方法で縞状に配線を並べたもの同士で，ある程度の弾性をもったフィルムを挟み，それぞれの縞状配線を直交配置すると，面上から見たときに表面と裏面それぞれの配線が交差する部分が静電容量型の圧力センサとなる。これを単純マトリクスとして構成し，ストレッチャブル圧力分布センシングシートを試作することに成功した[1,2]。このストレッチャブル圧力分布センシングシートは椅子の座面やベッドのマットレス上に敷いても違和感なく腰掛けたり横たわったりすることができ，ヒト

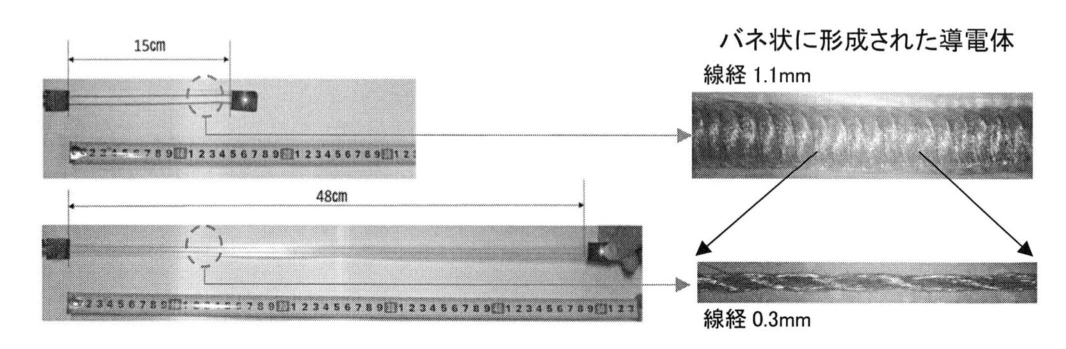

図3　導電糸を用いて作製した高伸縮性コイル状配線

の姿勢変化や寝返りの状態を被験者に違和感を与えずセンシングすることを可能にできる。更にこのことを応用し，このセンシングシートを靴の中敷きの形にすることで，運動計測も可能になり，スポーツ選手のトレーニングやリハビリ患者の治療への適用も検討している。

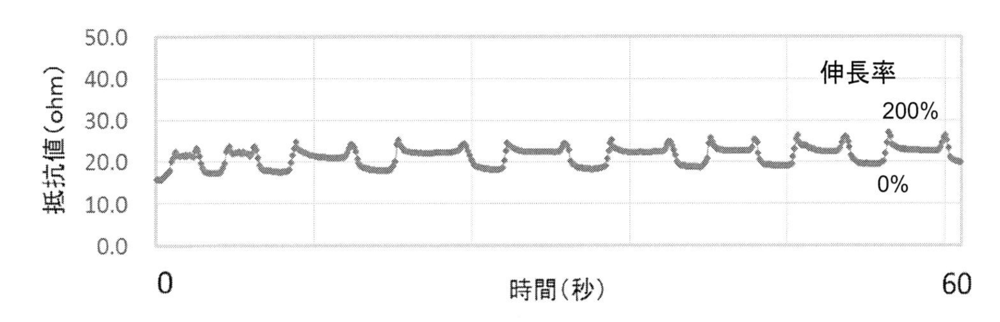

図4　高伸縮性コイル状配線の繰り返し伸縮にともなう抵抗変化

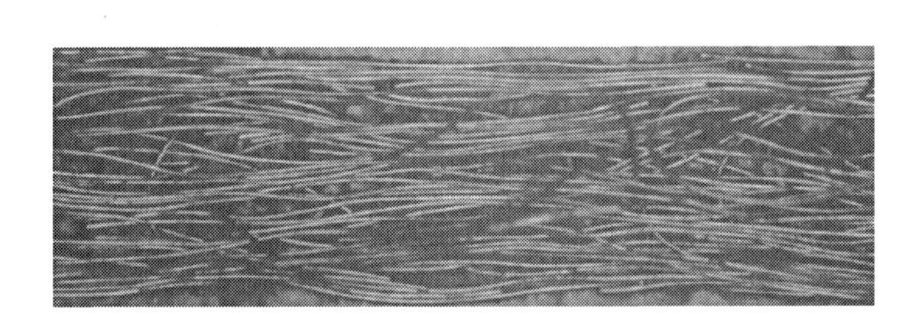

図5　高伸縮性短繊維配向型電極

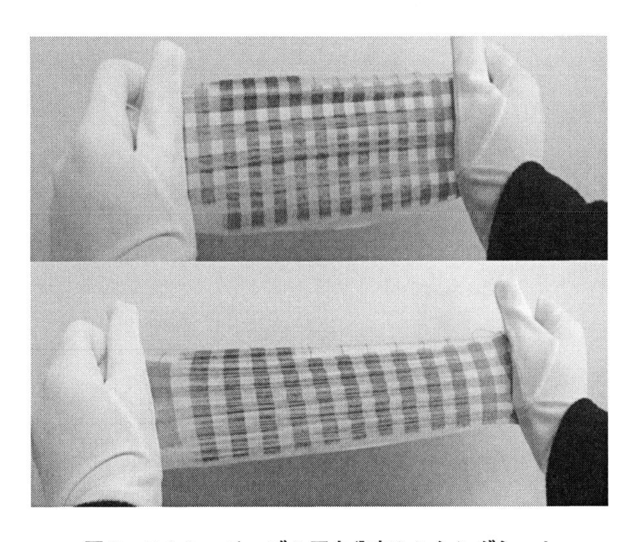

図6　ストレッチャブル圧力分布センシングシート

4　布帛上への配線や電極の直接印刷形成

プラスチックフィルム上に形成したデバイスを貼り付けたり，縫い付けたりした布でウェアラブルデバイスを作製しようとすると，その布の風合いや服の着心地が大きく損なわれるだけでなく，デバイスのデザインや大きさに制限がかかってしまうことにもなる。そこで，導電糸を織り込んだり，編み込んだりすることで配線を形成するための技術を開発しようという試みもある。しかしながら，これらの方法でも設計の自由度に一定の制限がかかることやシリコン系チップの実装方法に課題が残ることに変わりはない。そこで，われわれは配線を布帛上に直接印刷形成する技術を開発することによって，これらの課題を解決しようとした。

先ず，布帛上に導電性インクや導電性ペーストを直接印刷して配線を形成する際に問題となるのは，プラスチックフィルム上に配線を印刷形成するのと異なり，表面が平坦でないことによる膜厚の制御が難しくなることと，基材がインクやペーストを吸収することにより滲みが発生して線幅の制御が難しくなることである。そもそも液体であるインクやペーストが布や紙に毛管現象によって染み込むことは極めて自然な物理現象であり，これを抑えるために撥水コートなどを施すことによっても，完全に滲みをなくすことは困難であるばかりでなく，印刷性を大きく損なわせることにもなってしまう。そこでわれわれは，インクやペーストを半乾燥状態にすることで，粘弾性体となったインクやペーストのパターンを転写することを検討した。高精細な有機薄膜トランジスタアレイを印刷製造する技術の開発に適用していたマイクロコンタクトプリント法[3)]やグラビアオフセット印刷法，反転オフセット印刷法[4)]，スクリーンオフセット印刷法[5~7)]などは，刷版として用いるシリコーンゴムがインクやペーストの溶剤を吸収し，版上のインク膜が急速に増粘されることを利用して，その高精細なパターニングを実現していることがわかっている[8~10)]ので，これらの印刷法を布帛上への配線印刷に適用することとした。マイクロコンタクトプリント法や反転オフセット印刷法は低粘度のインクを用い超高精細な薄膜パターンを形成することが可能ではあるが，パターンの膜厚が1 μmに満たないので，布や紙の表面が平坦でないことにより転写不良が原因の断線や剥離が頻発してしまう。グラビアオフセット印刷法の場合は，グラビア版に充填したインクをシリコーンブランケットに受理させる際に，インクの全量が受理されずグラビア版に残ってしまい，転写されるパターンの膜厚制御が難しいという問題に直面することになる。そこで，他の印刷法に比べ精細度は劣るものの，ほぼ完全転写が実現しパターンの膜厚制御が容易で，厚膜パターン形成に強いスクリーンオフセット印刷法によって布帛上への配線印刷を試みた。

スクリーンオフセット印刷法は，スクリーン印刷によってシリコーンゴムのブランケット上に印刷されたパターンを被印刷物表面に転写する印刷工法である。通常のスクリーン印刷法では，スクリーンマスク上の乳剤と被印刷物表面の隙間にペーストが染み入る“裏回り”や印刷された厚膜パターンの崩れや滲みを抑制することを目的に，比較的高粘度のペーストを用いる。しかしこのことは，ペーストの粘度が高いために細かなメッシュと乳剤の開口部をペーストが通り抜け難く，細線パターンの印刷がし難いという欠点にも繋がっている。そこでわれわれは，マイクロコンタクトプリント法の要件である，シリコーンゴム製の刷版上に塗布されたインクが，刷版にインクの溶剤を急速に吸収されて増粘することで高精細なパターニングを可能にするという表面現象をスクリーン印刷法にも適用し，比較的低粘度のペーストを用いてハイメッシュのスクリーンマスクであっても，ペーストが細かな開口部を通り抜けできるようにし，シリコーンゴム製のブランケットがペーストの溶剤を吸収することで，ブランケット上にパターンが印刷された直後から速やかにペーストが増粘されて，パターン崩れや染み広がりを抑制させ，スクリーン印刷による厚膜細線印刷を実現することに成功した。

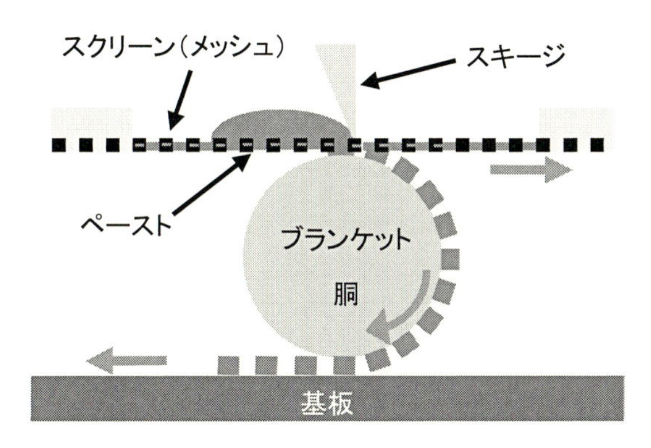

図７　スクリーンオフセット印刷法の概略

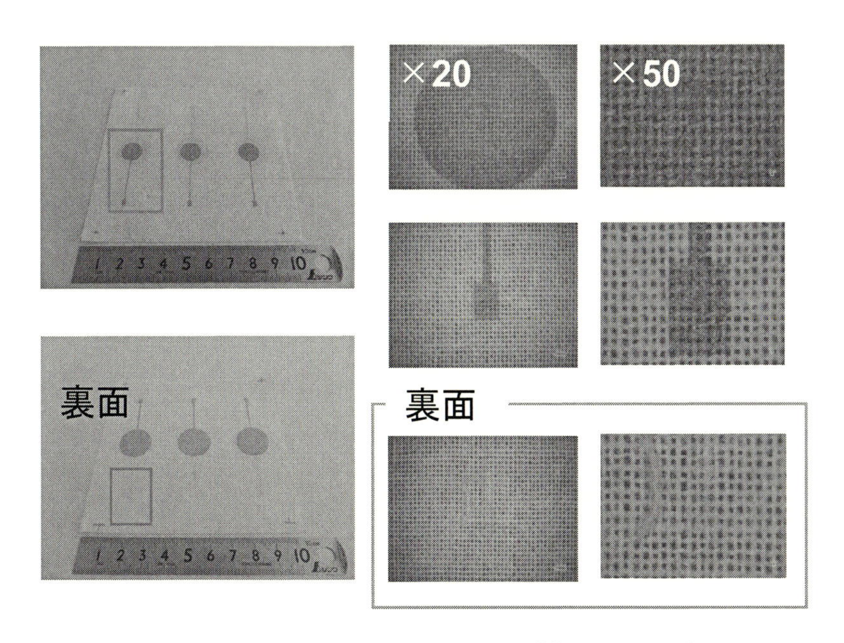

図８　スクリーンオフセット印刷による綿布への両面印刷

ブランケットに溶剤を吸収させるとは言っても，完全にペーストを固化させてしまっては印刷できなくなってしまう。プラスチックフィルムのように表面が平坦・平滑でない布帛上にパターンを転写するために必要な印圧で半乾燥状態のペースト膜が大きく変形しないような弾性率を示すように，ペーストの粘度やブランケット上での増粘プロセスなどの条件を最適化し，合繊に比べてもインクやペーストが滲みやすい綿布上に導電性銀ペーストによる配線や電極のパターンを印刷形成することに成功した。更に，スクリーンオフセット印刷法による綿布上への電極・配線形成では，線幅や膜厚の均質性を向上させるに止まらず，裏面への浸潤を抑制することにも成功した。これは，布帛の表面と裏面に電極を印刷形成して静電容量方式のセンサを構成しようとする際に，電極間のショートという問題を解決できるということに繋がる。実際に，綿布の表面と裏面に印刷形成した電極を用いて静電容量方式の近接センサの動作を実証することに成功した。このことは単に，布帛を基材とするデバイスを印刷形成することができるということを示しているだけでなく，ウェアラブルデバイスを作製する場合に，人の体に触れる電極と人に接触することでショートの原因となる配線を表裏で分離することができるという可能性を示すものでもある。

5　ウェアラブルデバイスのスマート化

導電糸や伸縮性導電ペーストを用いてテキスタイルデバイスを作製し，一部には市販もされるようになった。これらのテキスタイルデバイスは布帛を基材として用い，導電糸や導電ペーストで電極や配線を構成したウェアラブルセンサと言い換えることもできる。人が着用することでバイタルセンシングを比較的自然な形で行うことができるので，スポーツや介護などの分野での活用が期待されている。しかしながら，これらのウェアラブルデバイスは心電や筋電，心拍，呼吸，体温などを計測し，そのデータをスマートフォンなどに送信する機能しかなく，いわゆる「e-テキスタイル」でしかない。計測されたバイタルシグナルを装着者のバイタルデータにできても，体調管理は装着者自身の能動的な関与が必要になるのである。エレクトロニクスとテキスタイルの融合で実現を目指す「スマートテキスタイル」においては，この装着者の体調管理もデバイス側で行えるようにしなければならない。そのためには，スマートフォンなどによるアラートといったパッシブな関与だけではなく，ハプティクスや電気的筋肉刺激（EMS：Electrical Muscle Stimulation）を利用したアクティブな介入が求められるようになるものと考えられる。そこでわれわれはヒトに直接触れることを前提とした電極の作製を検討することとなった。

心電計測の際に体動や呼吸などによる心電波形のゆらぎが発生する。このモーションアーティファクトを抑制するために，通常は心電計測時に皮膚と電極の間に電解質ジェルを塗布する。しかし，短時間の計測であれば被験者の生活や感覚に及ぼす影響が小さいこの電解質ジェルの塗布も，長時間の計測や計測デバイスのウェアラブル化には大きな障害となるので，ドライな状態でも心電計測に十分な程度まで接触抵抗を抑えつつ，皮膚との接触の際に違和感を感じないような電極を作製する必要が生じた。この解決策として，導電糸を短く切り揃えたものを静電場中で接

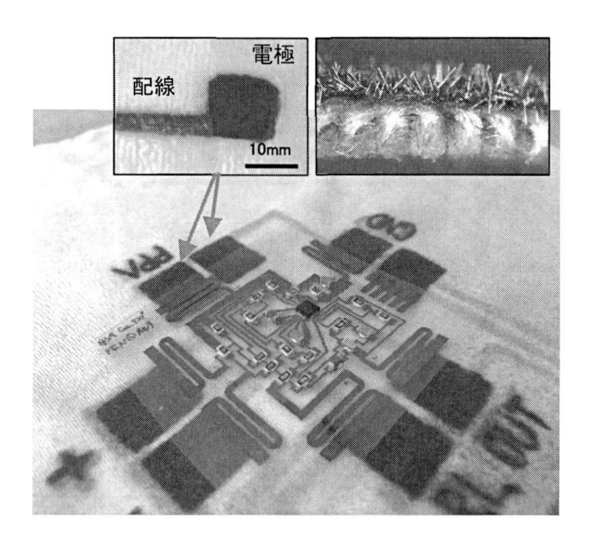

図9　起毛電極を実装した心電計測回路

着剤を印刷することで作製したパターンに吹き付けて固着させる，静電植毛法による起毛電極の適用を試みた。500 µm の長さの導電糸を静電植毛することで作製した起毛電極に，ヒトの皮膚と同程度の弾性と抵抗率を示す皮膚ファントムを押し付けつつ横方向に変位を加えモーションアーティファクトの影響を評価したところ，1～2 kPa 程度の押し付け圧で 1 mm 程度までの変位に対してもモーションアーティファクトによる心電波形の異常は見受けられなかった。更に現在，この起毛電極による電気的筋肉刺激についても検討を進め，筋音計測と組み合わせて電気刺激による筋収縮時間や収縮強度の定量化による筋疲労やトレーニング，リハビリテーション効果の評価などへの応用にも取り組んでいる。

6　スマートテキスタイルを目指して

着用に違和感のない心電計測ウェアや EMS スマートウェアの試作を通じて，ウェアラブルデバイスが眼鏡型や腕時計型から衣服型へと進化していくことで，新たなユーザ体験を提供する新たなサービスが創成されつつあることを感じている。これまでのエレクトロニクスが利便性によってわれわれの生活を豊かにしてきたことを疑う者はいないであろう。一方で，マスプロダクションによる画一化された製品に満足できず，カスタマイズされたデバイスによるサービスの差別化というビジネスの流れも生まれてきた。携帯電話やスマートフォンの普及により，腕時計を持たない人が増えているという。逆に，便利になり過ぎた情報通信機器の使用を最小限に抑えて生活しようという人達もいる。しかしながら，一部の特殊な社会を除いて，衣服を着ないで生活する人はいないであろう。そして，長い人類の歴史の中で，衣服は身体の保護という原初の機能を超えて，様々な機能を手にしたばかりか，快適性や芸術性などの感性に訴えることのできるモノへと進化して来た。21世紀となり，この衣服とエレクトロニクスが融合し，新たな生活や社会を構築するツールとして発展しようとしている。1980年代に低価格化が進んだ小型のコンピュータが普及すると，マイクロコンピュータという呼称がパーソナルコンピュータへと変わった。このように量的な拡大が引き金になり，多くの人々がその利便性を享受するようになっても，本質的にコンピュータは文書作成をしたり表計算をしたり，ゲームを楽しむ道具であることに変わりはなかった。ところが，1990年代になりインターネットでパーソナルコンピュータが繋がり，電子メールによるメッセージの交換にはじまり，画像や動画をも利用した情報通信機器としての役割を果たし始めると，実はパーソナルではなくなっていくという現象が生まれてくることになり，コンピュータの利用目的も爆発的に拡張されるに至ったのである。ここでコンピュータは質的に深化し，真にイノベーションを引き起こすことができたのではないだろうか。テキスタイルとエレクトロニクスの融合は単なる足し算に甘んじることなく，イノベーションを誘起する掛け算とすることができれば，近年進歩の著しいIT技術やAI技術をも巻き込んで，IoTをInternet of ThingsというだけでなくInternet of Textilesにすることさえ可能となるであろう。

文　　献

1) S. Uemura *et al.*, *J. Photopolym. Sci. Technol.*, **26**, 411 (2013)
2) T. Nobeshima *et al.*, *Polym. Bull.*, **73**, 2521 (2016)
3) A. Kumar and G. M. Whitesides, *Appl. Phys. Lett.*, **63**, 2002 (1993)
4) Y. Kusaka *et al.*, *J. Micromech. Microeng.*, **24**, 035020 (2014)
5) K. Nomura *et al.*, *Microelectron. Eng.*, **123**, 58 (2014)
6) K. Nomura *et al.*, *J. Micromech. Microeng.*, **24**, 095021 (2014)
7) K. Nomura *et al.*, *Jpn. J. Appl. Phys.*, **55**, 03DD01 (2016)
8) Y. Kusaka *et al.*, *J. Micromech. Microeng.*, **24**, 125019 (2014)
9) Y. Kusaka *et al.*, *J. Micromech. Microeng.*, **25**, 055022 (2015)
10) Y. Kusaka *et al.*, *J. Micromech. Microeng.*, **25**, 095002 (2015)

第3章　生活工学におけるスマートテキスタイル研究

才脇直樹*

1　はじめに

2014年1月30日，東レとNTTドコモの共同開発の成果として，着衣するだけで心拍数などの生体情報を取得できる導電性繊維素材である「hitoe®」が発表されて以降，様々な研究機関や企業が競うように繊維と電子技術を融合させた製品開発に取り組み始め，スマートテキスタイルという言葉が広く認知されるようになった。

しかし，それから5年近くの年月が過ぎた2019年春の段階でも，社会生活を支える技術として広く普及しつつあるとはいいがたく，試行錯誤が続いている。実際，多くの場面でスマートテキスタイルは導電性ファイバとほぼ同義に使われているにすぎない感がある。本来，スマート○○というキーワードに期待されるのは，システムを効率的に管理運営し，環境に配慮しつつ人々の生活の質を高め，持続的な社会の発展に寄与するSDGs的な観点である。にもかかわらず，スマートテキスタイルに関しては，求められるスマートさの本質とは何か，将来社会をどのように変えていくのか，といった要素技術としての価値を根本から議論されるケースが少ない。

もちろん，従来，別の学問として扱われてきた繊維と電子情報両技術の学際融合的テーマであるスマートテキスタイルやウェアラブルといった領域では，自分の専門分野外の相手と問題意識や価値観がかみ合わなかったり，所謂キラーアプリやキラーコンテンツと呼ばれるユーザに対して絶対的価値や市場を持つ応用先が今までのところ未発見というハードルが存在するのも事実である。その結果，生体計測を簡便化する布製電極や柔軟性に富んだ配線素材としての利用可能性といった，従来からよく知られている無難な範囲内の提案にとどまってしまいがちである。そこから次のステップに進むためには，上流にあたる先端導電素材開発の視点に加えて，下流にあたるシステム化，すなわちユーザとインタラクション（相互作用）を行う情報処理や電子回路設計と組み合わせることで構築しうる従来にないサービス全体を俯瞰して，生活に新たな価値をもたらす研究開発戦略を練る必要がある。

私の所属する奈良女子大学の大学院生活工学共同専攻は，お茶の水女子大学との協力の下に設置された学際融合型の人間中心工学に取り組む組織であるが，まさにこのようなアプローチを目指し素材・建築・健康・情報の専門家が集まって，生活者目線で未来の暮らし方を創造する技術の研究開発に取り組んでいる。特に，スマートテキスタイルに関しては設置に先行して2000年

---

*　Naoki Saiwaki　奈良女子大学　大学院生活工学共同専攻　教授，学長補佐

頃から研究を進めてきており，日本における草分けの一つではないかと思われる。本章では，過去我々が取り組んできたスマートテキスタイル関連研究の歴史を概観し，読者のご参考に供したい。

2 スマートテキスタイル登場前夜における被服学と情報処理の先端融合的取り組み[1)]

先節で触れたように，生活工学は特定分野における要素技術のスペックを競う工学ではなく，新たな生活価値を提案しQOLを向上させる学際融合型である。このようなアプローチが成立する背景として，多くの全国の女子大に設置されていた家政学部の伝統がある。家政学は，衣食住といった日常生活を豊かにする総合学であり，要素技術はあくまで衣食住という出口の質を高めるための手段であって目的ではない。例えば，スマートテキスタイルに最も関係が深い被服学に関連する情報処理の技術史を簡単に概観すると以下のようになる（図1）。

インタラクティブなテキスタイルや服のデザインを可能にした2次元/3次元アパレルCADの登場と，それに伴う織機の自動化は製造技術の進化であり，布や衣服を効率的に生産するための技術革新であった。それに人体形状をレーザで自動計測する技術が加わって，日本人の標準的な体型変化を継続保存し，アパレル製造時における形状・サイズの調整はもとより，自動車の椅子などの最適設計にも生かされた。一方，テキスタイルの触り心地（風合い）の計測や感性的なデザインの評価，心理・生理的知見に基づく快適性に関する情報処理は，消費者目線で分析中心の問題を多く扱ってきた（図1）。女性で初めて国立大学の学長を務めた奈良女子大学の故丹羽

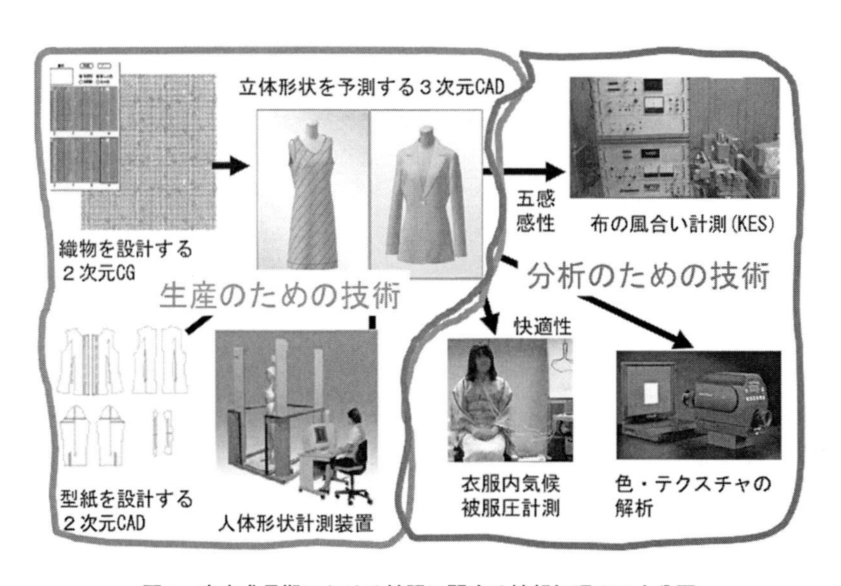

図1　高度成長期における被服に関する情報処理の二大分野

雅子先生が大きな役割を果たした，布の風合い計測・分析に関する技術（Kawabata Evaluation System：KES）などは，その代表例といえる。この第一期とも称すべき被服と情報処理の出会いは，被服を中心に製造業と消費者のための技術という明確な観点があり，高度成長期のニーズにも合致して成功を納めることができた。

しかし，その後80年代後半に入ってからの双方の関係は，やや停滞気味なものになった。衣服の生産そのものが海外にシフトしていく一方で，さらなる飛躍的な発展を遂げた情報処理技術のテーマが生産現場と日常生活から遊離して，インターネットやケータイといった新しく普及し始めた通信手段，CGやVRのような仮想空間，ロボットといった非日常な世界を身近に引き寄せたためである。高度成長が終わって成熟社会になるとともに生産現場と日常生活への情報処理の導入も一巡・一段落した感があり，より新しい研究テーマや，より刺激的な新製品の開発へと人々の心が向かったのも事実であり，それまでのパソコンでは不十分だった映像や音声，体の動きをはじめとする人間の情報といったコンテンツをリアルタイムで高精度に扱えるようになったインパクトも大きかった。

それ故に，この第二期は，リアルな世界で最も我々に身近な被服と，情報処理の扱っているテーマが大きくかい離して見えた時期だったかもしれない。そんな中でも，両者の接点をさぐる研究は様々に行われてきた。例えば，CG・VRの技術を用いたより高度な被服シミュレータのように第一期に登場した技術も継続的にリファインされ人体形状計測とシステムを一体化することで，消費者一人一人にフィットするデザインの服を必要に応じて製作できるファッション・オン・デマンドが提唱された。これは，製造自動化技術の一つの頂点といっても良いと思われる。また，RFIDタグと小型端末を用いたトレーサビリティや生産・在庫調整といった管理・流通・販売の合理化が実現した。さらに，インターネットによる被服の販売が広がりだしたのもこのころからである。

こうして第一期と第二期を見ると，PL法が平成6年に施行され，生産者重視から消費者と市場重視へと流れが変わっていったことにも反映しているように，社会と技術の成熟に伴って，被服に関係する情報処理のテーマについても，工業から商業へと大きく中心が変化してきたことがわかる。現在，奈良女子大学の学長を務めている今岡春樹先生が前述した故丹羽雅子先生に誘われて現在の産総研より着任された頃には第一期の生産技術が花開き，その後，私が今岡先生の部下として採用されたころには，それらが一巡した後の混迷の第二期だった。かくして，第三期ともいうべき，次のステージにおける被服学と情報処理の新たなコラボレーションを実現すべくテーマ探しに躍起になっていたところに登場したのが，今でいうところのスマートテキスタイルであり，当時は，e-Textile，エレクトロニック・クロージングなど様々に呼称されていた。これに関する研究を推し進めようとする努力が，家政学を継承しつつ理工学的側面を強めた生活科学をベースとして，応用工学 / 人間工学的側面をより充実させた生活工学を生む起爆剤の一つとなったのである。

3 スマートテキスタイルとウェアラブル・エレクトロニクス[2)]

さて，前節の最後でいきなり降ってわいたように触れたスマートテキスタイルであるが，この呼称はやや繊維業界よりの新しいものであり，電子情報系の世界から見れば，その源泉は2002年7月，独国シーメンスの子会社Infineon Technologies（以下，Infineon社）が提唱した，エレクトロニクス機能を衣料と一体化させアパレル全体を一つの電子機器として創造する新技術「ウェアラブル・エレクトロニクス」である。Infineon社は，それを応用したソリューション第一弾として，ミュンヘンの若手デザイナーによる「洗えるMP3プレイヤー服」と共に東京で発表した（図2)。

続く10月，IEEEの国際シンポジウムの一つであるISWC2002（6th International Symposium on Wearable Computers，米国シアトル，Univ. Washingtonで開催）にて，世界初のウェアラブル・ファッションショーが実施され，上述のMP3プレイヤー服をはじめ数々のプロトタイプが披露された。その後，「ウェアラブル・エレクトロニクス」に関連した研究はMITやStanfordといった米国の大学はもとより，日欧でも急速に広がっていった。

Infineon社が発表した当時の広報資料によると，「ウェアラブル・エレクトロニクス」技術とは，きわめて低消費電力の高集積チップと微小なセンサを特殊なパッケージに封入し繊維生地にはめ込む一方で，微細な導電性素材を繊維生地に織り込み，衣類全体を電気の通り道にする仕組み，と説明されている。これにより，アパレル生地内部に直接電子コンポーネント機能を集積した「電子機器衣料」が可能となり，耐久性，着用時の快適性にも十分配慮している，とある。そして，「洗えるMP3プレイヤー服」は，一般の衣料や装身具への最新エレクトロニクス機能の集積が可能であることを実証するため開発したプロトタイプで，将来的にはパーソナルな娯楽やゲームはもちろん，通信（携帯電話，GPS測位，Bluetooth）から，商業ロジスティックス（物流，製品鑑別，偽造品防止），医療（診断，生命維持），セキュリティ（生体認証）にいたる幅広く興味深い応用が考えられる，と記されていた。

これに刺激を受けた我々は，2004年に関心のある企業と一緒に視察団を組んで，Infineon社

図2 ウェアラブル・エレクトロニクスの発表会におけるファッションショー

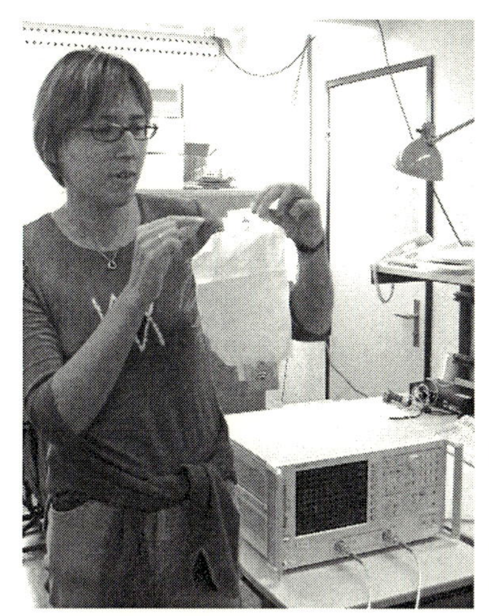

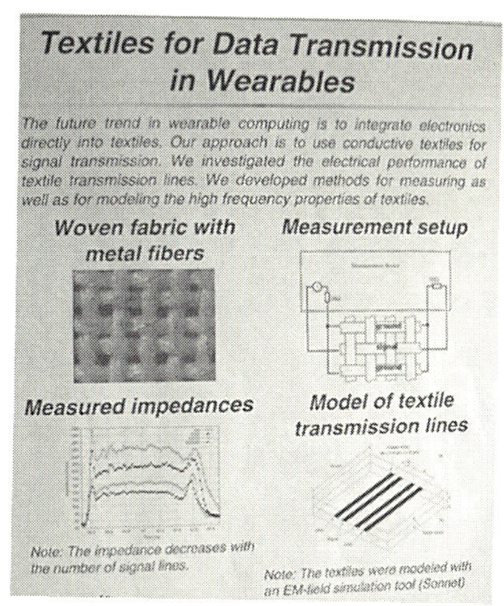

図3　ETHにおけるスマートテキスタイル研究例（SoT：System on Textile）
（BNCコネクタを導電性布に接続し，GHz帯域までの周波数伝達特性を連続計測）

のあるミュンヘンと，スマートテキスタイルに関連した先進的研究を学会で発表していたスイス連邦工科大学チューリッヒ校（Eidgenössische Technische Hochschule Zürich（独），ETH Zürich，以下ETH，図3）を訪問することになった。一つには，ISWC2005が大阪で開催されることになり，我々のグループが実行委員会を組織することになったため，引き続きウェアラブル・ファッションショーを日本でも成功させねばならない，という差し迫った事情もあった。

例えば，Infineon社で見たMP3プレイヤー服の操作用キーボードは，導電性の生地にメタルの加工フィルムを衣料業界で普通に用いられている接着剤で貼り付けて構成されていた。他にも，テキスタイルとエレクトロニクスを結びつけるために，導電性の生地とチップ・モジュールを接着したり，フレキシブル回路基板のような柔軟性のあるプラスチック・フィルムを用いて繊維構造にハンダ付けする方法なども考案されていた。さらには，人体の表面と着衣の間で生じる温度差を利用して電子デバイス用の発電を行うサーモジェネレータもあり，バッテリが不要な衣料向けアプリケーションへの適用が最終目標とされていた。こうした繊維と電子回路を融合させるマイクロデバイス技術を用いて，物流管理やブランド商品の偽造品防止，洗濯機の洗濯モードの自動判別などに使える「スマート・テキスタイル・ラベル」や，衣類に装着したセンサで体内の生命維持機能を測定する遠隔モニタなどが構築されつつあった。

実は，最近日本で話題になっているスマートテキスタイルやウェアラブルにおけるテーマの多くが，15年も前に独国視察やISWCで目や耳にしたアイディアとほとんど変わっていない事実，また，これほど素晴らしい技術の数々が15年前には明日にも世界を変えるがごとく喧伝されていたにも関わらず現在ほとんど市場で見かけない事実は，計測精度や信頼性など実用に向けて解決すべき諸問題の難しさを示しているとも考えられる。スマートタグ（RFIDなど）のように重要な役割を認知され普及しているものもあるが，Infineon 社がネット販売を開始すると断言していた「MP3 プレイヤー服」や「心拍計測ブラ」を始め，派手な広報宣伝に使われてきたプロトタイプの多くがアドバルーンに終わってしまっている。研究論文や展示というエビデンスは着々と積み上がっているにも関わらず顕著な進歩が感じられないのは，本質的な問題を突破するための重要課題を敢えて先送りしてきたためだろうと考えられ，またそれが 2014 年に「hitoe®」が発表，再認識されるまでの日本における空白の 10 年間の原因の一つでもあると思われる。

もちろん，スマートテキスタイルが現状こうした難点をはらんでいることに対する危機感ばかりではなく，ビッグデータや AI，サービスサイエンス，社会実装，IoT といった新たなキーワードが，過去には克服できなかった諸問題を異なった観点から解決に導いてくれるのではないかという思いや，女性の視点，生活者の視点からコロンブスの卵的な使い方を発見・創造できるのではないか，といった生活工学共同専攻のようなオープンイノベーションに取り組める組織への期待もある。大学でのオープンイノベーションは，多くの場合企業や連携大学も含めた PBL 型教育に特徴がある。そこで，次節では生活工学共同専攻で取り組んだ，スマートテキスタイルを用いた各種ウェアラブル・システム開発プロジェクトの例を簡単にご紹介したい。

4　生活工学におけるスマートテキスタイルの応用研究例

4. 1　タッチ・コミュニケーション服[3,4]

2 者が抱きつくようにタッチを行うと音楽を共有して楽しめ，肩へタッチすると会話ができる，ペア用 2 着の服である。ある女子学生には彼氏がいる。当然，デートで時には遠出もしてみたい訳であるが，貧乏学生の彼の唯一の移動手段はバイクである。車なら，好きな音楽を聴きながら，会話を楽しむことができる。しかし，バイクだと重くて分厚いヘルメットの向こうの彼とコミュニケーションしなくてはならない。そこで出来上がったのが図 4 の服 2 着で，右が男性用のジャケット，左が女性用のチュニックである。両方の服の生地にはスマートテキスタイル

図 4　タッチ・コミュニケーション服

が使われており，音声や音楽の信号を伝達できるので配線の取り回しは必要ない。また，この布地はやや焦げ茶色の革のような色をしており，デザイン上のアクセントも兼ねている。会話や音楽を切り替えるのにスイッチが無く，日頃慣れ親しんだコミュニケーション時のジェスチャに応じてセンサが働いて機能が自動的に切り替わるようになっている（図4）。

「ウェアラブルなシステム」とは言っても，通常我々のような情報系の人間は「システムの実現」に比重を置いた研究を進めている。しかし，それと同等に，生活目線での「ウェアラブルの質」にこだわることが重要なのは，それが研究の目的や枠組みを変えてしまいかねない場合があるからである。この研究は本来，コミュニケーションのためのペア用ウェアラブル・システムにすぎないが，様々なタッチジェスチャに応じた多彩な操作機能をアサインできるため，例えば手や指に障害のある人が使いやすい入力インタフェースにも転用できる。この点を評価されて，大阪府の障害者を対象とした福祉機器学生アイディアコンテストで入選し，当時の橋下徹知事より表彰状を授与された。

4. 2　筋電計測服[5)]

スマートテキスタイルを筋電位を計測するための電極に用いて製作した筋電位センサと，加速度センサを搭載するセンシングウェアのプロトタイプを製作した（図5左）。このセンシングウェアでは左右の前腕部分の指伸筋，左右の上腕部分の上腕二頭筋，左右の肩部分の三角筋，背中部の胸腰筋膜の合計7箇所の筋電位と同部位の加速度を測定できる。

筋電位とモーションキャプチャを比較すると，位置計測精度の点ではモーションキャプチャの方が優れている。しかし，運動を伴わずに筋肉に力が入っている状況（図5右）をモーションキャプチャでは可視化できないが，筋電位では確認可能である。従って，図のように液体が並々

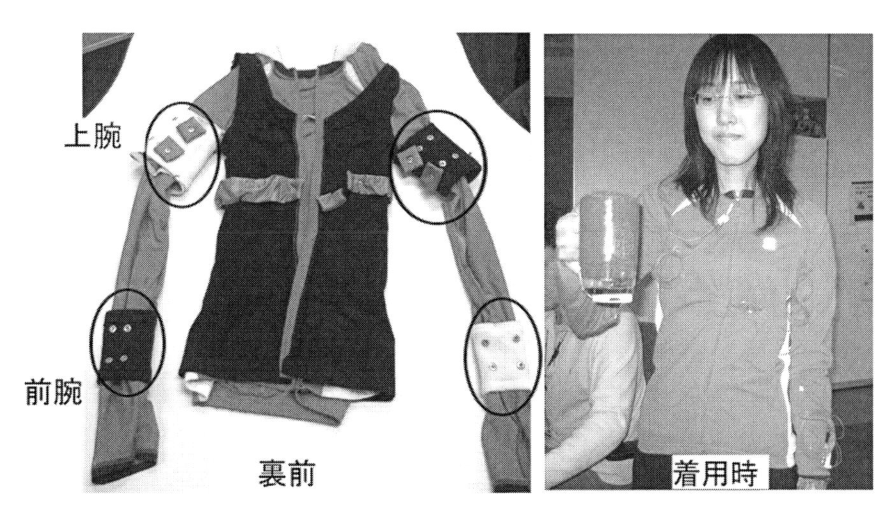

図5　筋電計測服
（左：スマートテキスタイルを用いた電極の配置，右：着用例）

と入ったように見えるコップが本当に重いのか，あるいはみせかけだけで本当は軽いのかを判断でき，こうした感覚を遠距離の相手に伝える遠距離コミュニケーションやエンターテインメントへの応用が考えられる。また，武道や伝統芸能・技能，音楽演奏のように，同じポーズをとっていても力の入れ方抜き方が重要な動作の記録にも応用できる。

そこで，楽器演奏中の上半身7箇所の加速度と筋電位を測定できるようにし，ステージ上で最もよく用いられる楽器であるギター演奏時の筋電計測と映像・音響などメディア情報の制御，例えばポーズや演奏中の動きでの映像演出やパフォーマンスに合わせた照明や音響の制御を試みた（図6）。あらかじめ設定された変化ではなく，その時々の状況に応じたリアルタイムの演出は，見る人に加えて演奏者自身をもさらに高揚させるステージ演出になると考えられる。将来的にはSE（Sound Effect）や打ち込み音などを演奏者の動きやパフォーマンスで制御することや，複数の演奏者がウェアを装着し，力の入れ具合・盛り上がりといった情報を映像に反映して変化させていくといった，音楽に加えて映像でもセッションできるシステムを目指した。

さらに，ポピュラー音楽にとどまらずクラシック音楽にも筋電計測服を応用しようと，腕の動き（筋電位）とビオラに装着されたピックアップから演奏している音の高さ，大きさなどを計測

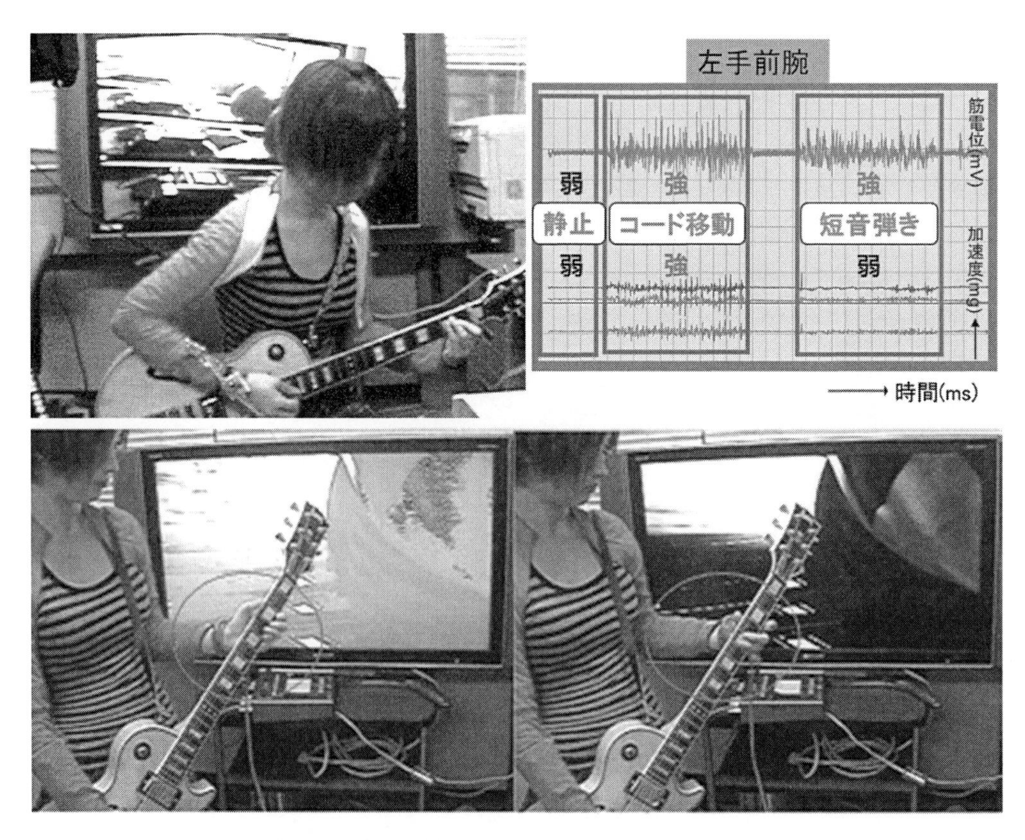

図6　筋電計測服を音楽演奏時の映像・音響エフェクト制御に応用した例
（上段：演奏時に計測される左手筋電の例，下段：演奏に応じて変化する映像制御例）

図７　弦楽器の練習支援服[6)]

し，正しい音階を演奏するためのアドバイスを認識しやすいアイコンで腕時計型ディスプレイに表示し，弦楽器初心者の演奏学習支援を行うセンシングウェアも開発した（図７）。これは奈良女子大のオーケストラでコンサートマスターを務めたビオラ担当学生のアイディアが元になっている[6)]。

4．3　冷え性予防温度制御服“Thermal Clothes”[7)]

快適と感じる温度には個人差があり，また運動した後や安静時など，同一個人であっても，その時の状態や状況で快適温度は常に変化している。冷え性の原因の一つに，冷房の効いた部屋と暑い屋外の出入りを繰り返すことによる自律神経の失調および血行不良があげられるが，部屋や車両内部に複数の人がいる場合，全員が最適と感じられるように室内温度を調節するのは大変難しい。そこで，本研究では新開発した温度制御可能な導電フィルムヒータを衣服に縫い込んで，皮膚付近にセットされた３個の温度センサと１つの湿度センサから得られる情報を元に，PICによる自動制御で個々人の肩背部温度を調整できるウェアラブルシステム，冷え性予防温度制御服“Thermal Clothes”を開発した（図８左）。

被服学の世界には衣服の快適性評価に関連して衣服内気候という概念が古くからあり，また衣服内気候によって変化する循環器系の活動などを分析する被服生理学という学問もある。このように伝統的被服学の世界で蓄積された知見と，何よりも自分自身の問題として取組んだ女子学生の経験とニーズに基づいて開発された“Thermal Clothes”は，温度センサと湿度センサによって時々刻々変化する衣服内気候を推定し，それに応じて血液の循環を高めやすい肩背部を適度に加熱して冷えを予防する仕組みであった。また，こうした計測・制御情報を無線LANなど環境に既設された通信設備を通じて外部に蓄積したり，PICによる自律動作モードをやめて，外部のPCなどからの遠隔制御に切り替えることも可能であった。

さて，“Thermal Clothes”は単独利用でも，環境温度に応じて人間に保温というサービスを提供する。その目的は快適性，つまりQOLの向上であった。一方，“Thermal Clothes”が普及した場合，当然ながら近傍空間に複数存在するそれらは，無線でネットワークに接続した多数のユーザからの個別情報を集積することで，場所毎の微妙な温度分布の違いやその時間的変化，それらに対してユーザがとった行動など，個々の人間と環境の情報を時空間的な観点で捉え，個別空調などニーズに応じたより知的できめ細かなサービスも提供できるようになる。これは今でいうIoTの仕組みそのものであることから，単にスマートテキスタイルを利用した事例にとどまるのみならず，日本における最初期のIoTの事例の一つとも言えると考えられる（図9）。

図8右に“Thermal Clothes”によって血液循環が高まっていく様子を赤外線撮影した様子を示す。これは，15度以下の気温を示す冬の奈良女子大学生活環境学部の廊下で冷え切った体が，次第に体温を取り戻す様子を示しており，左から実験開始直後，5分後，10分後の様子である。肩背部の高温域から体温が高まり，それが背面全体に広がっていく様子が観察できる。特に個人毎の快適温度に微調整することなく行った評価実験でも，ほとんどの被験者から快適性が向上したとの回答を得ることができた。

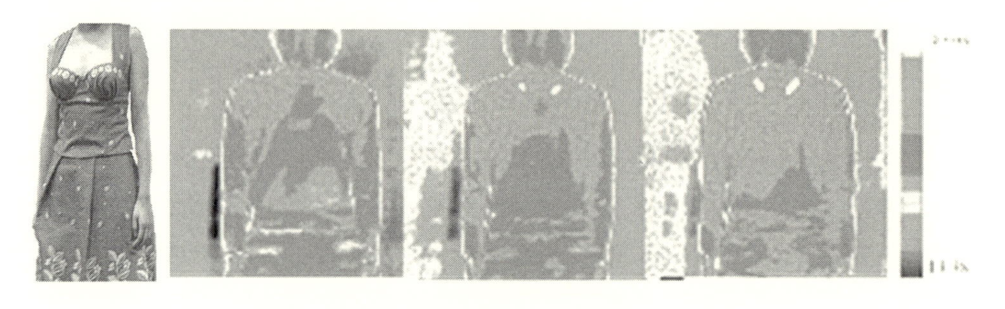

図8　冷え性予防温度制御服“Thermal Clothes”

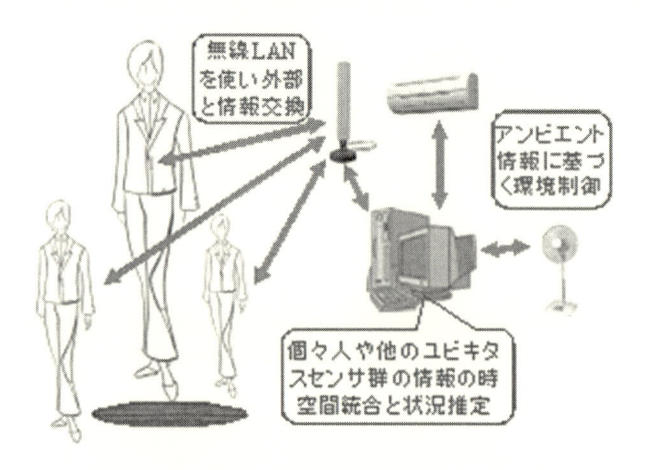

図9　ネットワーク化された“Thermal Clothes”はIoTの先駆け…!?

なお，このシステムをISWC2005においてファッションショー付で発表したところ，大きな評判をよんで日経産業新聞をはじめ各種メディアにとりあげられた。

4. 4　購買支援システム[8)]

これは，消費者が日頃身につけている衣服やハンカチ，アクセサリなどに事前に仕込まれたスマートタグの顧客情報をアパレルブランドショップの各所に取り付けられたリーダを用いて随時読み出すことで購買行動をサーバに時々刻々記録し，さらに過去に蓄積されたデータも参照しつつニーズを予測して，リアルタイムでケータイにお勧めの商品情報や展示場所を案内するメールを送る購買支援システムである（図10)。こうしたシステムは，現在ではWebでの閲覧履歴ベースではあるが，アマゾンなどで実現している「お探しの商品からのおすすめ」のアイディアに極めて近く，これを実店舗でケータイを用いて実現したものといえる。

顧客を知悉した有能な販売員と気が合えばそれで良いが，気の利かない販売員にまとわりつかれるとうっとうしい，でも一人では心細い，と感じる人にとっては便利なシステムであり，また逆に小売店側も，きめ細かな情報提供による売上増だけでなく，人員削減や顧客とのトラブル回避といったメリットが期待できる。

4. 5　胎児と妊婦の心拍測定が可能な健康管理腹帯[9~13)]

こうした様々なプロジェクトを女子大で進めていた真っ最中の2006年，奈良県で妊婦さんが深夜に救急車で病院をたらいまわしされたあげくに亡くなる，という大変ショッキングな事件が起こった。すぐには病院に通えない広大な過疎地帯を南部に抱える奈良県では，もしIT技術を用いた遠隔検査システムが実現すれば多くの人が恩恵を被ることができる。そこで，通常の金属電極のように妊婦の腹部の皮膚を痛めない導電ファイバー電極を採用し24時間妊婦と胎児の心拍計測を行って，無線LANなどを経由し病院や医師と情報を常時共有し，流産や早産などにつながる胎児の異常を早期発見できる腹帯（安産帯）の開発にNEC関西研究所と共同で取り組

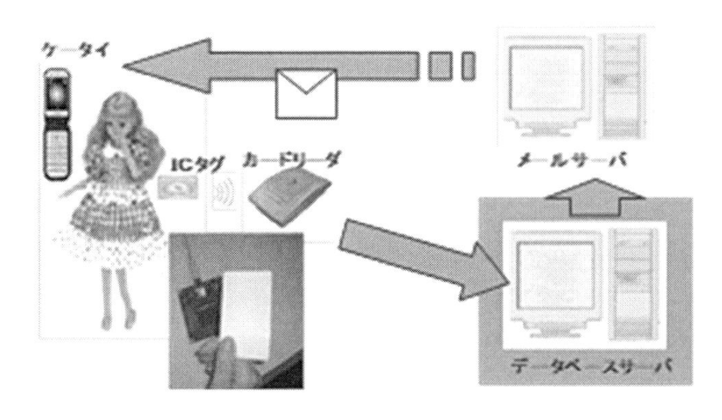

図10　購買支援システム

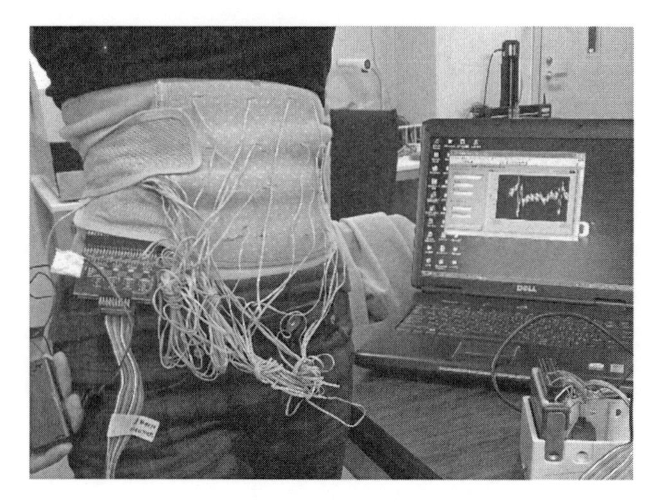

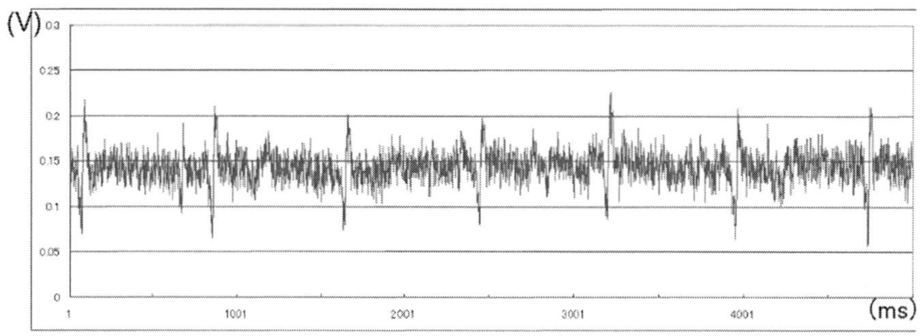

図 11　健康管理腹帯

（上：実験中，下：計測された心拍データの例）

み，特許を申請した（図 11)。

結果的に，この事件をきっかけとして奈良近辺（けいはんな地区）の大学や研究所がまとまって無意識生体計測および検査によるヘルスケアシステムの開発に取組むことになり，文部科学省都市エリア産学官連携促進事業から，後に同省イノベーション整備事業地域イノベーション戦略支援プログラム，けいはんな学研都市ヘルスケアとして採択されることになった。これは現在まで JST のけいはんなグローバル・リサーチ・コンプレックスでの研究開発事業につながっている（図 12)[14,15]。

ところで，この腹帯についても “Thermal Clothes” と同様，スマートテキスタイルと IoT を合わせた健康デバイスの最初期の事例の一つではないかと考えられ，単独で動作するだけではなく，上述したようにネットワークを通じて病院，医師との情報共有，インタラクションを実現し，本人や家族が安心できるサービスを提供できる。こうしたシステムの特徴は，見守る本人だけではなく，周囲の家族や医療・介護スタッフにも安心・便利を提供できることで，社会やサービス全体の QOL 向上に寄与することである。また，この技術は妊婦に止まらず，独居老人の健

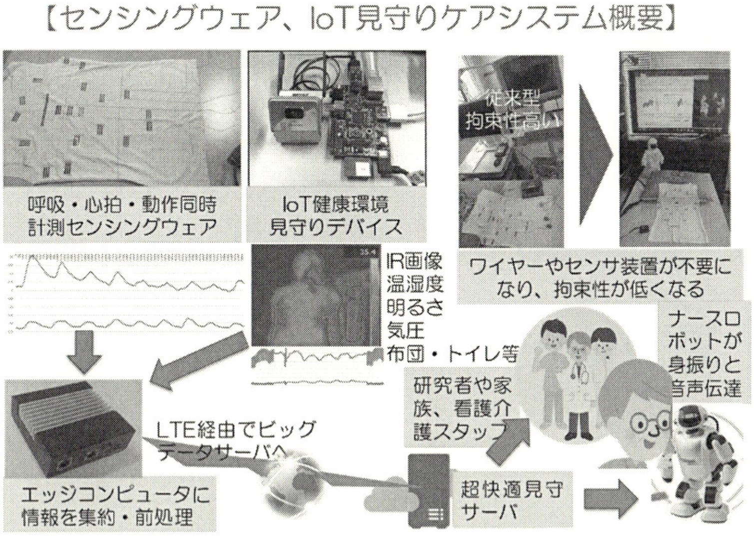

図 12　けいはんな RC における地域包括ケアへのスマートテキスタイルと IoT 技術の応用例

康管理，孤独死防止のための見守りサービスにも役立つため，当初大都市圏のセキュリティ関連会社からの問い合わせが多かったが，疲労や睡眠時無呼吸症候群（SAS）による居眠り事故などが頻発するようになると，プロの運転士を擁する流通・旅客系企業からの相談を受けるようになった。

少子高齢化に伴う働き方改革は元気な高齢者に活躍の場を提供する意味で前向きに取り組むべきであるが，認知機能や反射神経が知らず知らず衰えていくこともあり，また年齢的には若くてもきついシフトを無理してこなしている場合なども含めて，個人の健康管理と社会の安心・安全の観点を組み合わせた，新しい労務管理方法が求められる時代に差し掛かりつつあることを示していると思われる。

4. 6　呼吸計測のためのセンシングウェア [14)]

本研究では，プリンテッド・エレクトロニクスの技術を用いて衣服に導電性ゴムのセンサを直接印刷して呼吸計測可能なセンシングウェアの開発に取り組み，呼吸器専門医指導の下で評価実験を行った。その結果，呼吸に伴う胸郭の運動に応じてセンサが伸縮し，鼻フローカニューラのような従来型の医療機器と比較しても，特に遜色ない呼吸計測を実現できた。特に，カニューラでは見分けが不可能な奇異性呼吸時（SAS の際などに，胸部と腹部で非同期的呼吸運動が生じる）にもセンシングウェアは正しく胸郭活動を捕捉できたことで，SAS の簡易計測にも使えるのではないかと期待されている（図 13）。

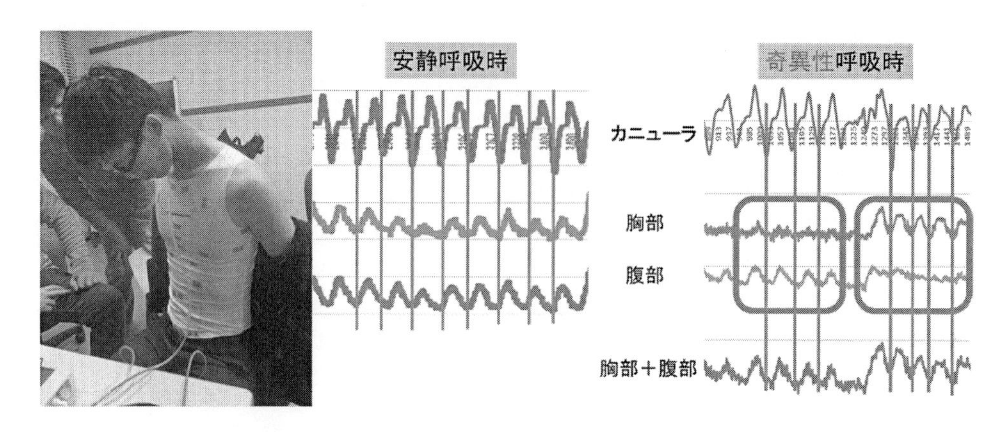

図 13　プリンテッド・エレクトロニクスを応用した呼吸センシングウェア

4. 7　ファッショナブル IoT[16,17]

生活工学共同専攻では女子大の伝統と強みを生かし，日常生活で無意識にサポートしてくれる縁の下の力持ち型情報処理デバイスとしての IoT とアクセサリの融合による QOL 向上を目指したシステム開発にも取り組んでいる。カジュアルに日常着用でき装着していることをことさら主張しない普通のファッションであることの重要性を「ウェアラブルコンピューティングのインフラ化」と呼称し，「ファッショナブル IoT」という概念を提唱しているが，こうしたシステムの構築にもスマートテキスタイルを柔らかく目立ちにくい配線材や布型スイッチとして用いている。

ここで言うファッショナブルは，単におしゃれな衣服などとのデザイン融合を意味するのではなく，ファッションを TPO に合わせて替えるように，身に着けた IoT 情報の組み合わせが状況や必要に応じて動的に重畳変化する様子のアナロジーでもある。以下，プロトタイプ開発の取組について 2 例紹介する。

まずはじめは，紫外線計測カチューシャである。現状，ヘルスケア用途のウェアラブル・デバイスの多くは，バイタルサインや移動距離，消費カロリー，睡眠時間といったユーザ自身のステータスをモニタリングし，記録，管理するものがほとんどである。しかし，ユーザにとって有益な情報は，自身の活動ステータスだけなのかという疑問があり，アンケート調査を行ってみると，身の回りの環境情報にも関心が高いことがわかった。

一例として，特に女性では，しみ・しわ・そばかす・皮膚がん等の原因である紫外線情報に対するニーズが高かったが，紫外線による影響は時間が経ってから現れるため，長期的にケアを続けなければならない。そこで，個人が浴びている紫外線の強さを常時監視，記録，可視化することで，紫外線対策に役立つヘアバンドや髪留めの開発を行った（図 14 左）。

専用ソフトウェアをスマホにダウンロードすることで，紫外線量のリアルタイム表示ができるだけでなく，マップと組み合わせて移動経路に沿った紫外線量変化を可視化することや，お互い

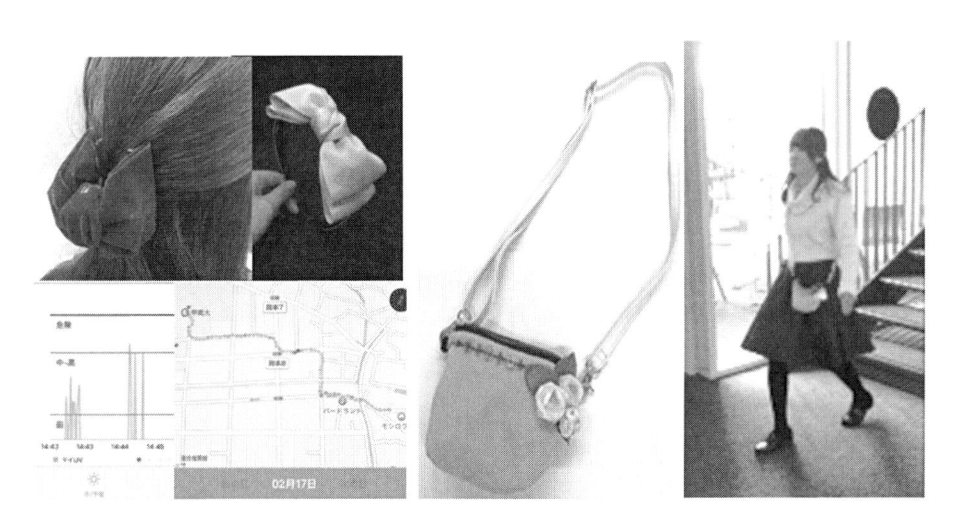

図 14　左：紫外線計測カチューシャとスマホで可視化した紫外線マップ，中・右：健康管理用匂い計測ポシェット

に情報を公開・共有することで日差しの少ない経路を選択するなど使い方はさまざまである。

次は，健康管理用匂い計測ポシェットである（図 14 中）。前述したように，最近少子高齢化の深刻化や厚生労働省が進めている健康寿命を平均寿命に近づける取り組みなどもあって，IoT を用いた日々の健康管理に注目が集まっており，バイタルデータや日常生活の記録など高齢者の日々の見守り情報計測から健康管理をサポートするためのビッグデータ技術に至る様々な研究が進められている。

匂いは曖昧な情報であるが，日常生活における匂いを常時計測・ロギングすることで，食事や排せつといった生活リズムや健康状態の分析に役立てることができる。におい計測ポシェットは，匂い，加速度，温湿度と明るさの変化を記録・ネット転送すると同時に，システムが認識した人間の行動を三色の LED 点灯状態で確認できるウェアラブル・デバイスである（図 14 右）。将来的には，高齢の認知症患者や乳幼児向けに衣服や車いすとの統合を進めている。

これらはいずれも，女子大生らしいかわいいアクセサリ開発例と思われがちであるが，本質を追究することで広く社会に応用できる普遍的な技術に高められることが重要である。例えば，紫外線計測カチューシャについては，自動車メーカの関係者から，ワイパーで雨量を検知して安全管理センターにリアルタイム収集し，他車からのデータも集約してスマートナビに還流することで，運転者に行路上の注意をフィードフォワードで促すシステムと全く同じ考え方であることを指摘された。さらに，紫外線からの害がない程度に日光を浴びて運動することや規則正しく生活することが，鬱や発達障害の改善に役立つ可能性があるので，その指標を得るために使いたい，という医師からの相談もあった。

また，匂い計測ポシェットについては，研究開発を担当した学生がアルバイトしていた，言葉でのコミュニケーションが難しい高齢の認知症患者介護施設での経験が生かされ，介護側スタッフや家族のワークフローを楽にしQOLを高めることに主眼が置かれている。周囲の人々が楽に介護に当たれない状況で，どうして介護される側が満足のいくサービスを受けられるだろうか，という彼女のシンプルな問いかけは，単純にセンサやシステムの精度を高めるだけの取り組みで解決できる問題ばかりではないことを物語っている。

以上，本節では生活工学分野で取り組んできた様々なスマートテキスタイルの応用研究例をご紹介した。いずれも一見荒唐無稽に見える（かもしれない）が，その奥にある問題の本質は十分工学的であると考える。「素人のように考え，玄人として実行する」とは人間情報学の大先輩である金出武雄先生の著書タイトルであるが，スマートテキスタイルの研究開発にもこうした姿勢が求められるように感じている。

5　未来に向けて

本章では，生活工学分野におけるスマートテキスタイルの応用研究について，技術開発例を中心に概観した。今後については，最初に述べたように，単なる電気を通す布という以上の特性，例えば能動素子やセンサとしての機能を内包した本来の意味でのスマートテキスタイルの登場に期待したい。例えば，NEMS（Nano Electro Mechanical Systems）分野では，繊維の中に電子回路の役割が融合した高機能素材の開発が試みられている。これらが技術的・市場的に成功するか否かは未知数であるが，もし成功すれば高付加価値を生み出すことができるので，大きなインパクトとなる。最上流での技術革新に期待したい。

一方で，最下流の出口の部分でも，新しい機能繊維とIoTをはじめとする情報処理技術が結び付くことで，直接それらが技術革新に結びつかなくても，そこから新しい発想が生まれれば，過去にはなかった生産から消費者・市場に至るまで幅広く影響力を持ちうる技術が登場する可能性は少なからずある。但し，そのためには発想の転換，新しい社会の在り方や価値観の提案など，技術がインストールされる社会の側に対する深い考察が必要となる。こうした新規開拓分野では，これまで紹介してきたようなオープンイノベーションに代表される学生のような若者の枠組みにとらわれない自由な発想とチャレンジが追い風になる。

研究における異分野交流やオープンイノベーションは難しく厳しいものであるが，様々なWin-Win関係が構築されてきた過去の発展史をみるにつけ，厳密に取り組むべきテーマと適度な緩さがよいテーマの上手な両立を心掛ける必要があると考える。そのような領域で一定の成果を得るためには，そこに生じる矛盾や葛藤，リスクを厭わずモノづくりにチャレンジする精神と，社会全体を俯瞰する改革者としての熱意が求められる。そういう意味では，試行錯誤を楽しむ余裕と豊かな生活への飽くなき探求心こそ，生活工学の本質かもしれない。スマートテキスタイルと生活工学の将来が実り多きものであるように心から願って，本章を終えたい。

文　　献

1) 才脇直樹，“家政学と情報学の融合研究から生活工学共同専攻に至るまで，” 家政学研究, Vol. 64, No. 2, pp.42-47（2018）
2) 才脇直樹，“女子大生が提案する導電ナノファイバーと情報処理の融合型ソリューション，” Nanofiber，Vol.8, pp.22-28（2018）
3) 加藤真理子，寺田努，秋田純一，戸田真志，才脇直樹，“タッチコミュニケーションを考慮したウェアラブルインタフェースの構築，” ヒューマンインタフェースシンポジウム論文集，pp. 879-880 (2008)
4) M. Kato and N. Saiwaki, “Design of Wearable Interface Considering Touch Communications,” Proc. of the Human-Computer Interaction, LNCS 5617, pp. 524-533 (2009)
5) 加藤真理子，岡いづみ，坂尾要祐，山口智治，山田敬嗣，才脇直樹，“継続的な心身状態推定のための着心地に考慮したウェアラブルセンサの開発とその応用，” ヒューマンインタフェースシンポジウム論文集，CD-ROM (2009)
6) 長井美由紀，清水瑛里，才脇直樹，“弦楽器練習支援のためのウェアラブルインタフェースデザイン，” ヒューマンインタフェースシンポジウム論文集，pp. 155-156 (2008)
7) S. Tsuruda, S. Sano, N. Saiwaki, M. Tsukamoto, “Thermal Clothes That Can Activily Control Sensory Temperature,” Extended Abstracts of the 9th International Symposium on Wearable Computers (ISWC2005) (2005)
8) 津田順子，“IC タグを用いたアパレル製品購買支援，” 平成十七年度奈良女子大学生活環境学部卒業研究発表講演集 (2005)
9) 加藤真理子，坂尾洋祐，山口智治，才脇直樹，“生理情報計測のためのセンサウェア，” IEICE HPB 第 3 回研究会，電子情報通信学会 (2010)
10) 加藤真理子，坂尾洋祐，山口智治，才脇直樹，“胎児心拍計測が可能な妊婦用腹帯の開発，” 第 4 回人間情報学会定期講演会 (2010)
11) 才脇直樹，“胎児と妊婦の健康見守のための腹帯型心拍センサの開発，” IEICE HPB 第 4 回研究会，電子情報通信学会（2010）
12) M. Yagi, M. Sasaki, Y. Sakao, T. Yamaguchi, T. Yamada, N. Saiwaki, “Development of belly belt for measuring heart rates of fetus and pregnant woman for health care”, 2011 International Symposium on Computational Models for Life Science (CMLS11) (2011)
13) Japan Patent 2012-147789 (2012)
14) 藤本和賀代，黒澤眞心，安在絵美，太田裕治，山内基雄，才脇直樹，“プリンテッド・エレクトロニクスを用いた呼吸計測可能なセンサウェアの開発”，情報処理学会 HIP 研究会 CD-ROM（2017）
15) 藤本和賀代，島田きさら，才脇直樹，“IoT ロボットナースの衣服とインタラクションデザインに関する基礎検討”，情報処理学会 HIP 研究会 CD-ROM（2017）
16) 笹田安那，才脇直樹，“ウェアラブルな紫外線計測システムの開発”，情報処理学会 HIP 研究会 / 日経産業新聞 CD-ROM（2017）
17) 笹田安那，才脇直樹，“健康管理のための匂い計測可能なポーチ型ウェアラブルデバイスの開発”，情報処理学会 HIP 研究会 / 日経産業新聞 CD-ROM（2017）

第４章　快適性評価技術

清水祐輔*

1　はじめに

スマートテキスタイルに求められる第一の機能は，各々のスマートテキスタイルを特徴づける「狙いとする生体情報の計測」や「電気刺激などの生体に対するアクション」であるといえる。一方で，従来使用されてきた種々のデバイスの衣服型のスマートテキスタイルへ置き換える必要性に目を向けると，日常の活動を妨げず，余計なストレスを与えず，長期間の着用が可能であることが求められる。そのためには着用時の不快感の解消が必要とされ，「快適」を評価する技術が不可欠となる。

身に付けたときに「心地よい」と感じる商品を効率的・効果的に開発するためには，快・不快を数値化する技術を構築することが必要である。テキスタイルの耐久性，色，取り扱い性といった基本品質はJIS, ISOなどにより統一された方法で評価することが可能であり，またそれが必要とされる。しかし，「心地良さ」の評価法については統一された計測・評価法が少ない。その理由として「心地良さ」があいまいな感覚として表現されることが多く，数値化するのが難しいためだと考えられる。本稿では人の感覚である「心地良さ」というものを定量的な物理的指標で表すことを快適性評価と定義し，以降で快適性評価技術について紹介する。

2 「心地良さ」の評価方法構築

「心地良さ」には様々な要素があるが，衣服において重要なのは①熱・水分特性，②圧力特性，③肌触りの３つの要因だと言われている[1)]。熱・水分率特性は暑い，寒い，むれ感，ぬれ感，べたつき感などの感覚用語で表現される。圧力特性は動きやすさに関連し，しめつけ感，フィット感，窮屈などで，肌触りはサラサラ感，しっとり感，ぬめり感，ソフト感，フンワリ感，シャリ感などの多くの感覚用語で表現される。心地よい商品を開発する過程では，多数の商品を相対的に評価する必要があり，以下にその基本的なプロセスを示す[2)]。

・ステップ１：商品コンセプトの設定：対象とする心地良さ，感覚の具体的内容（想定場面，目的，対象者など）を的確に把握する。ここでは主観評価が主体となる。

・ステップ２：機器評価法の構築：対象とする感覚を実用に近い方法で数値化する機器評価技

＊ Yusuke Shimizu　東洋紡㈱　コーポレート研究所　快適性工学センター　部長

術を構築する。ステップ１，２によって素材に求められる物理的な機能を明確にし，開発の目標を定める。

・ステップ３：試作・評価による製品設計：ステップ２の技術によって明らかとなった機能を満たすべく試作・評価を繰り返し，設計の最適化を行う。

・ステップ４：効果の確認：最適化した開発品の心地良さを実際の使用状況で検証し，心地良さを実感できるか確認する。

ステップ２の感覚を機器計測によって数値化する技術を「感覚計測技術」と呼ぶ。計測技術を構築することは，言い換えれば心地良さの主要因となる物理量を明らかにすることであり，対象物に求められる物性を明確にすることを意味する。この感覚計測技術を構築するにはさらに以下の２つのステップが必要となる。

・ステップ２－１：心地良さの主要因の抽出：ステップ１で上がってきた感覚的な言葉に関与する可能性のある多くの物理量から，心地良さへの関わりが大きい物理量を選択する。実際には主観評価との相関が大きい物理量を選択することになる。

・ステップ２－２：抽出した物理量の計測法の構築：JIS や ISO で定められた計測法を適用できない場合は新たに測定機器や測定手順を構築することが必要となる。

このようにして構築した評価技術を用いた①熱・水分特性，②圧力特性，③肌触りの評価例について以下に述べる。

3　熱・水分率特性に関する心地良さの評価

3. 1　熱・水分率特性に関する評価法

東洋紡では，1982 年に，スポーツウェアの展示会で「衣服内気候®を科学する」というキャッチフレーズを発表し，快適性を数値化する技術，つまり快適性評価技術を活用した商品開発を行ってきた。衣服を着た時の快適さは文字通り肌で感じる感覚であり，図１のような衣服と人

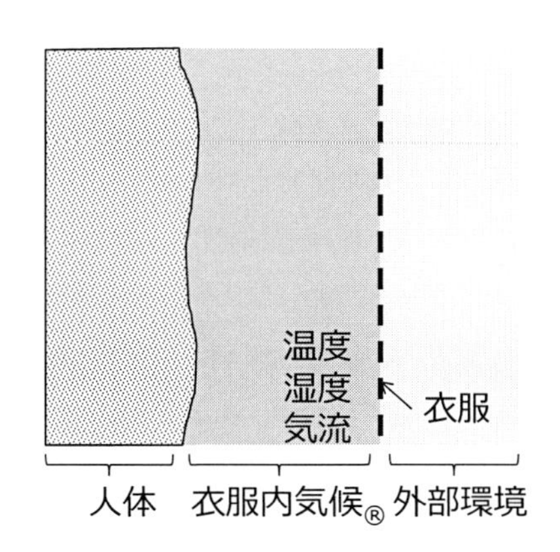

図１　衣服内気候®

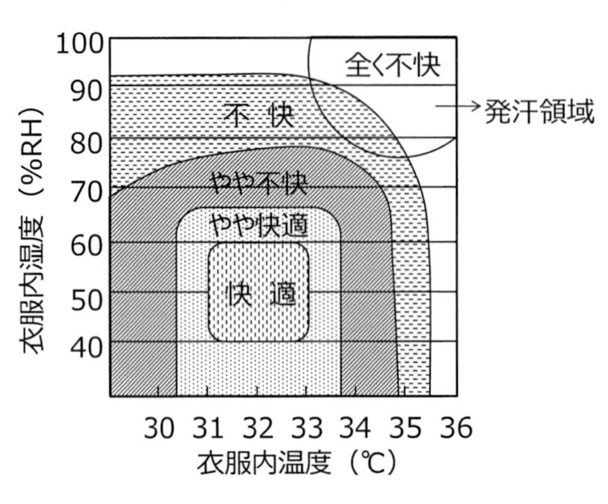

図2　衣服内気候®と快適感の関係

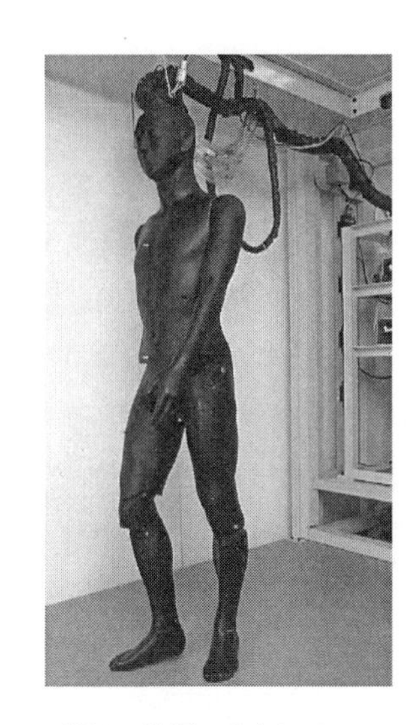

図3　発汗マネキン SAM

体との空間の温度，湿度，気流の総称を衣服内気候®と呼んでいる。

快適と感じる衣服内気候®の範囲は，図2に示すように，衣服内温度32±1℃，衣服内湿度50±10% RH，気流25±15 cm/secといわれている。着用感は衣服内気候®と相関があり，衣服内温度，衣服内湿度が高いと暑熱感が大きく，衣服内温度，衣服内湿度が急上昇するとむれ感を感じると判断できる[3)]。

衣服内気候®のシミュレーション装置として，図3に示すような発汗マネキンがある[4)]。発汗マネキンは，表面温度（皮膚温）と水吐出量（発汗量）を制御した等身大の発汗ロボットであり，立つ・座る・寝るの姿勢変化が可能で，衣服を装着している時の衣服内温度，衣服内湿度，および，皮膚温を一定に維持するための電力量を放熱量として計測できる。森下は，発汗マネキンに素材・加工の異なるポロシャツを装着させると，発汗量の増加に伴い，衣服内温度の低下，衣服内湿度の上昇，電力の増加がみられ，試料の吸水性の違いによる衣服内温度，衣服内湿度，放熱量の差が評価できることを報告している[5)]。石丸らは，発汗マネキンをカーシートに着座させた時の衣服内絶対湿度は，人の衣服内絶対湿度と同様の傾向を示すことから，発汗マネキンで計測した衣服内絶対湿度は着座時のむれ感の指標となることを報告している[6)]。

しかしながら，発汗マネキンでの評価で用いる試料は，実際に人が着用，使用する形状であることが必要であり，多くの素材を比較するためには，時間と費用がかかる。そのため，簡易的に衣服内気候®を評価するために発汗マネキンの平板型ともいえるスキンモデル装置（図4）を作製した。スキンモデル装置は発汗マネキンと同様に，熱板の温度と水吐出量（発汗量）を制御しており，衣服内温度，衣服内湿度，および，熱板の温度を一定に維持するための電力量を放熱量として計測することができる。以下に人が衣服を着用した時の「涼しさ」について，スキンモデル装置で評価した事例を紹介する[7)]。

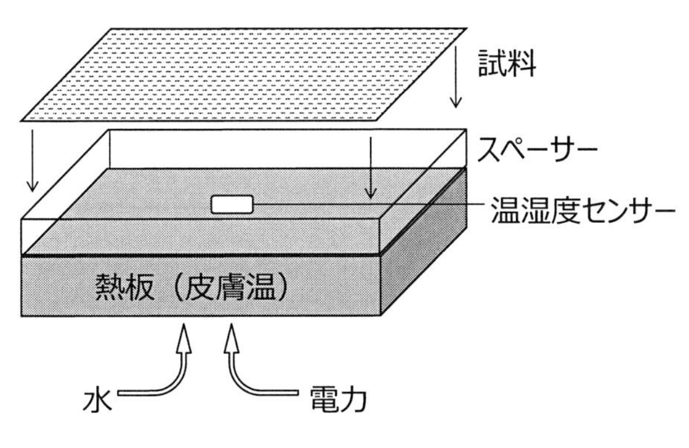

図 4　スキンモデル装置

3. 2　衣服の「涼しさ」の評価

試料は，表 1 に示す試料 A，試料 B，試料 C を使用した。厚みは JIS L 1096（2010）8.4 A 法（荷重 1 gf/cm^2），目付は JIS L 1096（2010）8.3.2　A 法（試料寸法縦 100 mm，横 100 mm），水分率は JIS L 1096（2010）8.10（試料寸法縦 100 mm，横 100 mm），通気度は JIS L 1096（2010）8.26 A 法（フラジール形法）による。試料 A は試料 B，C よりも厚みが大きく，目付が小さく，通気量が多い。水分率は試料 A，B，C で同等であり，いずれの試料も低い。

被験者 5 名（男性 3 名，女性 2 名）に長ズボン，下着，靴下，靴，および，試料 A，B，C からなる T シャツを着用させ，環境 27℃ 70％RH の恒温恒湿室内にて，図 5 に示す実験プロトコルで着用試験を行った。歩行はトレッドミルを使用し，歩行速度 3.5 km/h とした。無風で歩行を行った直後（主観評価①），および，約 2 m/sec で送風しながら歩行した直後（主観評価②）の「涼しさ」「快適さ」を SD（semantic differential）法（±2 点，5 段階）で主観評価した。

表 1　基本物性

	厚み mm	目付け g/m^2	比容積 cm^3/g	水分率 %	含湿量 g/m^2	通気量 (cc/cm^2/sec)
試料 A	0.9	113.9	7.6	0.8	0.9	245
試料 B	0.7	128.4	5.2	1.0	1.3	46
試料 C	0.6	134.0	4.4	1.0	1.3	85

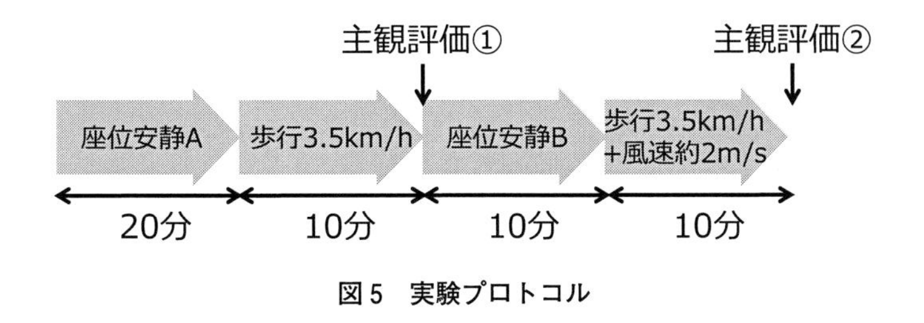

図 5　実験プロトコル

無風状態（主観評価①）では，試料Ａの「涼しさ」や「快適さ」は，試料Ｂ，Ｃと同等であり，いずれの試料もやや暑く，やや不快に感じる傾向がみられた。一方風が吹いている状態（主観評価②）では，試料Ａは試料Ｂ，Ｃより，涼しく感じる傾向があり，有意に快適に感じることを確認した。

運動時には，発生した熱を効率よく排出し，身体への貯熱量を少なくすることが重要となる。石丸らは，主として通気性に起因する衣服の放熱量を測定するため，スキンモデル装置を使用し，気孔率が高く，通気性の高い試料は，放熱量が大きい傾向を示すことを報告している[8)]。

前記実験を参考に，スキンモデル装置を用いて環境32℃ 70％RH，設定温度37℃，前半15分は水吐出なし，後半15分は水吐出あり（発汗を想定，水吐出量410 g/m^2/h）で放熱量を測定し，5分ごとの平均放熱量を求めた。すべての試料において水吐出によって放熱量は増加するものの，試料Ａの放熱量は，試料Ｂ，Ｃと同等という結果であった（図6）。この結果は着用試験における無風状態での涼しさの主観評価①と対応している。

次に，環境温湿度，スキンモデルの設定温度，水吐出量は上記に記載した条件と同じで，前半15分は水吐出も送風もなし，中盤15分は送風（風速約2.5 m/sec），後半15分に水吐出と送風（風速約2.5 m/sec）という条件で放熱量を計測した。5分ごとの平均放熱量を（図7）に示す。水吐出によって放熱量が増加する傾向は無風時と同様であるが，送風下では試料Ａが試料Ｂ，Ｃよりも高い放熱量を示した。これは，試料Ａの通気量が，試料Ｂ，Ｃよりも大きいことが影響したと考えられ，着用試験における送風時の主観評価②において，試料Ａは試料Ｂ，Ｃより，涼しく感じたことを裏付ける結果といえる。

これらの実験から，スキンモデル装置を使用し，衣服着用時を想定した条件で測定した放熱量は，衣服の涼しさの指標となると判断する。

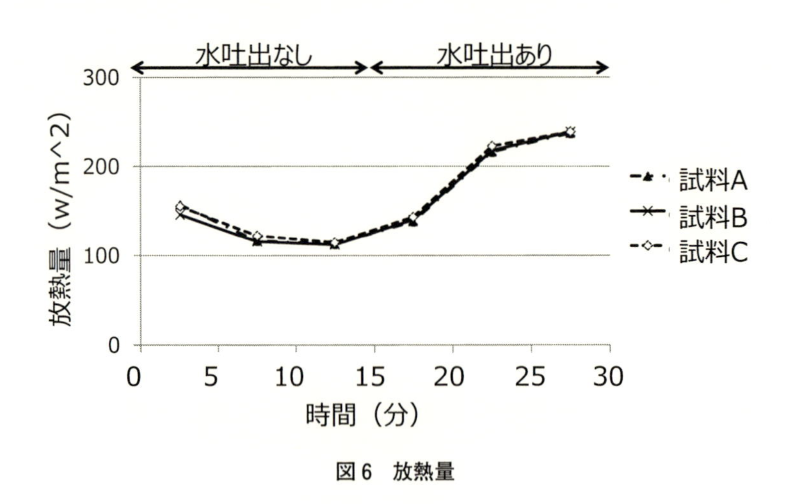

図6　放熱量

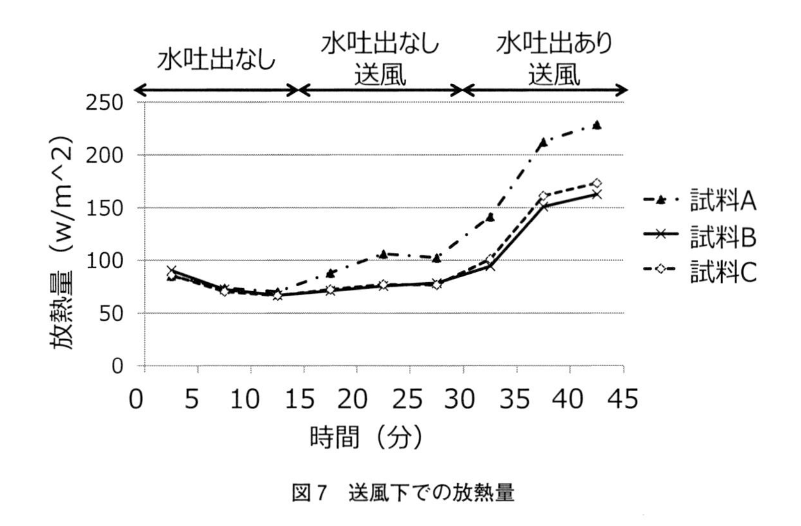

図 7　送風下での放熱量

4　圧力特性に関する心地良さの評価

衣服による圧力は小さいほうが自然体に近いと言えるが，ガードル，ブラジャー，スパッツ，コンプレッションインナーなど積極的に加圧する衣服もある。圧力に対する感覚は部位によって異なり，腰部，前腕，下腿は加圧してもきつく感じにくく不快にも感じにくいが，腹部，胸部，大腿部は加圧するときつく感じ，不快に感じやすい傾向を示す[9]。腹部や胸部への加圧が不快に感じやすい要因の一つは呼吸による身体の変形を妨げるためであると予想され，衣服型のスマートテキスタイルを開発するうえで考慮すべき点である。

衣服を着用した状態での接触圧を計測するには，一般的に衣服と人体の間にエアパックなどの圧力センサーを挿入して計測するが，数カ所の点における計測であるため，詳細な分布を計測することは難しい。また，適切な衣服圧を示す衣服の設計，最適化のためには縫製した衣服を着用して接触圧を計測する必要があり，効率の良い開発が難しい。これらの課題を解決する一つの方法として生地の伸長変形特性と型紙，人体の寸法データをもとに衣服圧分布を計算で求める衣服圧シミュレーションを開発した。近年のコンピュータの性能向上に伴い，静止状態だけではなく，様々な動作における衣服圧の分布の変化なども求めることが可能になってきており，今後さらに発展してゆくものと期待される[10]。

5　肌触りに関する心地良さの評価

肌触りは風合いと表現される衣服の特性の一部であり，触感とも表現される。触感に関する研究は 1926 年頃に端を発したと言われているが，日本では 1970 年代初頭に松尾らが風合い形容語と衣料用テキスタイルの力学特性とを結びつける風合い計測法を発表したのが最初である[11]。また，1973 年には川端が風合い試験機 KES（Kawabata Evaluation System）を発表し，これは現在でも布帛の表面特性，圧縮特性，曲げ特性，せん断特性，引張り特性を測定する風合い計測機として幅広く活用されている[12,13]。

これらテキスタイルに端を発した風合いに関する研究成果は，現在では衣料以外に自動車，化粧品，日用品など様々な分野に展開されている。人が感じる触感はすべすべ，もっちり，やわらかい，かたい，ふんわり，しなやか，べたつく，さらさら，ハリ，こし，ぬめり，しっとり，つるつる，ざらざらなどの様々な官能用語で表現される。ある製品の肌触りを評価する場合，これらの官能用語を用いた主観評価を行うことが一般的であり，その結果によって試料間の相対評価は可能である。しかし，これを製品開発につなげるには定量的な物理的特性が必要であり，そのためには機器による計測方法が必要である。先に述べたKESは基本的物性として５つの特性を計測できるが，ヒトが感じる触感を表す用語を直接的に測定・評価することはできない。どのような測定項目を用いれば触感を表すことができるのか，適切な測定項目を見出すことが必要である。

具体的には，人がサンプルを触るときの動作を観察して関連する物理現象を見出す，あるいは，相関分析などを用いて触感をより基本力学特性につながる用語に翻訳することにより，適切

表２　生風合い→基本風合い翻訳辞典の一例

生風合い	基本風合い
ソフトである	1. 曲げてやわらかい 2. 圧縮してやわらかい 3. 薄い 4. バイアス方向に変形しやすい 5. 滑りやすい 6. 表面の毛羽の状態

表３　基本風合いと基本力学特性との対応

基本風合い	基本風合い		基本力学物性
曲げてやわらかい⇔曲げてかたい 曲げ戻り性が良い⇔曲げ戻り性が悪い	曲げ剛性　B 曲げ戻り性　2HB/B	小⇔大	曲げ変形
伸びやすい⇔伸びにくい 伸び戻り性が良い⇔伸び戻り性が悪い	引張伸長率　EMT 引張回復率　RT	大⇔小	伸長変形
（バイアス方向の変形のしやすさ）	せん断剛性　G せん断戻り性 2HG/G		せん断変形
圧縮してやわらかい⇔圧縮してかたい 圧縮戻り性が良い⇔圧縮戻り性が悪い	圧縮性　WC/T 圧縮回復率　RC	大⇔小	圧縮変形
滑りやすい⇔滑りにくい 凹凸が少ない⇔凹凸が多い	摩擦係数　MIU 表面凹凸係数　SMD	小⇔大	表面摩擦
薄い⇔厚い	厚み　T	小⇔大	厚み
軽い⇔重い	目付け　W	小⇔大	目付け
表面毛羽の状態	毛羽水準　KBA	小⇔大	

な基本的力学特性に落とし込むことができる。翻訳の一例として“ソフトである”という官能用語を基本風合いに翻訳した例を表2に，さらに基本力学物性に落とし込んだ例を表3に示した[14)]。このようなプロセスをとることで，触感を数値化する適切な評価項目を見出すことができる。

6　おわりに

心地良さは，主観評価，機器評価，生理評価など多くの視点からの計測により，より正確な評価が可能になる。単に試料間の順列を決めるだけであれば主観評価で十分であるが，再現性に乏しく，試料数が多くなればなるほど評価が難しくなるという問題がある。また，製品設計や材料の最適化のためには機器評価による基本力学物性まで落とし込んだ評価が避けて通れない。

一方で，機器による評価の結果に差異があったとしても，人が身に付けたときに差異が感じられるとは限らないという面もある。例えば，開発品の保温性能が機器評価の数値上は優れているという結果であっても，人が感じ取ることができないほど小さい差であれば製品としての優位性は疑わしい。このように製品設計において機器評価は有効であると同時に，人の感覚は決して無視してはならず，双方を尊重した総合的な判断が必要である。

文　　献

1）原田隆司，繊維機械学会誌，**36**, 212 (1983)
2）土田和義，繊維製品消費科学会誌，**33**, 581 (1992)
3）原田隆司ほか，繊維工学，**35**, 30 (1982)
4）森下禄郎，繊維製品消費科学会誌，**44**, 48 (2003)
5）森下禄郎，繊維製品消費科学会誌，**45**, 37 (2004)
6）石丸園子ほか，自動車技術，**65**, 18 (2011)
7）小松陽子，日皮協ジャーナル，**40**, 51 (2018)
8）石丸園子ほか，日本生理人類学会誌，**3**, 31 (1998)
9）石丸園子ほか，繊維製品消費科学会誌，**52**, 197 (2011)
10）石丸園子ほか，*Journal of Textile Engineering*，**55**, 179 (2009)
11）松尾達樹，繊維機械学会誌，**23**, 134 (1970)
12）川端季雄，繊維機械学会誌，**26**, 721 (1973)
13）川端季雄，風合い評価の標準化と解析第2版，日本繊維機械学会風合い計量と規格化研究委員会 (1980)
14）原田隆司，繊維機械学会誌，**41**, 305 (1988)

第5章　繊維製品における感性計測評価

上條正義*

1　はじめに

衣服を着たまま池に落ちてずぶ濡れになったが，衣服が「これから急速乾燥します」と言って着衣のまま衣服を乾かす。着衣する前はダボダボで緩かった衣服がスイッチを押すと体にフィットして着衣できる。着衣した衣服が人体の健康データをセンシングして遠隔地にいる仲間に健康状態や生死を伝えることができる。これらは，未来を想像した映画やアニメに登場するスマート化・インテリジェント化された衣服である。ここでは，これを Intelligent Clothing（IC）と呼ぶことにする。昨今，導電性繊維を含めたスマートテキスタイルの開発によって IC が近い将来実現できる可能性を感じさせるようになってきた。

IC 開発の基本には，個々の健康や心地の把握があり，個人に対応したケアやオンデマンドでのモノづくりにつなげたいという背景がある。これまでのモノづくりは，大量生産，大量消費のモノづくりであった。繊維・アパレル産業では，平均標準体形という基準に基づいて，見込み生産体制が行われてきた。しかし，本来，衣服は個人の体形や体質に合わせたものが作られ，着衣すべきものである。IC の一つに人体の採寸システムがあり，着衣するだけで，採寸できるウェア[1)]や3次元スキャナーで人体形状を測定して，そのデータを管理して衣服を設計するサービス[2)]などがはじまりつつある。

心地が良いモノを作るには，個人の心身情報を得ることが必要である。ここで大切なことは，作り手と使い手が相互理解することであり，そのためには円滑な対話を行いながら相互が納得してモノづくりを実践する必要がある。しかしながら，相互の意図を察し，自分の思いを伝えることは，非常に難しい。相手から発せられる様々な情報から相手のことを察し，自分の考えを伝えて合意形成に至ることができる能力が感性であるが，我々は自己の身体との対話も十分にできておらず，健康状態を明確に把握できていない。そのため，使い勝手，心地よさ，快適感，ストレスなど，人とモノとの関係性も明確に他者に伝えることができていない。設計される衣服が使い手の健康を保持，さらに増進される機能を有することが理想である。衣服の着心地を確保するには，衣服と人の関係性を明らかにする計測・評価が必要である。衣服を着衣する理由の一つは，身体の保護である。しかしながら，身体に合わない衣服を着衣した際は，衣服からの刺激が意識されないまま身体に蓄積され，やがて，ストレスを自覚し，体調不良や疾病を誘発する。自身が

*　Masayoshi Kamijo　信州大学　繊維学部　先進繊維・感性工学科　感性工学コース　教授

気づかない自身の健康状態を察知して，健康を支援するICが必要とされている。

2　感性計測評価

衣服から受ける刺激，刺激に伴う心理的，生理的影響をそれぞれ計測し，刺激と心身反応の相互の関係性を明らかにして，心地良さを評価することが感性計測評価の目的である。衣服から人は様々な刺激を得ている。しかしながらどんな刺激をどの程度受けているかを我々は十分に把握できていない。この刺激によってどんな心理的な変化が起こるのか，健康学的に良いのか，悪いのかを明確に把握できているとは言い難い。何となく感じるがそれが何を根拠としているかは，説明できないことが多い。何となく感じていることを明示化し，対話につなげる方法を作り出すのが感性計測評価の役割である。現在，スマートテキスタイルの分野では，導電性繊維の開発などによって生体電気信号を検出するデバイスの開発が活発である。着衣するだけで，生体信号が導出できる技術は大変重要であるが，積極的に快適を感じていることを表現できる生理指標，ストレスを感じている際の生理メカニズムやそれを評価する指標が明確になっているわけではない。ここでは，センシングデバイスの開発ではなく，検出された生体信号から心身の健康状態，快適状態の把握には何を評価指標として用いれば良いかに関する研究について述べる。

衣服の着心地を支配する物理的な要因として（1）被服内気候と言われる被服内の温湿度・気流特性，（2）被服圧と言われる被服による皮膚に対する圧迫特性，（3）生地の風合いなどによる表面粗さがある。これらの三つの要因に関連した単純な物理刺激が人間に呈示された際の心理反応，生理反応，動作を計測し，その結果と健康学的な知見からの考察を踏まえられながら着心地は評価される。三つの着心地の要因に含まれる人体に対する刺激を考えると，熱，接触，圧迫，痛み，蒸れなどが考えられ，これらが着衣ストレスにおけるストレッサーである。このストレッサーが呈示されたことに伴う心理反応，生理反応，行動を計測する手法の開発が，人と衣服との良い関係性を形成するための支援技術となる。モノから生じる刺激，それに伴う心理反応，生理反応の相対的な様相変化をとらえることが感性計測評価の本質である。

感性計測評価において心理反応と生理反応，動作を計測することの意義として，以下の四項目が主なものとして考えられる。①人が感じていること（心理反応）のエビデンスとして生理反応を使う。②日常何気なく行っていること感じていることについての理由を解明し，自己の行為を顕在化する。③ストレスに代表されるように，人が気づかないが人体には影響を与える刺激を把握する。④心理・生理反応ともに快適と感じるモノをつくるための指標とする。①は，最終的には，人が感じていることを聞き出せばよいということになり，生理反応計測の結果は，十分に活かせない。②から④については，生理反応を計測することによってはじめて顕在化できることであるため，生理反応計測の意義が高い。ストレスにおいて，ストレスを誘発する刺激であるストレッサーに対する知覚は無意識下で呈示されていることが多く，顕在化したときには疾病に至っているケースは少なくない。身近な例では，「風邪を引いたかな」と気づいた際は，風邪を発病している状態であるが，風邪をひく原因となったことが事前にあり，その際に，生理反応は病気にならない対処反応をしていたがそれに自身が気づかなかったのである。生理反応計測によってストレスに対応した身体の活動がセンシングできることがICを開発すべき大きなポイントである。ここでは，無意識下で身体に呈示された刺激による心身への影響を生理反応を計測することによって評価した感性計測評価の研究について紹介する。

3 意識できない身体への影響を計測評価する

ウエストベルトは男性も女性も着装する被服アイテムの一つである。体形の変化によって意識的に締め付けの程度を強めたりすることもある。ウエストベルトで体幹部に対して過度な圧迫を加えた場合，圧迫直後は，心理的に圧迫感，違和感を持つが，直ぐに，馴化し意識されなくなる。意識されないということは，身体に対して問題が無いというわけでなく，健康を損ねる危険性を持っている[3~7]。ここでは，ウエストベルトを着装した際の心理生理反応を計測し，生理反応に与える影響について研究した内容を紹介する。紹介する内容は，二種類の研究である。一つは，ウエストベルトによって過度に締め付けることによって脳活動が抑制傾向となるが，覚醒の低下を自覚できないという心理反応と生理反応のギャップを示した研究である。二つ目は，視覚からの情報が被服圧迫に対する生理反応に影響を与えることを実験的に示した研究である。これらは，生理反応を計測することによって人の着心地を定量的に評価する方法の構築を目指した研究の一部である。

3. 1 腹部圧迫は脳活動を抑制する

幅15 cmの非伸縮性のウエストベルトを使用して，研究対象者の腹囲に対してベルト長を10%短くして着装し，腹部を圧迫したことによる脳活動への影響を脳波の導出から評価した[8]。脳波は，国際10/20法に基づき，Fp1，Fp2，F3，F4，T3，T4，O1，O2，P3，P4の10部位にAg-AgClの皿型電極を貼付し，電極の接触インピーダンスは5 kΩ 未満に設定した上で導出された。研究対象者は，健康な女子大生10名であった。実験環境は，温度は25℃，60%RHであった。研究対象者は半袖のTシャツ，ジャージ，下着を身に着けて椅坐位であった。実験プロトコルは，初期安静，腹部圧迫，再安静であり，各過程において2分間の脳波導出と圧迫感，覚醒感，快適感の印象強度を0から100の数値で聞き取った。脳波は，周波数解析によって，パワースペクトルを求め，アルファ波帯域の積分値を求めて強度とし，安静時とウエストベルトでの圧迫時のアルファ波強度を比較した。

図1は，初期安静（Prior），圧迫中（Under），再安静（After）時に調査した圧迫感（Tight），覚醒感（Awake），快適感（Comfort）の印象評価結果である。分散分析および多重比較（Tukey）による有意差を求めた結果，圧迫感と快適感においては，圧迫時と安静時の間に有意差（$p < 0.01$）が認められた。腹部をウエストベルトで締め付けられているので，圧迫感と快

適感に有意差があることは当然であるが，覚醒感については，圧迫時に覚醒感がやや高値になる傾向がみられるが，有意差は認められなかった。

図２に，初期安静，圧迫中，再安静の各プロセスにおいて導出した脳波から，アルファ波の強度と徐波の強度を求めた結果を示す。ここで，Process（1）は初期安静，Process（3）は圧迫時，Process（6）は再安静時を示す。ウエストベルトによる圧迫によって，アルファ波強度が低下し，徐波強度が高値となった。分散分析および多重比較（Tukey）によって有意差を求めた結果，圧迫時と安静時の間でアルファ波，徐波ともに有意差（$p < 0.05$）が認められた。これは，圧迫によって脳活動が抑制されたことを示す結果である。

印象評価と脳活動評価の結果から，ウエストベルトによって過度に腹部を圧迫することによって，脳活動が抑制され，それを人は自覚できないことを示している。この研究では，被服圧迫に

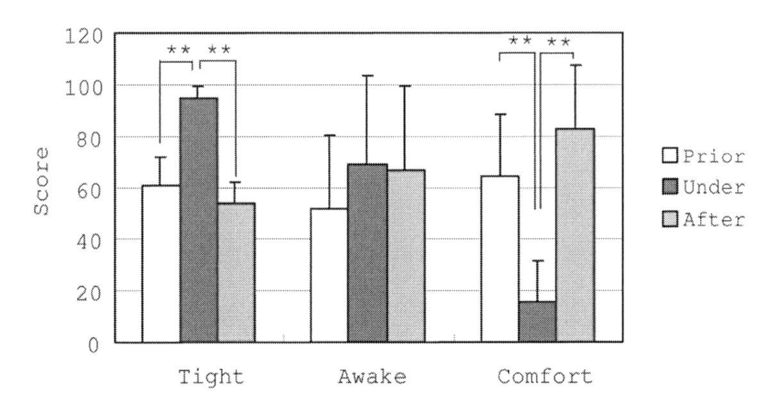

図１　圧迫感，覚醒感，快適感の印象評価結果

文献８の Figure 2 から引用

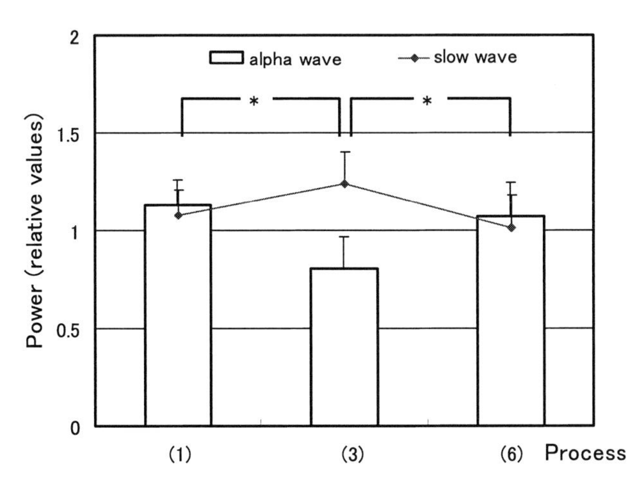

図２　アルファ波強度と徐波強度

文献８の Figure 10 から引用

よる覚醒感への影響が印象評価では評価できず，生理反応計測でないと明確にならないことを示している。

3. 2　視覚からの情報が腹部圧迫に伴う心身への影響を亢進する

通常，私たちは単一感覚から心地を評価するのではなく，多感覚の統合によって心地を評価している。着心地の評価も，被服圧，被服内気候，表面粗さに関連した刺激を各種モダリティで受容し，脳で統合することによって行われている。多感覚統合している実生活において，圧迫感を発現するための主要な刺激としては，圧覚や触覚に対する刺激であるが，知覚において大きな影響を与えることが知られている視覚に刺激を呈示した場合に圧覚や触感に対して影響を与える可能性も考えられる。

ここでは，視覚情報を単純な刺激から視覚的に圧迫を伝える情報に変えて，それぞれの視覚刺激に加えて体性感覚への刺激である被服圧を与えた際の生理反応の違いを調査した研究を紹介する。視覚呈示方法としては以下の三種類：①開眼と閉眼での違い[9]，②輝度変化による視覚刺激強度の影響[10]，③腹部圧迫を伝える視覚情報の影響[11]である。

3. 2. 1　開眼と閉眼での違い

閉眼と開眼において腹部への被服圧による心理生理反応にどのような違いがあるかを調査した研究について紹介する。開眼と閉眼では，それぞれの状態での脳活動は全く違うことは脳科学の分野ではよく知られていることである。脳波を導出する際には，眼球運動や瞬目に伴うアーチファクトが脳波に混入することを低減するために，閉眼状態とする方法が多く用いられる。しかし，日常生活の中で閉眼して着心地評価を行うことは現実的ではない。実生活に近い状態での評価が着心地においても必要であるという背景から，開眼と閉眼のそれぞれの状態において，ウエストベルトで腹部圧迫した際の生理反応の変化の違いを比較した結果，自律神経活動において開眼と閉眼で差異があった[9]ことを以下に述べる。

幅 4 cm の非伸縮性のウエストベルトを用いて研究対象者全員がきついと自覚する圧迫条件として各自の胴囲に対してベルト長を 10％短くして着装してもらった。脳波，心電図，官能検査の 3 項目を計測した。研究対象者は健康な成人 9 名（男性 5 名，女性 4 名）であった。研究対象者はリクライニングシートに着座し，安静 2 分間，圧迫 2 分間，再安静 2 分間の計 6 分間を 1 セットとして実験した。官能検査は，快適感（快適－不快），圧迫感（圧迫感がある－圧迫感がない），覚醒感（眠くない－眠い）について，「非常に・とても・やや・どちらともいえない」の 7 段階評価で実施した。

心電図は，R-R 間隔の時系列変化に対して周波数解析してパワースペクトルを求め，交感神経活動割合（LF/HF）と副交感神経活動割合（HF/(LF＋HF)）を求めた。図 3 に LF/HF, HF/(LF＋HF) の変化を示す。安静時の値を 1 とした場合の相対変化を示す。分散分析と多重比較（Tukey）で有意差を求めた結果，LF/HF おいて，閉眼状態と開眼状態ともに，圧迫時と再安静時の間で有意差があった。閉眼状態では圧迫時・再安静時ともに LF/HF が初期安静に比

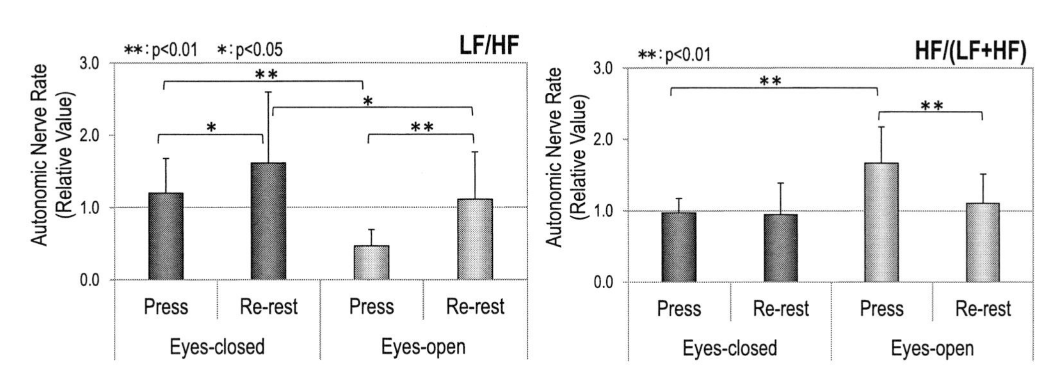

図３　開眼，閉眼実験での自律神経活動割合

文献９の図６より引用

べて高値であった。開眼状態では圧迫時に LF/HF が初期安静に比べて減少し，再安静時に圧迫時に比べて増加した。

HF/(LF＋HF) において，開眼状態で圧迫時に初期安静より増加し，再安静時に減少した。閉眼と開眼間で比較すると，圧迫時と再安静時の LF/HF，圧迫時の HF/(LF＋HF) で有意差が認められた。これらの結果から，閉眼では腹部の圧迫により交感神経活動優位となり，開眼では副交感神経活動優位となり，閉眼と開眼では腹部圧迫に対する自律神経系の反応が異なることが示された。

開眼での圧迫刺激呈示において，不快感・圧迫感を感じているにも関わらず副交感神経活動が亢進した原因について腹部圧迫時の血圧を測定する実験で明らかにしている。結論として得られたメカニズムは，体幹部への圧迫刺激は血圧を上昇させ，これを下げるために大動脈壁にある圧受容器が働き，大動脈中の血液を末梢の血管に送るため副交感神経活動が優位になったというものであった。

これらの身体における活動は，身体の健康を維持するための恒常性維持機能（ホメオスタシス）によるものである。恒常性維持機能に伴う生理反応は，意識して行えるものでなく，無意識下での反応である。よって，生理反応を計測することによって，はじめて顕在化する。ストレス研究においては，交感神経活動が亢進するとストレスであり，副交感神経が亢進するとリラックスしていると判断されることが多々あるが，一概に判断はできないことをこの研究では示している。

3. 2. 2　輝度変化による視覚刺激強度の影響

視覚に対する刺激の程度によって，幅 4 cm のウエストベルトで腹部を圧迫した際の心身反応がどのように変化するかを調査した研究を紹介する。この研究は，ウエストベルトを着装することによる圧覚に対して視覚からの刺激よってクロスモーダル現象を引き起こすかを検証するものである。結果として，視覚における明るさ刺激の程度によって圧迫に伴う生理反応が異なることを明らかにした[10]ことを以下に述べる。

ウエストベルトを研究対象者（健康な成人６名（男性４名，女性２名））の胴囲に対してベル

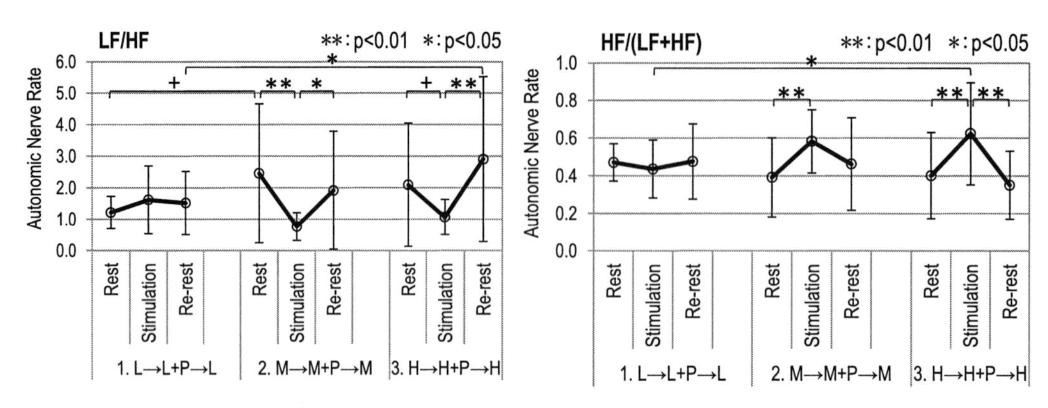

図 4　視覚刺激強度の影響実験における自律神経活動割合

文献 10 の図 3 より引用

トを 10％短くして着装することによって圧迫する圧覚刺激（P）と 3 段階の強度の光を視覚刺激として，視覚刺激が異なる条件で圧覚刺激が呈示された際の生理反応の変化を調査した。

視覚刺激として三つの明るさ（低輝度（L），中輝度（M），高輝度（H））を設定した。①低輝度（L）環境での視点部の輝度は 0.2 cd/m^2 であった。②中輝度（M）環境の輝度は 122.2 cd/m^2 であった。③高輝度（H）環境の輝度は 382.0 cd/m^2 であった。刺激呈示プロトコルは，3.2.1 項と同様である。

図 4 に実験で得られた自律神経活動割合（LF/HF と HF/(LF＋HF)）の結果を示す。図中の P は圧迫刺激を示し，圧迫刺激に対して，輝度が異なる L,M,H の視覚刺激を呈示した際の交感神経活動（LF/HF）と副交感神経活動（HF/(LF＋HF)）を示す。輝度が高いほど，安静，刺激，再安静のプロトコルにおける LF/HF および HF/(LF＋HF) に有意差（多重比較(Bonferroni 法)）が認められた。M および H の刺激呈示では LF/HF は腹部圧迫時に減少し，再安静時に増加した。HF/(LF＋HF) は圧迫時に増加し，再安静時に減少した。圧迫刺激によって HF/(LF＋HF) が高値となり，副交感神経活動が亢進した。この結果は前述したように恒常性維持機能に基づく反応であると考えられる。これらのことから低輝度の視覚刺激よりも高輝度の視覚刺激の方が腹部圧迫に対する自律神経系の生理反応を亢進させることが示された。視覚刺激による圧覚へのクロスモーダル現象があることを示唆する結果であった。

3. 2. 3　腹部圧迫を伝える視覚情報の影響

視覚に対する単純な明るさ刺激の強弱ではなく，ウエストベルトで絞められている自分の姿や他者の姿を視覚情報として呈示した際の視覚と圧覚のクロスモーダル現象について調査した結果[11]を紹介する。

圧迫に関する情報の呈示条件としては三種類である。第 1 条件（Condition1）は，前節までの実験と同様に，開眼で幅 4 cm のウエストベルトによって腹部を締め付ける。第 2 条件(Condition2）は，鏡でウエストベルトを締める自身の姿を見て，視覚からもウエストベルトに

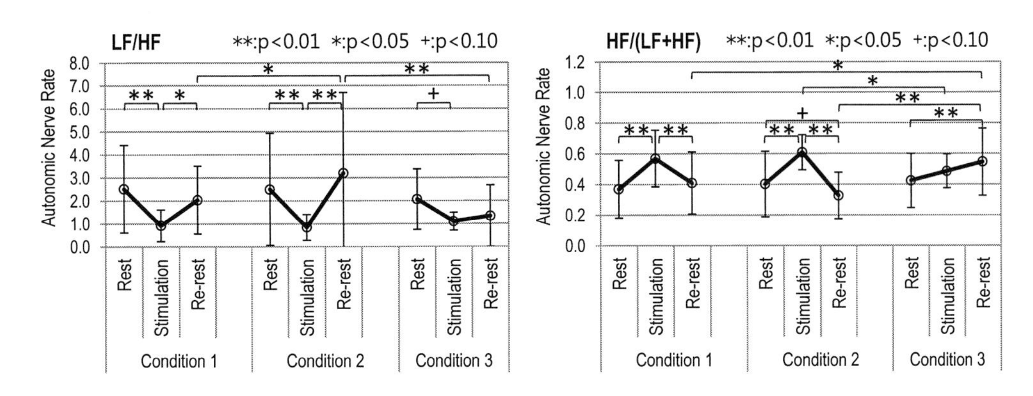

図５　視覚情報の影響実験における自律神経活動割合

文献 11 の Figure3 と Figure4 から引用

よって締められている情報を受容させる。第３条件（Condition3）は，自分はウエストベルトを着装せず，ウエストベルトを締めている他者を見る。これらの条件で，安静，刺激，再安静の上述の実験プロトコルで視覚からの情報によって生理反応が異なるかを調査した。研究対象者は健康な成人 10 名（男性６名，女性４名）であった。

図５に自律神経活動割合の結果を示す。安静，圧迫，再安静のプロセスでの変化が LF/HF においては三つの条件ともにＶ字変化となり，圧迫刺激によって交感神経活動が抑制され，HF/(LF＋HF）においては，条件１，２で山形となり，圧迫において副交感神経活動が亢進した。ここで，視覚で被服圧の情報が提示された条件３でも LF/HF が減少し，交感神経活動が抑制傾向となった。視覚的な被服圧迫情報の知覚によって，自律神経活動に影響を与えることを示した結果である。この結果は，ミラーニューロン[12,13]の活動を示唆することも考えられ，非常に興味深い結果である。

さらに，圧感覚と視覚の両方を用いた条件２の結果は，再安静において条件１および条件３の値よりも有意に高かった。これは，圧感覚と視覚の両方を介して入力された刺激からの解放による反動が大きく，被服圧迫に関する刺激を視覚と圧覚のマルチモーダルで呈示することによって刺激強度が増していたことが計測できた可能性を示す。

4　まとめ

製品評価において，性能や品質を規格に基づいて定量的に評価する方法が行われている。しかしながら，これからは，人にとって快適なモノであるかを評価する感性計測評価が必要であることが多くの産業において共通認識となりつつある。利用者の動作や生理反応は，人体から得られる物理データである。製品が持つ機能が人に対する刺激となり呈示される。呈示される刺激に対して，健康で過ごせるように恒常性維持機能による生理反応が無意識下で体内において行われている。生理反応から得られる評価指標は，自身と自身の身体との対話の手段ともなる。そしてそれは他者に対しても自身の心身状態を伝えるための新しいコミュニケーション手段になる。

今回紹介した研究は，複数の研究対象者の平均値を求め，その傾向を論じている。これまではデータ傾向を基本統計量で表現してきたが，感性計測評価においては，個々を評価することが大切である。そのためにも，ICの開発によって，計測されるストレスを感じることなく，個々の健康に関する生理データの入手を可能にすることが望ましい。さらに，得られたデータから個々の特性に合わせて，心地を評価するためのアルゴリズムを開発する必要がある。そのためにも，製品から呈示される様々な刺激に対して，脳中枢系の活動も含めて身体でどのような生理反応が行われるのかを示すデータを蓄積し[14]，感性計測評価に有用な指標の特定につなげていくことが重要である。これによって，着心地が良いICの開発につながると同時にICの開発によって日常生活の中で負担なくデータ採取が行えることになる。

文　献

1） ZOZOSUIT 体型計測スーツ，https://zozo.jp/zozosuit/（2019/5/1 閲覧）
2） ワコール 3D smart & try，https://www.wacoal.jp/smart_try/（2019/5/1 閲覧）
3） 諸岡晴美，中橋美幸，諸岡英雄，北村潔和，体幹部の圧迫が心拍数，血圧，皮膚血流量および呼吸機能に及ぼす影響，繊維機械学会誌，**54**(2)，57-62（2001）
4） 杉田明子，岡部和代，木岡悦子，中高年女性におけるガードル着用効果と快適性 ―心拍数・皮膚温及び脳波の早期応答から―，繊維製品消費科学会誌，**43**(6)，365-376（2002）
5） 石丸園子，中村美穂，野々村千里，横山敦士，人体への加圧部位の違いが心理・生理特性に及ぼす影響，人間工学，**46**(5)，325-335（2010）
6） 渡辺ミチ，田村照子，衣服圧が身体に及ぼす影響（第3報）―躰幹部衣服圧と内臓の変位変形について―，家政学雑誌，**27**(1)，44-50（1976）
7） 三野たまき，上田一夫，唾液分泌活動に及ぼす腹部圧迫刺激の影響 ―特に唾液分泌量の減少を引き起こす最小刺激圧について―，日本家政学会誌，**49**(10)，1131-1138（1998）
8） Yosuke Horiba, Masayoshi Kamijo, Tsugutake Sadoyama, Yoshio Shimizu, Kazuya Sasaki, Hiroko Shimizu, Effect on brain activity of clothing pressure by waist belts, *Kansei Engineering International*, **2**(1), 1-8 (2000)
9） 上前真弓，上前知洋，上條正義，腹部への被服圧が心身に与える影響とその閉眼・開眼における比較，日本感性工学会論文誌，**13**(2), 403-409 (2014)
10） 上前真弓，上前知洋，上條正義，輝度変化による視覚刺激が腹部への被服圧に伴う生理反応に与える影響，日本感性工学会論文誌，**13**(3), 479-484 (2014)
11） Mayumi Uemae, Tomohiro Uemae, Masayoshi Kamijo Differences of psychological and physiological responses between mono- and multi-sensory information on clothing pressure sensation, *International Journal of Affective Engineering*, **14**(1), 51-56 (2015)

12) Giacomo Rizzolatti, Luciano Fadiga, Vittorio Gallese, Leonardo Fogassi, Premotor cortex and the recognition of motor actions, *Cognitive Brain Research*, **3**(2), 131-141 (1996)
13) Vittorio Gallese, Luciano Fadiga, Leonardo Fogassi, Giacomo Rizzolatti, Action recognition in the premotor cortex, *Brain*, **119**(2), 593-609 (1996)
14) 上前真弓，上前知洋，上條正義，井上正雄，近赤外分光法を用いたウエストベルトによる被服圧下における脳活動計測，日本感性工学会論文誌，**14**(3), 361-367 (2015)

第２編
スマートテキスタイル用材料の開発と応用技術

第6章　伸縮性アクリル導電材料

赤石良一*

1　はじめに

ウェアラブルデバイス，プリンテッドエレクロトニクス（PE）技術の発展に伴い，柔らかい素材をベースにした導電性材料は，フレキシブル（柔軟）性に加え，ストレッチャブル（伸縮）性を求められる時代となった。当社は，量産品から少量多品種のアクリル酸エステル，及びそれらのポリマーを製造・販売しており，これを強みとして，市場性が期待できる機能性伸縮素材の開発を視野に入れ，アクリル系伸縮性材料の開発に取り組んだ。

モノマー選定，ポリマー設計を行い，ノウハウを積み上げ，目的とする高伸長・高柔軟なアクリル系エラストマーであるSuaveシリーズを開発した。そして，これらのエラストマーと導電性材料の複合化により，伸縮性アクリル導電材料を開発するに至った。以下に，伸縮性アクリル導電材料であるSuave-ELシリーズと周辺の用途展開について，伸縮性導電材料の世界の特許出願動向とともに紹介する。

2　伸縮性導電材料の世界の特許出願動向

フレキシブル・ストレッチャブル導電性材料関連特許は，過去10年間で延べ6400件出願されているが，この中でゴム・エラストマーに関する特許は1016件（16%）とニッチな分野である。これらの主なゴム・エラストマー材料には，アクリル系（8%），ウレタン系（9%），エポキシ系（11%），ポリエステル系（20%），シリコーン系（24%），天然ゴム系（6%），ポリ（スチレン－ブタジエン）系（10%）があり，合計88%を占める（図1）。

これらの材料について，更に，当社の着目するアクリル系，また物性的に競合となり得るウレタン系，エポキシ系，ポリエステル系とともに，シリコーン系（ポリシロキサンを含む）を加え，特許出願件数を調査した。世界的には日本，中国の出願が多く，そこから件数が減り，米国，韓国，ドイツの順である（図2）。中国は，シリコーン系やポリエステル系が多いのに対し，日本は各材料種で大きな差は見られないが，他国に比べ，アクリル系，ウレタン系，エポキシ系が多い傾向がある。現在の化学産業において，日本の特許出願件数に優位性が見られる一例である。

---

* Ryoichi Akaishi　大阪有機化学工業㈱　事業開発室　先進技術研究所　部長

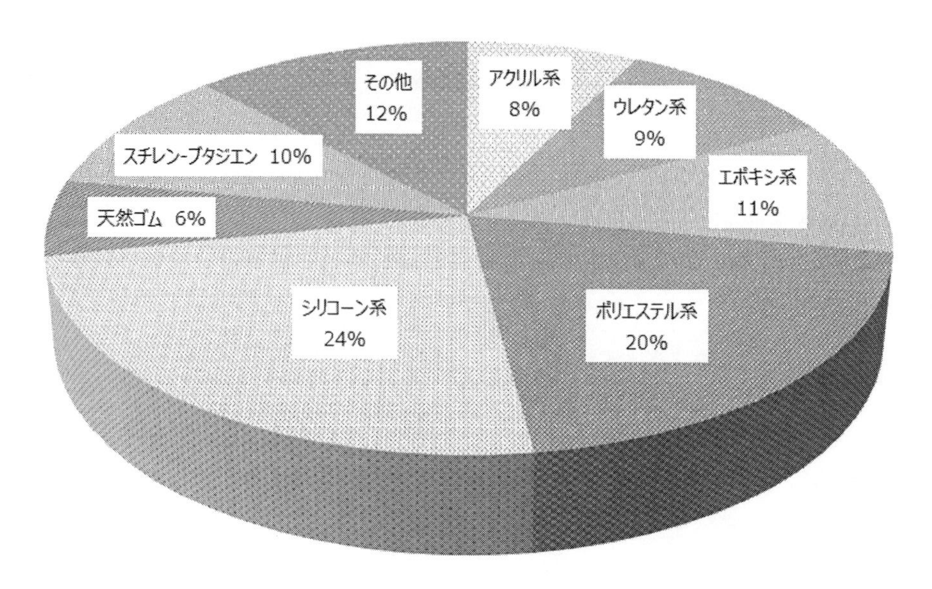

図1　2008～2018年導電性ゴム・エラストマー全世界特許出願件数（1016件）における各材料系の割合

（当社 STN 検索；2019 年 2 月）

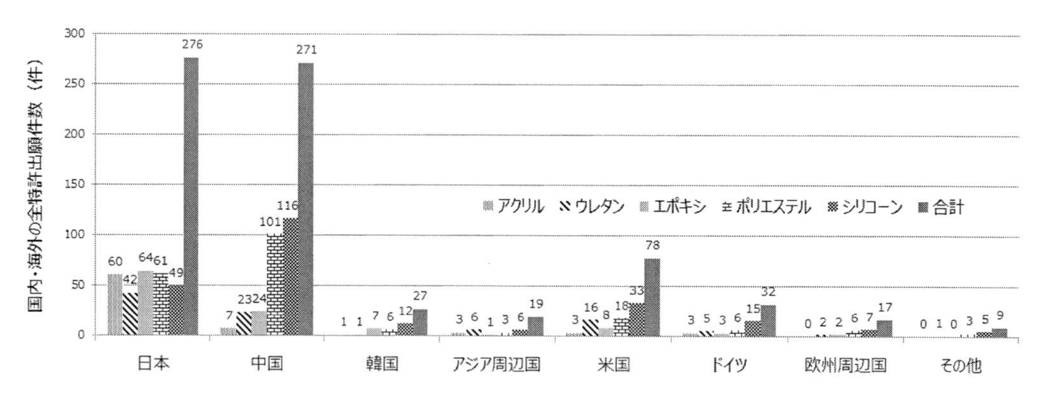

図2　2008～2018年導電性各種ゴム・エラストマーにおける各国の特許出願件数

（当社 STN 検索；2019 年 2 月）

しかし，これらの特許出願件数について，中国と日本の全体を年代で比較すると，中国が件数を増やしており，2014 年以降逆転している（図 3/2018 年は未公開特許がある為，参考値）。この中国の出願件数の増加はシリコーン系によるものである。

伸縮性導電材料において，日本が出願件数の多いアクリル系，ウレタン系，エポキシ系は，樹脂化・使用形態の選定から導電性材料との組合せや加工・成形まで，様々な方法があり，その優位性を生かした研究開発が期待できる。

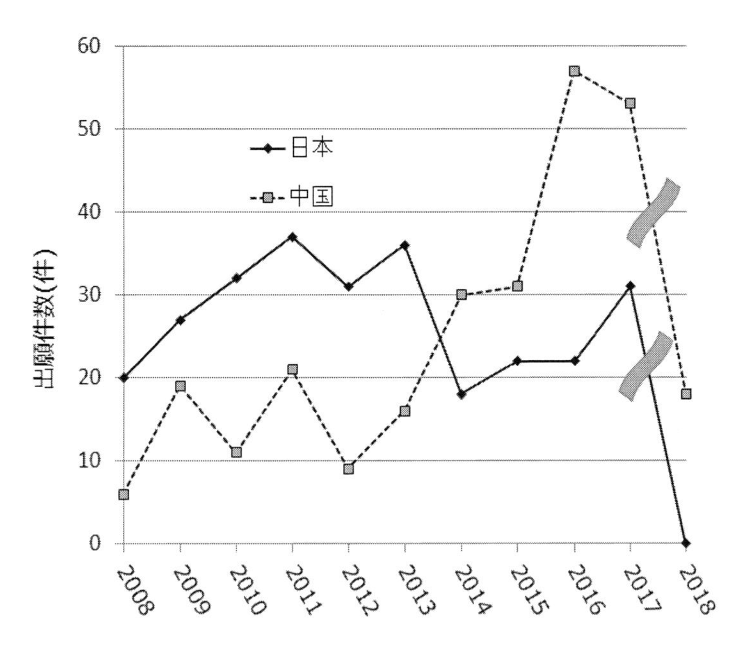

図３　2008年〜2018年導電性ゴム・エラストマーにおける中国と日本の出願件数比較
（当社 STN 検索；2019年２月）

3　当社の技術背景と伸縮性アクリル導電材料「Suave-EL」シリーズの開発

素材としてのアクリル系エラストマーの一般的特徴は，ウレタン系と似た伸長性があり，耐熱性はウレタン系より高い。エポキシ樹脂は伸張性が低いが耐熱性がアクリル樹脂より高い。ポリエステル系は伸張性，熱可塑性があるが，逆に高温で溶解し易く形状を保ちにくい。シリコーン系において伸張性はアクリル系やウレタン系に比べてやや劣り，一般的に難接着と言われるが，弾性に富み耐熱性も良いといった特徴がある。これらは実状に応じて使い分けられており，課題の改良も進められている。

当社は1946年に当時光学系接着剤の原料であるカナダバルサムの製造・販売メーカーとして設立，その後1950年代にアクリル酸製造に着手，1960年代より様々なアルコールとの脱水法，エステル交換法によりアクリル酸エステルを製造している。1970年代後半にはUV硬化性塗料，接着剤用モノマーを製造，1980年代に入ると医薬品中間体製造により様々な合成技術を習得し，1980年代後半には液晶表示材料用レジスト，そして半導体用モノマー開発を行った。現在では，量産品から少量多品種まで様々なアクリル酸エステルを取り扱っており，その中には稀有な特性を有するニッチなモノマーも多数存在する[1)]。こうした背景の中で，我々はアクリル系ポリマーに着目した製品開発を継続して行っている。今回，アクリル酸エステル，組成をスクリーニングし，目標とする伸縮性エラストマー「Suave」シリーズ（図４）を開発した[2)]。

これにより，導電性材料と組み合わせることで伸縮性導電材料「Suave-EL」（図５）の製品

製品バリエーション（Sample variation）

サンプル Type	ヤング率 Young's modulus (MPa)	伸び Strain (%)
溶液タイプ Solution type	0.31	5000
高柔軟タイプ Flexible type	0.05	5000
低ヒステリシスタイプ Low hysteresis type	0.45	610

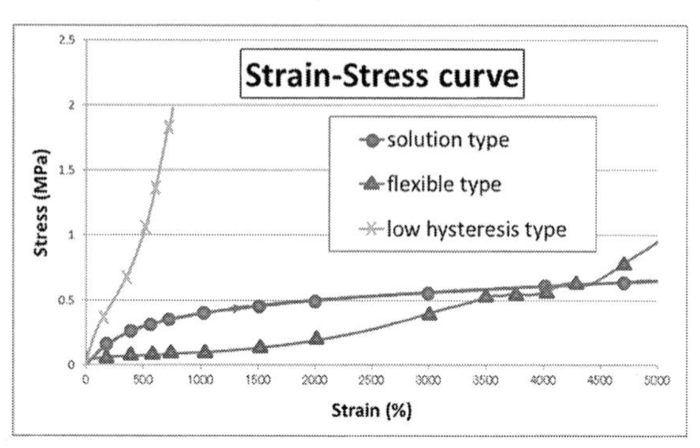

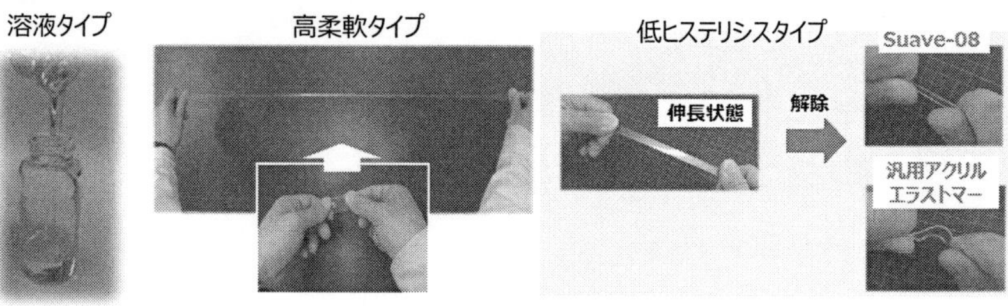

図4　伸縮性アクリル系エラストマー「Suave」シリーズ製品バリエーションと弾性特性（SS カーブ）

図5　「Suave-EL」シリーズ（フィルム）

化が実現した。

伸縮性エラストマーと導電性材料の組合せを考える場合，エラストマー表面への塗装，或いは両者を混合する複合材料が考えられる。現段階では，導電性材料をエラストマー中へ混合分散させる方法を用いている。

アクリル系エラストマーについて，フィルム上に金属インクを印刷した例を図6に示す。PE技術により，エラストマー上でこうした印刷が検討されているが，分散液の塗布性，焼結条件（温度など），密着性とともに，印刷した材料の伸縮耐性が課題となっている。

図6　配線イメージ（基材「Suave」）

4　伸縮性アクリル導電材料の特性と用途展開

伸縮性アクリル導電材料は低ヤング率，高伸長性，高耐熱性で，伸縮に応じて電気抵抗値が変化する材料であり，歪センサ・感圧センサ，誘電エラストマーアクチュエータ電極，配線としての利用が可能である（図7）。これら「Suave-EL」シリーズは，最終形態はフィルムであるが，工程途中のインクの状態（図8）でも使用可能であり，加工設備に合わせて選択することができる。

「Suave-EL」シリーズ（表1）は，カーボン系や金属系の電気抵抗値の違いにより，伸縮時の抵抗値変化が選択可能である。カーボン系は抵抗値変化が大きいことからセンサとして，金属

用　途 (Application)

・歪センサ / 感圧センサ
Stretchable sensors / Pressure sensors

・誘電エラストマーアクチュエータ
Soft actuators

・配線
Interconnect

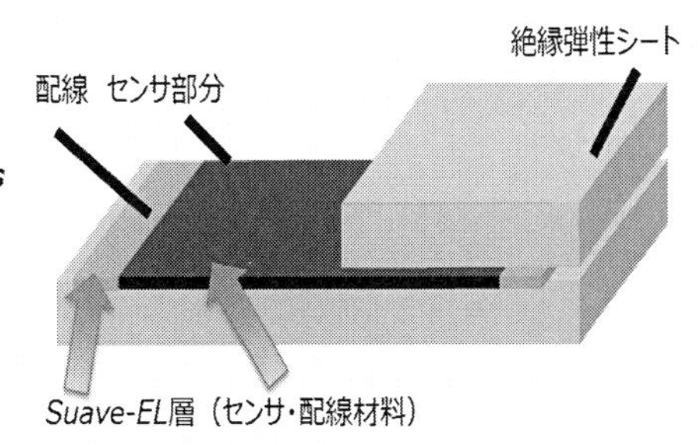

図7　伸縮性アクリル導電材料「Suave-EL」シリーズの用途

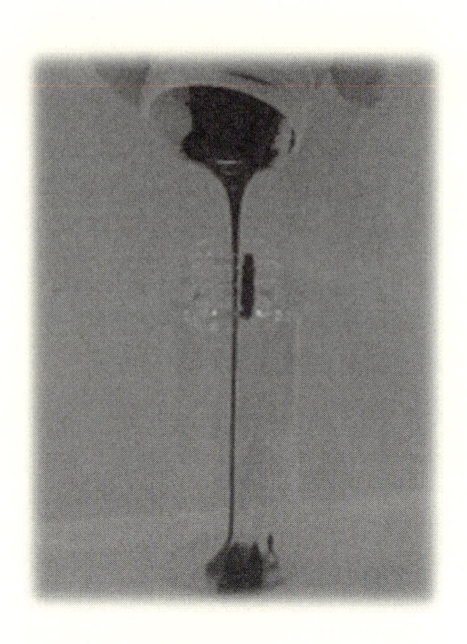

図8　伸縮性アクリル導電材料「SuaveEL」シリーズ（インク）

表1　伸縮性アクリル導電材料「Suave-EL」シリーズの特性

サンプル	特徴	ヤング率 (MPa)	伸び (%)	体積抵抗率 (Ω·cm)
Suave-EL00	高伸長	**2.37**	4520	**4.8×10^{0}**
Suave-EL01	高伸長 低抵抗	**3.50**	5000	**3.1×10^{-4}**
Suave-EL02	高靭性	3.45	620	**5.3×10^{0}**

※ 20～50 μm 膜厚での測定結果

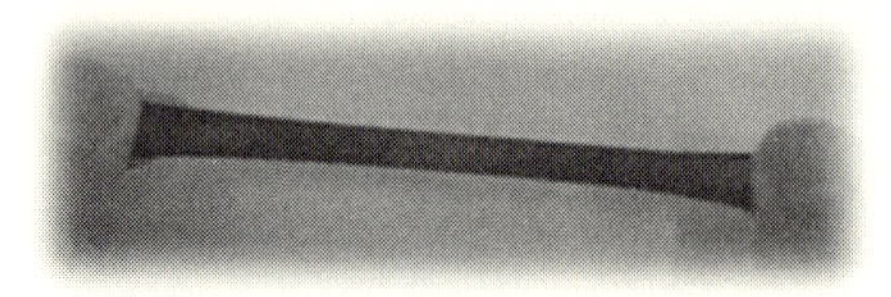

系は抵抗値変化が小さいことから配線として利用することができる。また伸縮時の繰り返し耐性を向上させる場合，伸び率を抑え高靭性にすることも可能である。これら材料とともにアクリル系エラストマー「Suave」（図4）を絶縁性シート（基板や保護膜）に使用することにより，例

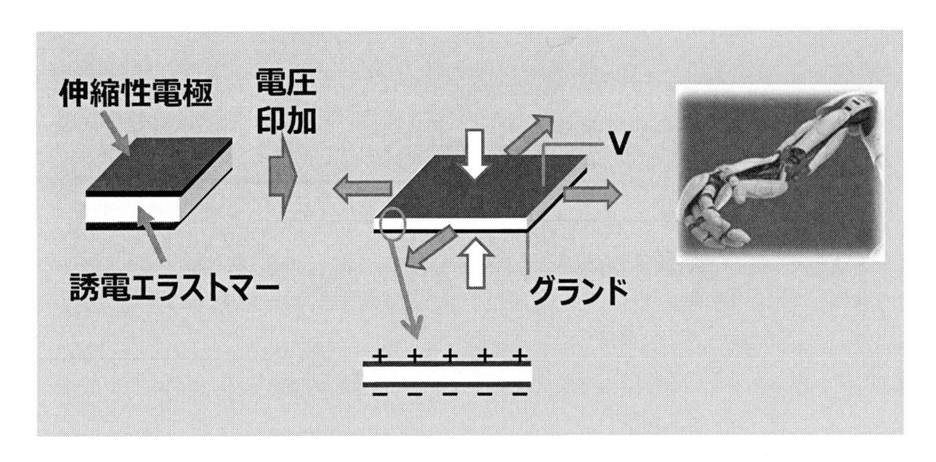

図9　ソフトアクチュエータとしての利用

えば，歪センサ全体における伸縮特性（ヤング率，伸び率）の制御が可能な設計になっている。

図9にSuave-EL00を伸縮性電極として用いたソフトアクチュエータの例を示す。このアクチュエータは，電圧を印加すると静電誘導により，図中，上下の電極間でエラストマーが収縮して水平方向に延伸する。誘電エラストマーとして，アクリル系エラストマー「Suave」シリーズを使用することができる。伸縮特性や耐電圧より「Suave」を選定し，印加電圧0.5〜3.5 kV程度で，延伸の最大変位量15〜50%を得ることができる。このアクチュエータは，エラストマーの耐電圧以下であれば繰り返し駆動させることができる。

5　伸縮性アクリル導電材料の耐性試験

耐性試験例として，図10に伸張性変化，図11に抵抗値変化を示す。

高伸長導電性エラストマー「Suave-EL00」（カーボン系）において，耐熱性試験150℃ /1時間，200℃ /1時間の条件で，熱による伸縮性，体積抵抗値の変化は殆ど見られない。従って，200℃以下での加工は可能である。

続いて，高靱性導電性エラストマー「Suave-EL02」（カーボン系）において100%延伸の繰り返し試験での抵抗値幅の変化を調べた。伸縮試験（延伸率100%，30 s保持，1 mm/s）での繰り返し（150回）による抵抗値幅の変化は少なく，表面抵抗値は一定幅（45±15 kΩ）に収束した。ウェアラブル用途では，例えば，このような繰り返し試験において少ない抵抗値幅の変化や耐久性が要求される。現在，恒温槽内での繰り返し試験が可能な装置を作製し，温度依存性について確認予定である。

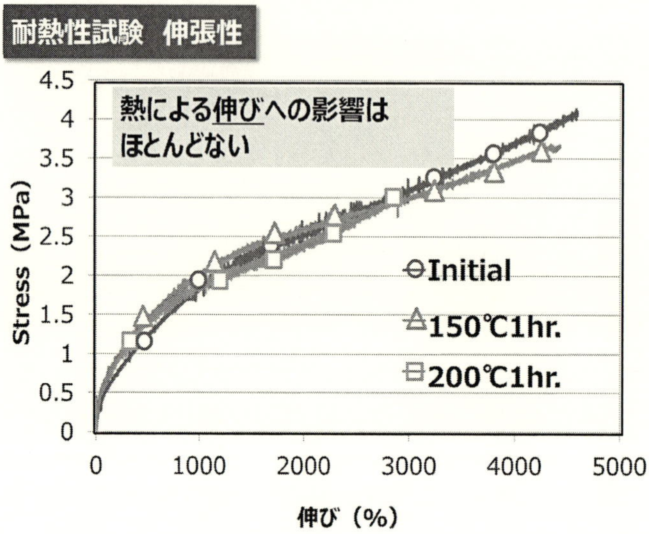

耐熱性試験　伸張性
熱による伸びへの影響は
ほとんどない
4.5
4
3.5
3
2.5
2
1.5
1
0.5
0
Stress（MPa）
0
1000
2000
3000
4000
5000
伸び（%）
Initial
150℃1hr.
200℃1hr.

図 10　伸縮性アクリル導電材料の耐熱性試験「Suave-EL00」伸張性変化

耐熱性試験　抵抗値
熱による抵抗値への影響は
ほとんどない
1.E+01
1.E+00
体積抵抗率（Ω・cm）
Initial
150℃ 1hr.
200℃ 1hr.

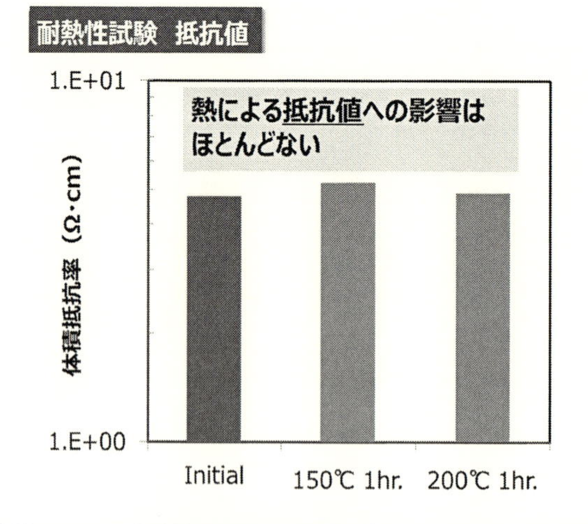

図 11　伸縮性アクリル導電材料の耐熱性試験「Suave-EL00」体積抵抗値変化

6　今後の課題と展望

以上，当社で開発した伸縮性アクリル導電材料とその用途展開について紹介した。今後，センサ材料として，指や体の動きのセンシング，ゲーム機（VR）などに利用できる振動などによるハプティックデバイスなど，将来性のある分野への参入が重要と考えている。また，デバイスは微細化，軽量化が進み，生体信号の計測が汎用化されようとしている。当社製品において，特性や信頼性の向上を更に進め，顧客の要求特性に対応したワークが必要である。また，周辺材料として，デバイスを想定した異種材料の接着技術についても開発を進めている。これからの次世代を見据えた製品開発は，近未来の生活や社会環境の変化を予想して進める必要があり，１社のみでは成立せず，関連企業との連携により技術を結集して課題を克服していくことが求められる。

文　　献

1）大阪有機化学工業㈱，化成品；製品一覧；https://www.ooc.co.jp/products/chemical/
2）M. Kouda, Y. Tomimori, K. Fujii, and T. Mastuyama, “Development of Functional Elastmer”, RadTech Ashia 2016, G2-26（2016）

第7章　銀めっき導電性繊維 AGposs®

三寺秀幸*

1　はじめに

当社は，1956年に西陣織工場として創業し，これまで培った編織技術を基礎とした製品開発を進めると同時に，1994年より次世代の繊維素材として銀めっき導電性繊維に着目し，高機能導電性繊維「AGposs®」の開発・製造・販売を進めてきた。2016年には生体情報を取得することができる着衣型ウェラブルデバイス「hamon®」を発表した。本稿においては，前段に弊社の基幹製品である銀めっき導電性繊維「AGposs®」を紹介し，後段にAGposs®を用いた当社の着衣型ウェアラブルデバイス「hamon®」について紹介する。

2　銀めっき導電性繊維「AGposs®」ついて

2. 1　導電性繊維の分類

繊維は古来より長きに渡り綿，麻，絹，ウールなどの天然繊維が中心であったが，1935年アメリカのDUPONTが開発したナイロンの出現により，大きく繊維の歴史が代わることになった。従来，綿や麻など天然繊維が中心であった時代には，それらが保有する水分により，摩擦や剥離による静電気の帯電は比較的少なかったが，化学繊維の隆盛により，水分を殆ど含まないそれらの繊維によって引き起こされる静電気が原因となる障害・災害が各地で起こるようになった。このような生産障害や事故の対策の一環として導電性繊維が開発されるようになり，金属繊維，金属めっき繊維，炭素繊維，有機導電性繊維，カーボン練込繊維など世界各国において開発が進められた。電導成分の付着手法による分類された表を参考として記載する（表1）。

2. 2　AGposs®の概要

AGposs®はナイロン表面に銀を薄膜かつ均一にめっきを施した金属被覆型のフィラメントタイプの糸であり，マルチフィラメントを構成している全てのフィラメントの表面に銀めっき加工を施しているのが特徴となる（写真1，2)。したがい，銀の特徴である，電気伝導性，熱伝導性，抗菌性に優れた性能を持ち，生体安全性においても優れていることが特徴といえる。また銀めっき層の厚みは約0.1～0.2 μm程度と非常に薄膜であるが，それが故に，柔軟性を維持してお

＊　Hideyuki Mitera　ミツフジ㈱　開発部　素材開発　担当部長

表1　導電性繊維の種類とその製造方法（代表例）[1)]

分類	導電性繊維	断面形状	製造法	代表商品(メーカ)
電導成分均一型	金属繊維(ステンレススチール)	●	金属線を繰返しダイスに通して細線化	ナスロン(日本精線)
	炭素繊維	●	アクリル繊維、レーヨン、ピッチ繊維を焼成炭素化する	トレカ(東レ)
電導性成分被覆型	金属被覆有機繊維	○	有機繊維表面にめっき、あるいは真空蒸着法により金属を被膜する	AGposs(ミツフジ)
	導電性樹脂被覆繊維	○	繊維表面に導電性微粒子を分散させた有機層を形成させる	メタリアン(帝人)
	金属化合物含侵繊維	○	有機繊維表面に金属化合物を含侵させた後、化学反応により固着処理する	サンダロン(日本蚕毛)
電導性成分複合型	導電体含有重合体を複合成分とした複合繊維	⊙	導電性微粒子を分散した重合体を芯成分として複合紡糸する	ルアナ(東レ)
		⊙	導電性微粒子を分散した重合体を複合紡糸する	ベルトロン(KBセーレン)
	有機配列体繊維		導電性微粒子分散重合体をブレンドあるいは多芯複合紡糸する	SA-7(東レ)

参考文献）松尾義輝，繊維製品の帯電性評価と帯電防止技術，繊維機械学会誌（繊維工学），Vol54, No.3（2001）別冊，p21

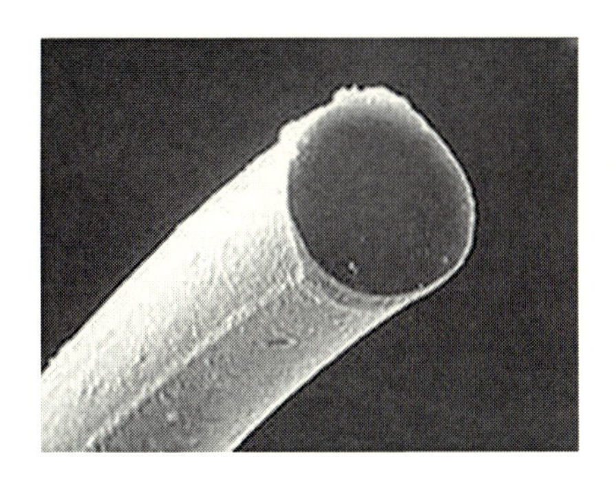

写真1　SEM1500倍

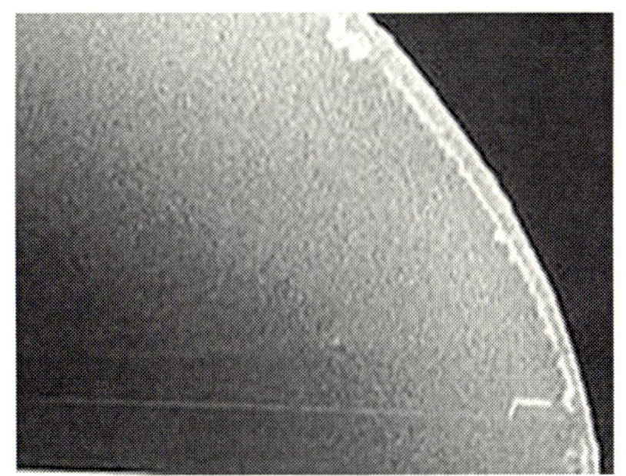

写真2　SEM 7500倍

り且つ 10^{-2}（Ω·cm）という導電性繊維としては極めて低抵抗の導電性を有する金属被覆型の繊維である。

2. 3　AGposs® の用途例

当社の AGposs® は銀が持つ特性を活かし，多岐に渡る用途にて様々な製品に応用がされている。以下に，導電用途，抗菌用途，電磁波シールド用途，制電用途（静電気対策）での使用例をご紹介する（表2）。

表2　AGposs®の用途例

用　途	主な製品例
導　電	ウェアラブルデバイス，スクリーンタッチペン，低周波治療器用電極，通信ケーブルなど
抗菌・防臭	医療/介護用品，アパレル用品，水処理資材，生活雑貨品，ホームテキスタイルなど
電磁波シールド	産業資材，服飾資材，建材，インテリア，医療機器など
制　電	導電作業服，フレコンバッグ，フィルター，除電ブラシ，制電手袋

AGposs®が開発された当初，先にも述べたように静電気対策用途として広く使用されてきた。もちろん現在においても FIBC（フレキシブルコンテナバッグ）や，防爆用の制電フィルターなどに使用されている。また，電磁波シールド用途においては衣料用電磁波シールド材として1995年頃より携帯電話の普及と共に市場を拡大させ，対携帯電話心臓用シャツの素材として，旧カネボウ繊維などが中心となり市場を拡大させてきた。抗菌・防臭用途としては，靴下などを中心に広く使用され，宇宙下着の抗菌素材としても使用されてきた。しかし日本の抗菌・防臭製品の普及と共に価格競争に巻き込まれ，衣料用途での抗菌製品としての当社の優位性は早々に消え失せることになった。近年では，本項のテーマであるウェアラブル市場において，AGposs®が持つ特徴を最大に発揮させ，繊維としての風合いをそのままに維持し，軽量かつ柔軟性がある家庭洗濯が可能な素材としてウェアラブル市場において使用されている。

2. 4　AGposs®の洗濯耐久性

AGposs®の性能を語る上で他社との比較において優れている点として，洗濯耐久性が挙げられる。めっきは剥がれ易いと一般的には思われており，AGposs®もその類のものであろうと思われている読者の方もおられるであろうが，実際には AGposs®の洗濯耐久性は非常に優れている。他社の銀めっき繊維では80℃のお湯に30分間浸漬させただけでも銀めっきが剥離することを確認した。この事は，洗濯はおろか染色条件にも到底対応できない。一方，当社の AGposs®は条件が限定されるが高温・高圧条件でのポリエステル染色も可能である。尚，洗濯時の注意点として，中性洗剤を使用し，漂白剤の使用は避けることとしている。表3に洗濯耐性試験の一例を掲載するが，これは AGposs®の 70d/24f タイプを JIS L 1930 C3M 法にて洗濯をした後の表面抵抗の実測値である。尚，導電性繊維の評価方法は国内規格も国際規格も現在は存在しておらず唯一，EU が独自規格として「EN 16812」を持つのみであり，現在，国際標準化の検討が

表3　AGposs®の洗濯耐久性試験の結果

AGposs® 70d/24f	洗剤種類	洗濯回数		
		0回	50回	100回
表面抵抗値（Ω/100 cm）	中性（エマール）	23.4	24.7	35.4
	弱アルカリ（アタック）	23.4	N/A	36.6

IEC，ISO を中心に行われている。

2. 5　AGposs® の安全性

一般的に銀はイオン化傾向が小さいので皮膚への安全性が非常に高いと言われている。弊社がAGposs® で拘っている点は，導電率の高い点や銀イオンによる抗菌性の高い点などの機能面だけでなく，銀は人体への安全が高く実証されているからである。私達の身の回りにおいても，銀は歯の材料や食品の包装材などとしても広く使用されている。参考資料として，AGposs® の皮膚一次刺激性試験，皮膚感作性試験，急性経口毒性試験，突然復帰試験の結果を表4に示すので参考にして頂きたい。

表4　AGposs® の安全性試験結果

ウサギを用いた皮膚一次刺激性試験	無刺激性
モルモットを用いた Maximization 法による皮膚感作性試験	感作性なし
ラットを用いる急性経口毒性試験	＞2000 mg 死亡例なし
細菌を用いる復帰突然変異試験	陰性

2. 6　AGposs® の新規開発

当社は過去 20 余年に渡り銀めっき導電性繊維 AGposs® の研究開発及びその用途開発に力を注いできた。その間，品質面においても導電性と耐久性の向上についてはとりわけ研究開発の重点項目として多方向からアプローチし，品質改善に取り組んできた。近年，着衣型ウェアラブルデバイスの電極及び配線材料として広く使用され，また医療用電極としても使用範囲を拡大させていることから，これまで以上に導電性の安定性や耐久性の向上が要求されるようになった。こうした要望から 2017 年より新たなアプローチで単層カーボンナノチューブと銀めっきを組み合すことにより，導電性銀めっき繊維 AGposs® の導電性と耐久性の向上の検討に入った。また，これまでナイロンを主としたファイバーに対し銀めっきを施してきたが，2018 年にはファイバーだけではなく，ナイロンを主な原料にしたニット生地，織物，面ファスナー，リボンのような細幅テープなど，あらゆる繊維資材に銀めっきを施し生体電極用途のみならず，今後ますます需要が期待される電磁波シールド対策用途へ市場投入をするべく開発を加速させている。

3　着衣型ウェアラブルデバイス「hamon®」について

3. 1　hamon® の構成要素

当社の着衣型ウェアラブルデバイス hamon® は次の 3 つの構成要素，① AGposs®，②ホールガーメント®，③ AGfit® から成り立っている。AGposs® は導電性繊維として極めて優れた導電性を有し，かつ糸の風合いをそのままに残した上に精緻な生体信号を取得できる電極としての性能を発揮する。ホールガーメント®※で編まれたウェアは無縫製で伸縮性を持つ独自の編み方を実現し，ポリウレタン弾性繊維にダブルカバリングしたAGfit®で編まれた電極部は伸縮しても大きく抵抗変化をさせない作りとなっている。これらの3要素によりhamon®は肌に密着感はあるが，きつく締めつけ過ぎず伸縮性のあるウェアを実現でき，着用者に負担をかけることを最小限に抑え，精緻な生体信号の取得を実現させている。

3.2 hamon®の洗濯耐久性

上述の2.4項においてはAGposs®としての洗濯耐久性のデータを示したが，ここでは製品となったhamon®としての洗濯耐久性試験の結果を示したい。表5に示すデータはJIS L 1930 C3G法（平干し，ネット使用，中性洗剤）の条件にて洗濯し電極表面の抵抗値を測定したものである。結果からわかるように，電極部を構成しているAGposs®/AGfit®は高速の撚糸機でダブルカバリングされ，編み機にて工程を経たものであるが，100回洗濯後も抵抗値の大きな変化がなく，安定した電極としての性能を有していることがわかる。

3.3 hamon®によるソルーション

当社は銀めっき繊維「AGposs®」の製造・販売のみならず，2016年より着衣型ウェアラブルデバイス「hamon®」の開発，販売を始めた。原料としての「AGposs®」，着衣型デバイスとしてのウェア，生体から取得した情報をスマートフォンにデジタルデータ化して送信するためのトランスミッター，送信されたデータに基づいて解析をするアプリケーションソフト，これらを一連として研究開発とサービスの提供をワンストップで行えるのが当社の強みとなっている。

表5　hamon®洗濯耐久性試験結果

Photo		Before wash Electrical resistance(Ω)						After wash Electrical resistance(Ω)				
左側(Left)	右側(Right)	a	b	c	d	Ave	Wash	a	b	c	d	Ave
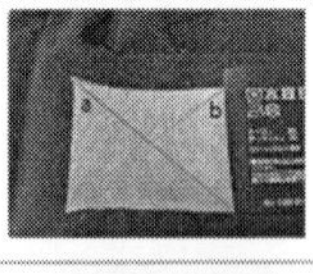	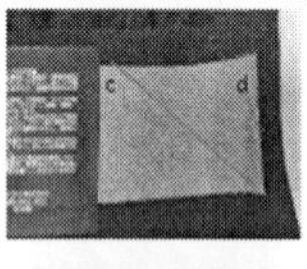	1.03	1.09	0.70	0.71	0.88	10 Wash	1.03	1.09	0.72	0.64	0.87
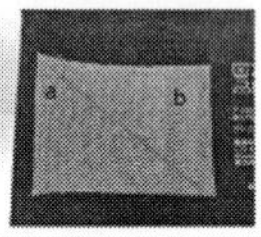		0.77	0.79	0.75	0.79	0.78	50 Wash	0.83	0.88	0.82	0.84	0.84
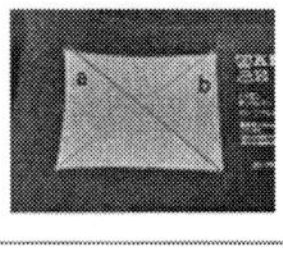	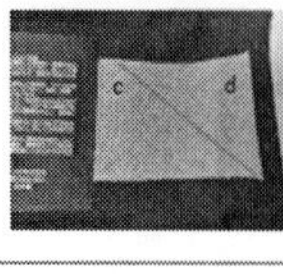	1.00	1.12	0.60	0.64	0.84	100 Wash	2.13	2.01	0.75	0.83	1.43

※　ホールガーメント®とは㈱島精機製作所の登録商標で，同社が独自で開発した世界初の無縫製ニット横編機によって作られた“縫い目のない”ニットウェアを指す。

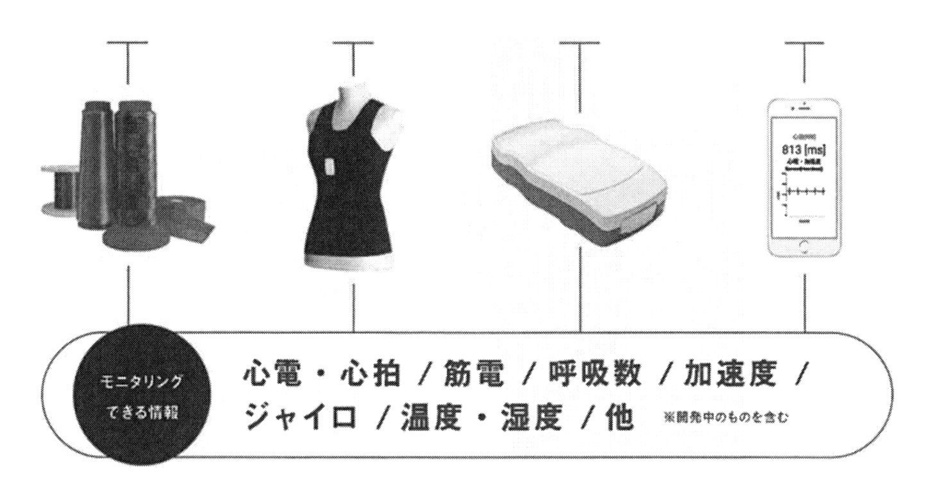

図1　hamon® を用いたソリューションのイメージ

当社の hamon® を用いたソリューションでは，着衣型ウェアラブルデバイス hamon® で取得された生体情報をトランスミッターから Blutooth などを利用し，スマートフォンを経由しクラウドへ送信され，生体情報を格納・解析し管理者やエンドユーザーへ結果を通知する（図1）。こうした生体情報が社会でどのような場面で応用されているかというと，一般論として，例えば，①産業分野においては作業員，従業員の勤務中の体調を管理し，安全な職場環境を創造することや，ドライバーの眠気を見える可し，適度に休息をとらせ事故を減少させること。②介護現場などにおいては介護センター内での不慮の事故や急変に迅速に対処できるようにし，保育所などでは自分の子供の様子を常に把握したりすること。③スポーツの現場では自分の体力の把握や，実力を最大限に発揮するためのメンタルコンディション管理，常に効果的なトレーニングを行っているかを検証することなどの用途で幅広く用いられている。当社においては，こうした社会のニーズの下，建設現場などでの夏場の健康管理や運輸会社の運転手の眠気の可視化，トップアスリート向けの体調管理などにおいて実証実験や導入がなされると共に，社会が持つ更なる課題解決のために広く応用が期待されている。

3. 4　hamon® の新しい試み

これまで hamon® は銀めっき導電性繊維 AGposs® 及び AGfit® で構成され，着衣型のウェアラブルデバイスとして定義し市場に投入をしてきた。しかし，2019年1月にはウェアタイプだけではなく，使い捨てタイプとして肌へ直接貼り付ける商品を発表した。これによりユーザーは，これまで以上に手軽に当社のウェアラブル商品を装着することが可能となった。肌に貼り付けることによる利点は，①様々な使用環境に柔軟に対応が可能，②持ち運びに便利，③使い捨てが可能，④ユーザーの体形にとらわれずに利用可能などがあげられる。ウェアラブルデバイスをより便利に，より簡便に使用ができ，かつ正確なデータを取得することができるデバイスを追求し続けることをこれからも我々の使命として新商品を世に出し続けたい。

4 おわりに

生体情報は日常の中で一時的に取得するよりも，継続的に取得したデータを蓄積することで日々の行動や状態を把握し未来を予兆することに大きな意義がある。昨今，ウェアラブルデバイスは市場を拡大させ[2]，「2020年には全世界で626億ドルの市場規模になると予測」されているが，その多くはウォッチ型やバンド型などが主流であり継続的なデータ蓄積には適さないものも多い。hamon® の利点は，普段着の下着感覚で着用したまま日常生活や，仕事現場での作業をすることができることであり，継続的なデータの蓄積という点で優れている。我々は日々のあらゆるシーンにおいて hamon® で取得した生体情報を蓄積し解析することで，職場適正や職場環境改善への貢献，スポーツ選手のコンディション管理，遠方にいる家族の状態を知ることなど，様々な社会が抱える課題や期待に対して貢献できるものと考えている。今後，ウェアラブルデバイスはAI技術の進歩と共に更に発展し，新しい産業として発展するだけでなく，従来の産業にウェアラブルデバイスとAI技術と掛け合わせたスマートインダストリーが創出され，企業は働き方改革が叫ばれる中，労働時間の短縮と労働人口の減少をウェアラブルデバイスとAI技術で補うことで企業の生産性を向上させ，より最適な労働環境で働く従業員の満足度が向上することにより，最終的に顧客満足度が向上するという社会の創造を目指すことになるだろう。かつて日本の産業は労働集約型から装置を主とした資本集約型産業に移行し，現在では情報を集約した知識集約型産業となった。つまり大手IT企業の様に膨大なデータを収集し，こうしたデータを如何に利用して社会に展開し，実装できるかが新しい企業価値を生み出すものと考える。

長きに渡り日本の繊維産業は，産業の空洞化によりバブル経済崩壊以降は著しい衰退を辿っており，技術の後継問題も抱え深刻な状況となっている。こうした中，我々の銀めっき導電性繊維「AGposs®」と着衣型ウェアラブルデバイス「hamon®」が，IoT産業と共に繊維業界に新しい風を吹き込み，活気ある日本の繊維産業復活の一助になることだけではなく，新しい産業と社会の構築の一助になることを切に願いたい。

文　献

1） 松尾義輝，繊維製品の帯電性評価と帯電防止技術，繊維機械学会誌（繊維工学），Vol.54, No.3，別冊，p21（2001）
2） 平成28年度総務省情報通信白書

第8章　カーボンナノチューブ紡績糸

井上　翼*

1　はじめに

カーボンナノチューブ（Carbon Nanotube，CNT）はその発見以来，筒状炭素の特異な構造のみならず，その優れた電気・熱・機械特性が注目され多くの基礎研究がなされている。たとえば，電気伝導率[1)]，熱伝導率[2)]，引張強度[3)]，弾性率[4)]などにおいては既存物質と比較して高い数値が多数報告されている。ただし，これらの物性はいずれも繊維状構造をしたCNTの長軸方向において発現する物性である。一方で，CNTを応用しようとする場合は粉末状CNTを何らかの媒質に混合することが多いため，媒質中に分散されたCNTは屈曲し三次元的にランダムな向きに配置される。その結果，マクロスケールのCNT集合体材料においては，期待するような物性値は得られていない。CNTが有する炭素結晶由来の物性をフルに活用するには，真っすぐに伸ばし並べることが重要であると言える。

近年，CNTを簡単なプロセスで短時間に配列させる「乾式紡績」が注目されている。2002年に清華大学Jiangら[5)]によって高密度にCNTが基板上に垂直に配向成長したCNTフォレストからの乾式紡績現象が報告されて以来，紡績性CNTフォレストの合成とその応用に関する研究が盛力的になされている[6〜8)]。乾式紡績とは，合成したままのCNTフォレストの一端を基板に水平方向に引き出した際に，CNTの連結体が途切れることなく引き出される現象である。この連結体は，従来の繊維技術と同じく「CNTウェブ」と呼ばれる。

乾式紡績の特筆すべき点は，単純にウェブとして引き出す作業でCNTが引き出された方向に配列することである。ウェブを積層してシート化したり，撚りを加えて長繊維化したりといったマクロスケールのCNT加工が容易な上，シート材および糸材中でCNT配列は保存されているため，マクロ材においてもCNTの優れた材料特性が顕著に現れる。以下，筆者らの長尺紡績性多層CNTフォレストの乾式紡績現象とCNT紡績糸を中心に乾式プロセスによるCNT線材について説明する。

2　乾式紡績

紡績性CNTフォレストは，化学気相成長（CVD）装置内で高温に加熱された基板上に，触媒

*　Yoku Inoue　静岡大学　工学部　電子物質科学学科　教授

金属ナノ粒子を形成した後に炭化水素系原料ガスを供給して合成される。筆者らは，塩化鉄（$FeCl_2$）またはフェロセンをCNT合成の触媒前駆体として利用し，高密度垂直配向CNTフォレストを合成している[8,9]。塩化鉄を用いる方法では，10分程度の短時間で1 mmを超える長さの多層CNTが成長する。CVD条件により直径を15 nmから70 nm程度の範囲で制御可能である。CNT成長面密度は5-10 × 10^9 cm^{-2}程度である。最大の特長は，1 mm超の長尺CNTフォレストであっても高い紡績性を有していることである。図1に紡績性CNTフォレストの電子顕微鏡（SEM）像を示す。2 mm以上の長尺CNTで高い紡績性を呈している。また，根元から先端まで直線的なCNTが合成されていることがわかる。一方，フェロセンを使用する方法では，直径10 nmから15 nm程度のやや細めの紡績性CNTフォレストが得られる。

合成した多層CNTフォレストは成長したままの状態で高い紡績性能を示す。図2(a)に示すように，CNTフォレストの一端をつまみ出すと，CNTが連結して網状になったCNTウェブが引き出される。CNT紡績現象は，引き出されたCNTバンドルが近接するバンドルを引き出し，これが繰り返される現象である。CNTおよびそのバンドルは引き出された方向に良く配列している（図2(b)）。

(a)

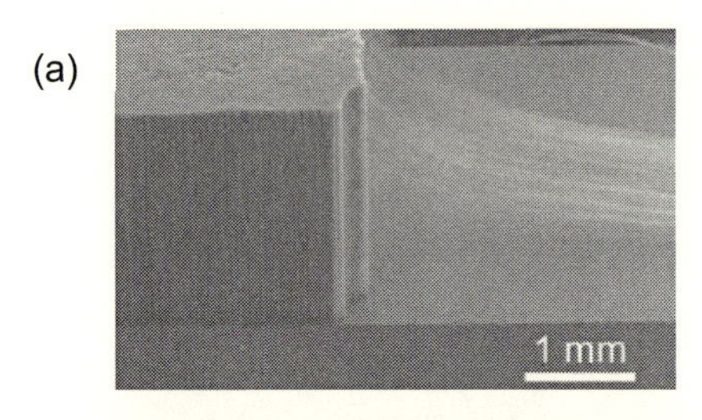

(b)

図1　塩化物介在CVD法で合成した，紡績性CNTフォレスト

(a) 2.4 mm長のCNTフォレストからの紡績，(b) CNTフォレスト側面観察像

(a)

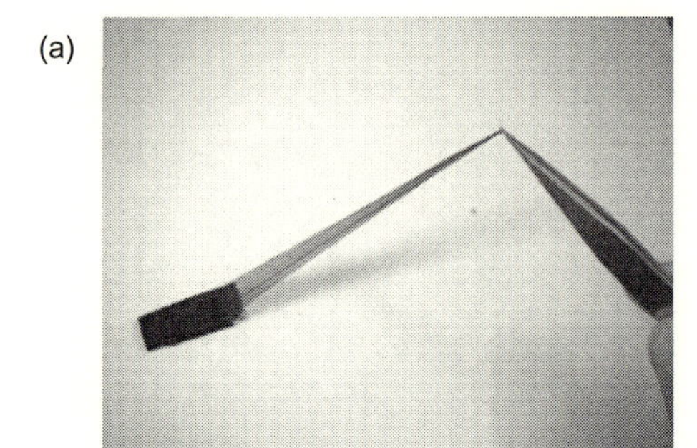

(b)

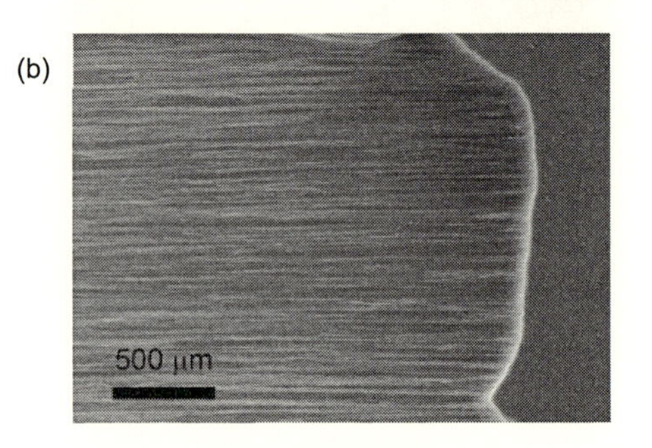

図2　CNTウェブ

(a) ウェブをピンセットでつまみ出している様子，(b) ウェブ引き出し部をフォレスト上部から観察した様子

3　CNT 紡績糸の力学特性および電気特性

デスクトップ型撚糸システムを図３に示す。CNT フォレストに対して後方に移動するスピンドルで CNT ウェブに撚りを加えながら引き出して紡績糸を作製した[10]。スピンドルの回転速度と引き出し速度を調整し，撚り数や撚り角度を制御した。典型的な撚糸パラメータは，回転速度 32,000 rpm，引き出し速度 120 mm/s である。この場合，5 mm 幅の CNT ウェブを紡績すると糸径は 20 μm 程度，撚り角度は 25° 程度となる。CNT 撚糸表面は，図４(b)に示されるように，一般的な撚糸と同様な撚り構造をしている。

CNT 紡績糸の引張応力ひずみ線図を図４(a)に示す。撚糸の強度，ヤング率はそれぞれ，約 400 MPa，約 30 GPa であった。破断部での CNT 引き抜け長が数 100 μm に及ぶことから，破断モードは CNT 短繊維破断ではなく，CNT 相互すべりであることがわかった。応力ひずみ線図に見られる破断前の応力上昇率低下は，すべりによる塑性変形が生じていることを示している。撚糸の重量密度（0.7 g/cm^3 程度）を多層 CNT の密度（2 g/cm^3）と比較すると，内部に空隙が多く残っていることが示唆される。そこで，空隙を減少させファンデルワールス相互作用を高めるため，撚糸に再度撚りを加える追撚処理を施した。その結果，紡績糸径は 22.8 μm から

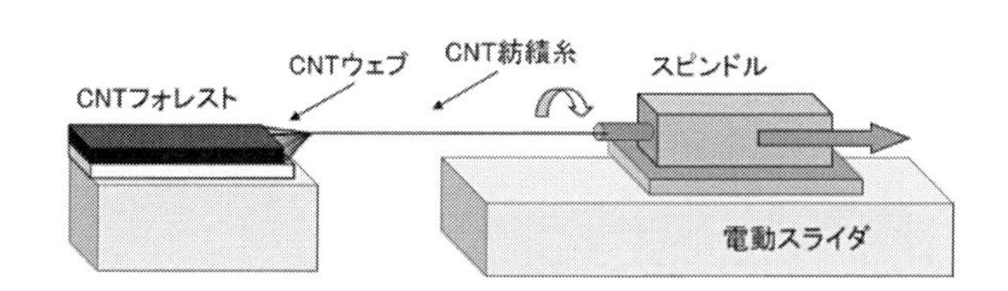

図３　CNT 紡績糸作製方法

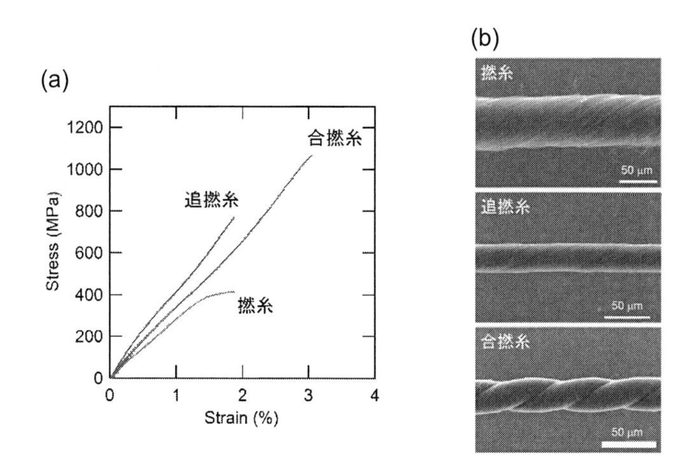

図４　CNT 紡績糸の力学特性
(a) 撚糸，追撚糸，合撚糸の応力ひずみ線図，(b) 各撚糸の典型的な SEM 像

19.2 μm に減少し，同時に重量密度は 1.24 g/cm^3 にまで増加した。そして，引張強度は 770 MPa に，ヤング率は 51 GPa に向上した。追撚処理で CNT が近接したことにより，ファンデルワールス結合領域が拡大し CNT 間結合性が向上したと言える。

さらに，高密度化の取り組みとして，2 本の撚糸を合わせ撚りした合撚糸についても調べた。一端に負荷を固定した撚糸複数本を縦型のスピンドルに取り付け，荷重負荷で張力を与えて合わせ撚りを行った。張力 104 MPa 時に引張強度 1 GPa，ヤング率 51 GPa となった。これは，単純な撚糸の 2～3 倍の特性向上である。

一方，紡績糸を構成する短繊維のアスペクト比（長さ / 直径）が引張強度に及ぼす影響を調べるため，CNT 長を 0.8 mm から 2.1 mm まで変化させて紡績糸を作製し，引張強度を測定した。CNT 径が 40 nm であるので，アスペクト比にして 20,000 から 50,000 まで変化させたことになる。図 5 に撚糸と追撚糸の引張強度と CNT 長の関係を示す。CNT が長くなるほど引張強度も単調に増加する結果が得られた。アスペクト比が高いほど繊維間の結合表面積が増大し負荷伝搬性が向上したと言える。すなわち，高アスペクト CNT ほど，撚糸の強度は高くなると考えられる。

CNT 紡績糸の場合は CNT 間の摩擦力より，個々の CNT 短繊維の強度が大きいため，CNT 短繊維破断に至るケースはほとんどない。相互すべりで破断するため，マクロな強度には CNT 間のファンデルワールス結合が反映している。従って，CNT 紡績糸がすべり破断をする限り，紡績糸に CNT 短繊維の強度を反映した特性が現れることはない。なお，結合剤などで相互すべりを抑制した場合は繊維破断が破断因子となり，ある一定の高強度化が見込まれる。

ただし，熱 CVD 法で合成された CNT には結晶欠陥が多く導入されているため，引張特性には炭素結晶の強度ではなく欠陥部の強度を反映した結果が現れる。そのような CNT の引張強度は数 GPa 程度[11]と報告されており，表面修飾して CNT 同士を結合させたバルク材の強度も同程度となる結果が報告されている[12]。以上より，CNT 間相互すべりを抑制する技術と CNT 短

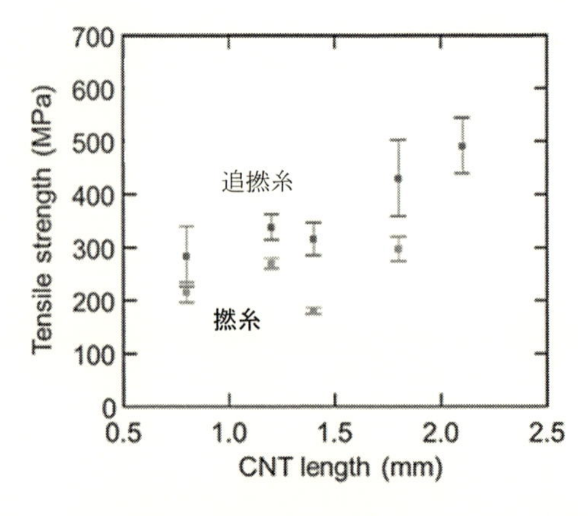

図 5　CNT 撚糸および追撚糸の強度と CNT 長さの関係

繊維そのものの強度を高める技術が達成されれば，CNT紡績糸の強度は飛躍的に高められると予想される。

CNT撚糸には電力伝送ケーブルとしての期待も大きい。筆者らのCNT撚糸の直流抵抗率は，1.0×10^{-3} Ωcmである。これまで報告されている他の乾式撚糸では$1.1{\sim}3.0 \times 10^{-3}$ Ωcmであり[13~15]，ほぼ横並びである。この数mΩcmという値は，CNT撚糸を柔軟な有機材料ととらえれば大変低い値であり高導電性材料と言える。ただし，電力伝送材料として使用するには，Cuより三桁も抵抗率は大きく，導線というより抵抗発熱体に近い。CNT紡績糸のさらなる低抵抗化には，まだ工夫の余地が十分に残されている。炭素結晶はキャリアが少ないため，ドーピングによるキャリア増加の取り組みは効果的に抵抗率低減に寄与する。最近，二層CNTによる湿式紡績糸にドーピングを施して1.5×10^{-5} Ωcmを達成したという報告[16]もなされており，将来的な電力伝送用途の期待も大きい。

4　おわりに

乾式紡績CNT長繊維は，最近いくつかの企業がサンプル提供を始めており，産業界においても応用研究の進展が期待される。ただし，粉末CNTに比べて生産性が低いため，コストの問題は大きい。一方で，湿式紡績によるCNT長繊維の研究開発も，近年進展を見せている。湿式では条件さえ見いだせば，多様なCNTを活用できるというメリットがある。いずれの方法にせよ，力学特性および電気伝導特性ともに従来線材と比較して大きな利点が見いだせていないのが現状である。これまでのCNT線材研究は，いかにして長繊維化するかという取り組みであった。ようやくCNT線材が手に入りやすくなってきており，今後はCNT線材をどのように加工して用途を見つけるかというフェーズに入っていくものと思われる。

文　　献

1) T. W. Ebbesen, H. J. Lezec, H. Hiura, J. W. Bennett, H. F. Ghaemi and T. Thio, *Nature*, **382**, 54 (1996)
2) J. Hone, M. Whitney, C. Piskoti, and A. Zettl, *Phys. Rev. B*, **59**, R2514 (1999)
3) B. G. Demczyk, Y. M. Wang, J. Cumings, M. Hetman, W. Han, A. Zettl, and R.O Ritchie, *Mater. Sci. Eng.*, **A 334**, 173 (2002)
4) M. M. J. Treacy, T. W. Ebbesen, and J. M. Gibson, *Nature*, **381**, 678 (1996)
5) K. Jiang, Q. Li, and S. Fan, *Nature*, **419**, 801 (2002)
6) M. Zhang, K. R. Atkinson, and R. H. Baughman, *Science*, **306**, 1358 (2004)
7) C.D. Tran, W. Humphries, S.M. Smith, C. Huynh, and S. Lucas, *Carbon*, **47**, 2662

(2009)
8) Y. Inoue, K. Kakihata, Y. Hirono, T. Horie, A. Ishida, and H. Mimura, *Appl. Phys. Lett.*, **92**, 213113 (2009)
9) T. Kinoshita, M. Karita, T. Nakano, Y. Inoue, *Carbon*, **144**,152 (2019)
10) A. Ghemes, Y. Minami, J. Muramatsu, M. Okada, H. Mimura, and Y. Inoue, *Carbon*, **50**, 4579 (2012)
11) G. Yamamoto, K. Shirasu, Y. Nozaka, Y. Sato, T. Takagi, and T. Hashida, *Carbon*, **66**, 219 (2013)
12) Q. Cheng, B. Wang, C. Zhang, and Z. Liang, *Small*, **6**, 763 (2010)
13) K. Liu, Y. Sun, R. Zhou, H. Zhu, J. Wang, L. Liu, S. Fan, and K. Jiang, *Nanotechnology*, **21**, 045708 (2010)
14) Q. Li, Y. Li, X. Zhang, S. B. Chikkannanavar, Y. Zhao, A. M. Dangelewicz, L. Zheng, S. K. Doorn, Q. Jia, D. E. Peterson, P. N. Arendt, and Y. Zhu, *Adv. Mat*, **19**, 3358 (2007)
15) M. Miao, *Carbon*, **49**, 3755 (2011)
16) Y. Zhao, J.Q. Wei, R. Vajtai, P. M. Ajayan, and E. V. Barrera, *Sci. Rep.*, **1**, 83 (2011)

第９章　導電性織物による布センサの開発

間瀬健二*1，榎堀　優*2，島上祐樹*3
田中利幸*4，水野寛隆*5，鈴木陽久*6

1　はじめに

コンピュータ本体の小型化・高性能化によりウェアラブルコンピュータの用途が大きく広がる可能性を持っている。とりわけ，センサやアクチュエータが衣服に溶け込むように実装されると，装着感がよく，社会的受容性の高いシステムとなり，様々な応用が考えられる。たとえば，これらのシステムから得られる人の体勢，動き，振動などの情報を日常的に管理することでスポーツトレーニングや健康管理への応用展開が期待される。

既存の多くのセンサはシリコンチップとしてパッケージ化されているので，装着性，配線の取り回し，耐水性，配線耐久性などに難点がある。そこで，日常的に着用できるような風合いをもった織物がそのままセンサの素子を構成するような素材を開発した。具体的には，布面にかかる圧力によって布の各点のキャパシタンス（静電容量）が変動する織物ができあがった[1)]。本稿では文献[1)]の布地作製報告に，計測回路構成を加えて布センサシステムを解説する。なお，この布センサシステムを用いて，寝姿や座位における体圧分布を計測できるシーツ，クッション，衣服などを構成することができる（第22章を参照）。

2　静電容量型圧力センシング織物の原理

導電糸を非導電糸で被覆した糸（以下，カバリング糸）をたて糸とよこ糸に用いて織り上げた織物で，たて糸とよこ糸の導電糸間でキャパシタンス回路を構成する。図１のように，布地を押さえつけたりして，圧力を印加して織物を変形させると，たてよこの導電糸間の距離が変化

＊1　Kenji Mase　名古屋大学　大学院情報学研究科　知能システム学専攻　教授
＊2　Yu Enokibori　名古屋大学　大学院情報学研究科　知能システム学専攻　助教
＊3　Yuki Shimakami　名古屋学芸大学　メディア造形学部　ファッション造形学科　講師
＊4　Toshiyuki Tanaka　あいち産業科学技術総合センター　尾張繊維技術センター　素材開発室　主任研究員
＊5　Hirotaka Mizuno　㈱槌屋　技術開発本部　新製品開発センター　副部長
＊6　Akihisa Suzuki　㈱槌屋　技術開発本部　新製品開発センター　課長補佐

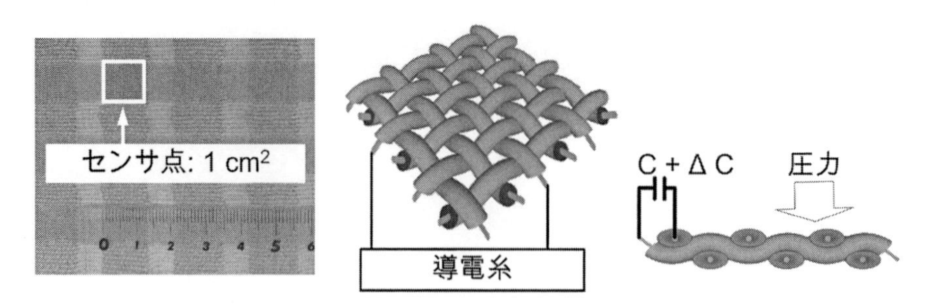

図1　キャパシタンス変化による圧力の検出原理

し，それによってキャパシタンスが変化する。織の構造により，圧力がなくなれば元の距離に戻ろうとする力がバネのように働き，キャパシタンスも元に戻る。電極間のキャパシタンス C は次式(1)で定義される。

$$C = \frac{\varepsilon S}{d} \tag{1}$$

ここで，S は対向電極の面積（m^2），d は電極間の距離（m），ε は電極間の誘電体の誘電率である。C の変位を測るので，S が大きいほど，また，d が小さいほどダイナミックレンジが高い。この布の場合，フックの法則により圧力 F がかかると織構造がもつバネ定数 κ によって，Δd だけ変位する。

$$\Delta d = \kappa^{-1} F \tag{2}$$

この原理を前提に，カバリング糸を使い平二重織をすると適度な面積の対向電極が図1のように，布一面にマトリクス状に構成できる。ピッチごとの導電糸をまとめ，外部のドライブ回路に引き込む。ドライブ回路は，マトリクスの各行列点を順次選択するスイッチ，点のキャパシタンス測定モジュール，ホストコンピュータとの通信モジュールからなる。キャパシタンス測定は定電圧を印加し充放電を繰り返すLCRメータの原理を用いる[2)]。

3　圧力を検知する織物の作製

3.1　カバリング糸の作製

カバリング糸を構成する「芯の導電糸」及び「鞘となる非導電糸」には，最初の作製では，アクリル糸に硫化銅を染色した日本蚕毛染色㈱のサンダロン® を芯として，ポリエステルの非導電糸で鞘を構成した。カバリング糸の作製はトライツイスター（オゼキテクノ㈱製）を用いた。このカバリング糸で織った布は，ベッドシーツや椅子座面などには手頃な厚みと感触であるが，衣服の縫製に用いようとするとゴワゴワしてしまう。そこで，より薄い布地とするためにカバリン

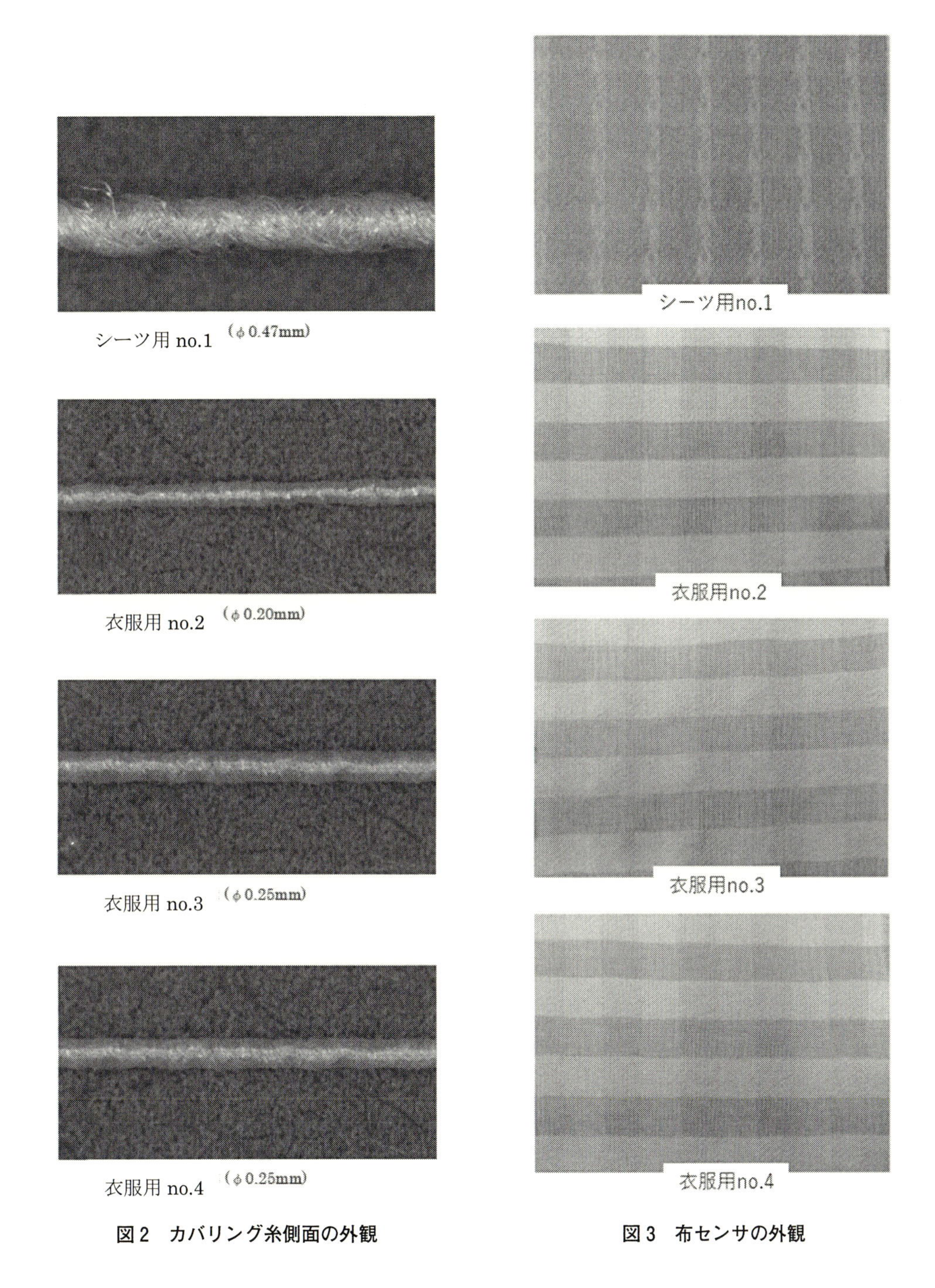

図２　カバリング糸側面の外観

図３　布センサの外観

グ糸の材料の見直しを行い，条件を検討し，細くて被覆性の高いカバリング糸の作製を試みた。導電糸にはサンダロン® のほかミツフジ㈱の AgPoss®（銀メッキ糸）を試した。作製したカバリング糸の構成を表１に示す。カバリング糸の直径は実体顕微鏡にて観察および計測した。初期

表1 カバリング糸の構成

	芯（導電糸）	鞘（絶縁糸）	カバリング数（T/m）	繊度（dtex）	直径（mm）
シーツ用 no.1	サンダロン® （アクリル 167 dtex × 2）	ポリエステル 167 dtex	900	1000	0.47
衣服用 no.2	サンダロン® （ナイロン 44 dtex）	ウーリーナイロン 22 dtex	8000	330	0.20
衣服用 no.3	サンダロン® （ポリエステル 111 dtex）	ウーリーナイロン 56 dtex	2670	390	0.25
衣服用 no.4	AgPoss® （ナイロン 111 dtex）	ウーリーナイロン 56 dtex	2670	390	0.25

版のシーツ用（No.1）に比べ，従来よりも細い繊度の導電糸とその 1/2 の繊度の非導電糸にてカバリング糸とすることにより，1/2 程度の細いセンサ用導電糸を作製することができた。糸側面の外観を図 2 に示す。

3. 2 圧力センシング織物の作製

前述の原理を応用し，感圧部を平二重織組織とした織物を設計し織り上げた。感圧セルのピッチは 20 mm と 10 mm である。20 mm ピッチの布の場合，感圧部にポリエステル紡績糸 60/2^{s} を用いている。織物規格を表 2 に示す。織り上がった布の外観を図 3 に示す。

3. 3 試作した布の特性

試作した布の特性は，以下のようにして検証している。

3. 3. 1 キャパシタンス特性

この織物の端部から導電ペースト（藤倉化成㈱製ドータイト XC-9064）で導線と結線した。3 軸荷重 / 変位測定装置（アイコーエンジニアリング㈱製 GT-FL500）により織物に垂直に，ϕ10 mm の圧縮子にて 30 N まで加圧し，10 秒静止の後，除重を繰り返し，加圧時のキャパシタンス変化を追跡した。キャパシタンス測定は LCR メータ（㈱NF 回路設計ブロック製 ZM2371）を用いた。各試料のキャパシタンスの変化量を表 3 に示す。No.2，No.4 は No.1 に

表2 織物規格

非感圧部の構成糸	ポリエステル紡績糸	ポリエステル紡績糸
糸の繊度	60/2^{s}	たて 20/2^{s} よこ 60/2^{s}
たて糸密度（本/2.54 cm）	120	63
よこ糸密度（本/2.54 cm）	90	70
感圧部の組織	平二重織	平二重織
感圧部セル面積	100 mm^{2}	49 mm^{2}
セルピッチ	20 mm	10 mm
布	no.2～no.4	no.1

表3　キャパシタンス変化量（30 N 印加時）

	変化量（pF）
シーツ用　No.1	1.77
衣服用　No.2	4.17
衣服用　No.3	1.71
衣服用　No.4	4.30

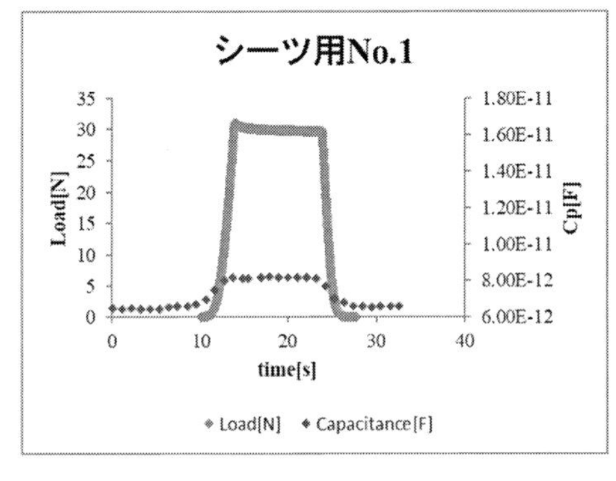

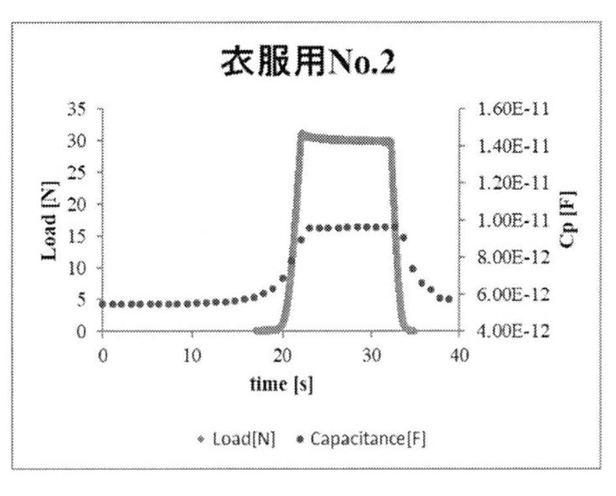

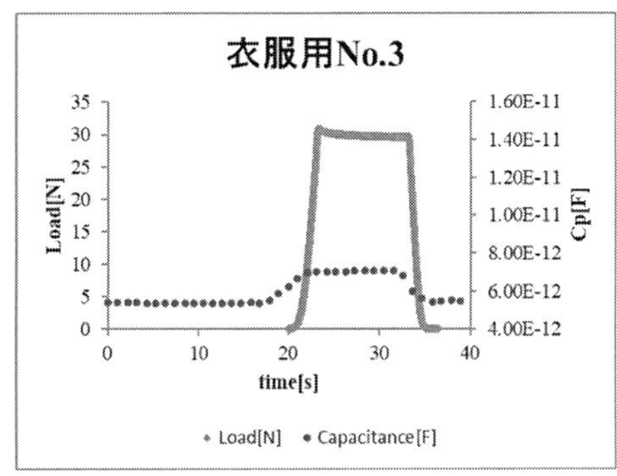

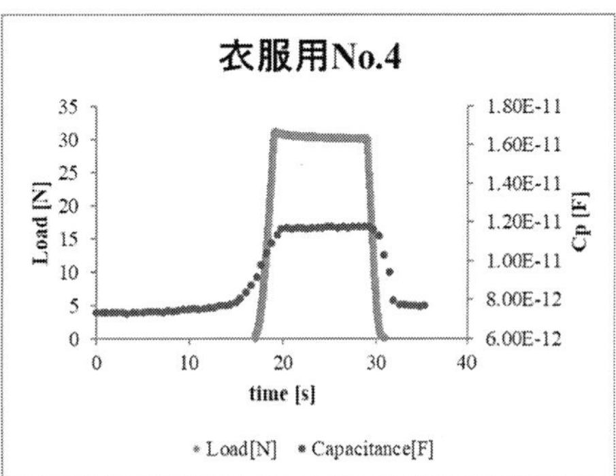

図4　圧力―キャパシタンスの動的特性

比べて2倍以上のキャパシタンス変化量が確認され，感度が高い。細い糸を使うことにより，導電糸間の距離が小さくなったためと考えられる。No.3はNo.1と同等の感度を細い糸で達成している。圧を順次変化させたときのキャパシタンスの動的特性は，図4のようになる。

3. 3. 2　せん断剛性と曲げ剛性

織物の柔軟性を評価するため，せん断剛性と曲げ剛性を測定した。せん断剛性は風合い試験機（カトーテック㈱製風合い試験機 FB2）を，剛軟度はガーレ式剛軟度試験機（㈱大栄科学精器製作所製 GAS-10）を用いた。織物の厚さは JIS L 1096 に準拠して測定した。

織物（図4）の柔軟性評価の結果を表4に示す。No.1，No.3，No.4について，せん断特性は大きな違いがなかった。No.2，No.3，No.4の剛軟度は，シーツ用のNo.1よりも，いずれも70%以上向上（1/3以下）した。糸を細くすることで織物のしなやかさを向上させることができ

表4　織物の柔軟性の比較

	厚さ (mm)	剛軟度（たて） (mN)	せん断剛性 (cN/cm·deg)
シーツ用　No.1	1.12	5.25	1.61
衣服用　No.2	0.53	0.85	1.11
衣服用　No.3	0.60	1.17	1.61
衣服用　No.4	0.61	1.12	1.78

た。同様に厚さも40％以上薄くすることができた。実際，手で触ってみても，いずれの試料もNo.1に比べて，しなやかさを感じた。

これらの結果から，圧力検知の感度が同等以上の薄くて柔軟な織物センサを得られることを確認した。

4　キャパシタンス読み出し用ドライバ回路と引き出し線

4. 1　引き出し線の接続

センサ布地からのキャパシタンスの読み出しは，布の端の縦と横で，導電糸の束とドライバ回路への導線を電気的接続させる。柔軟で導電性が高く，かつ利用中，洗濯に対して堅牢な新しいコネクタの開発が望まれている。接続の方法には，現在以下の方法に実績がある。

4. 1. 1　端子へのはんだ付け

導電糸を用いて端子を布に縫い付け，導電ペーストで接着する。端子には，導線をはんだ付けする。実際には，導電ペーストをしみこませた部分に導線をはんだ付けしたワッシャーをはめ込んでハトメ／カシメして実現している。布と導線の接続は安定するが，はんだ付け箇所に力がかかることがあり，断線の原因となる。また，洗濯の際，導線をとりはずすことができない点が難である。

4. 1. 2　アメリカンホック

導線を自由に取り外せるように，コネクタを介して接続する方法が考えられる。布織物の場合，アメリカンホックが手軽なコネクタとなる。ホックの一方を布の端に縫い付け，導電ペーストで導電糸との接続を高くする。他方のホックには，導線をはんだ付けする。

4. 2　ドライバ回路

ドライバ回路は，図5に示す回路構成になっている。感圧セルの座標となるたて糸とよこ糸アドレスを選択し，順次計測点を走査するセンサ点選択モジュールが感圧セルとキャパシタンス測定モジュールを接続する。計測されたキャパシタンス値はA/D変換の後，通信モジュール（Bluetooth）を通して，ホストコンピュータとデータ通信により，計測データを送信する。

現時点での感圧セルの最高走査速度は，6400点/secである。従って，80×40点のシーツの場合，およそ2 Hzで，圧力データ分布を計測できる。走査速度はキャパシタンス計測にかかる時間に大きく依存している。

図5にはドライバ回路の外観を表示している。また，布への結線はたて糸用とよこ糸用のフラットケーブルが出ている。表5におもな仕様を示す。

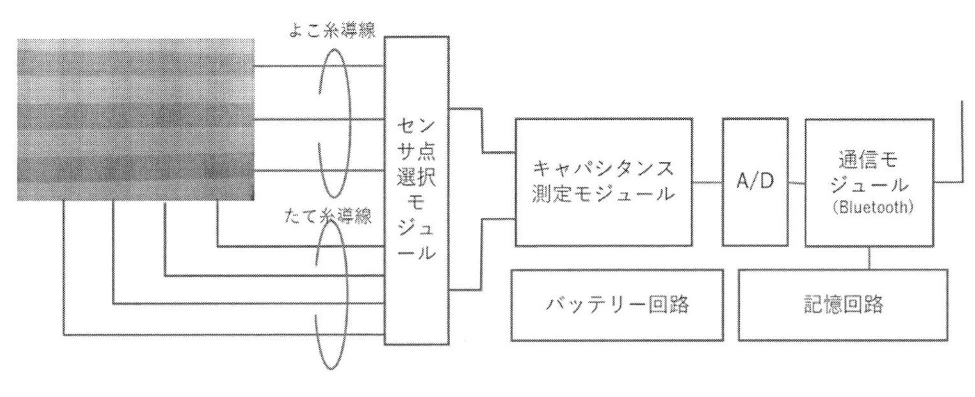

図5　ドライバ回路の構成と外観

表5　ドライバ回路の仕様

	仕様
感圧セル走査速度	6400点／sec (80 × 40点時の実測 2.23 Hz)
大きさ	57 × 46 × 22 mm
重さ	50 g
搭載バッテリー	300 mA h，4時間連続運転可，充電式
通信	Bluetooth
計測セル数	80点× 40点（最大）

5　応用事例

5. 1　さまざまな形状，サイズのセンサ

このセンサは，大判の織物を作製すれば，引き出し線の制約のなかで，自由なサイズ，形にセンサを切り出すことが可能である。図6は，シーツ型のフルサイズ（180 cm×90 cm）のセンサとその1/4サイズ（マット用）のもの，さらに足形に切り出した例である。シーツ型は，引き出し線のところを黒い布でカバーして保護している。たてとよこのセンサにつながるフラットケーブルの導線がある。

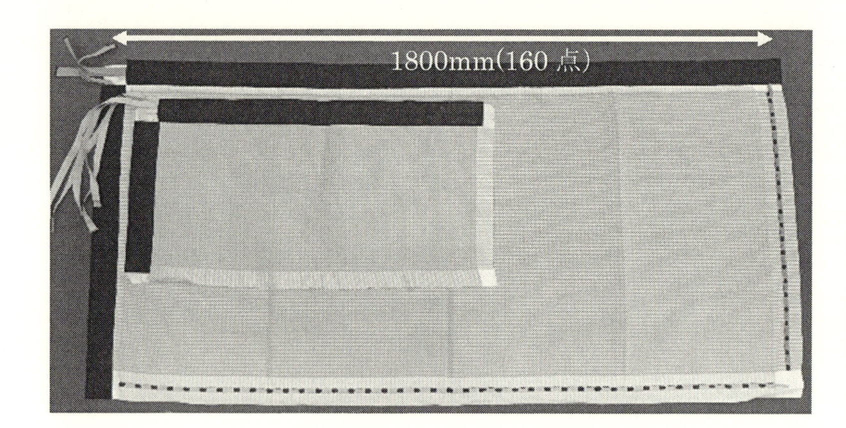

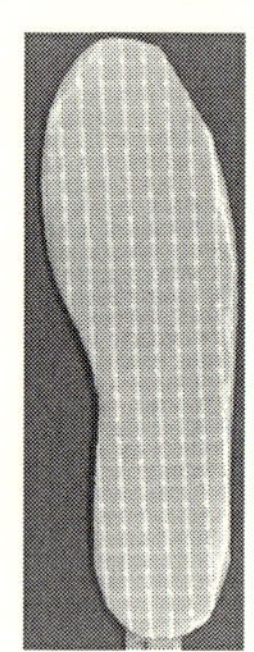

図6　様々なサイズや形状の感圧布

（左図シーツは織り上がり，たて11.5 mm× よこ10 mm ピッチ。
全体としては，平二重織であるが，センサセル部は風合い向上のため綾織り構造を採用。
2 × 2セルで回路統合しているので，実質80 × 40点のサンプリングである。）

5. 2　適用例

本センサをシーツとして使った場合と，車椅子のクッションに仕込んだ場合の圧力分布を可視化した例を図7に示す。この例では，計測したキャパシタンス値の生データにフィルタリング処理および補償アルゴリズムを適用してなめらかに表示している。

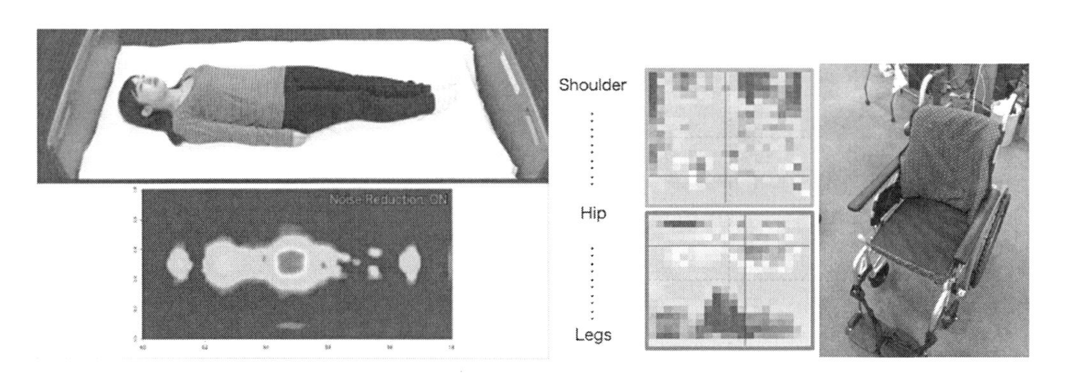

図７　様々な圧力検出事例

6　他の素材との比較と使用上の注意

圧力分布を計測できるシートはいくつか市販されている。本手法に代表される静電素子，あるいは導電体の抵抗素子などの受動素子や，圧電素子や水晶振動子などの能動素子がある。これらの素子を支える構造は，圧力に比例して変化する素材としてプラスチックフィルムで挟んだり，ゴムに導電体を混合させたものがその代表例として挙げられる。しかし，これらをウェアラブル素材として見た場合，曲げ硬い，通気性がない点で課題が残る。織物を使ったセンサはしなやかで曲げに強く，通気性も確保できることから，ウェアラブルデバイスの素材として有望な素材と思われる。ただし，キャパシタンスは電極間物質の誘電率で変動するため，湿度などに対するキャリブレーションやバランス回路などが必要である。

本センサは圧力分布の計測原理がキャパシタンスの変位であり，静電素子の回路における誘電体は非導電糸と空気を用いている。従って，糸間隙の湿度がキャパシタンスに影響する。布の特性を活かすには，湿度による変化を相殺するバランシング回路やキャリブレーション回路が有効と思われる。簡易に湿度の影響を防ぐには，防湿の袋にセンサを入れる方法もある。

また，圧力計測の原理において，電極を構成する導電糸の距離と外部からの圧力の関係は，織物に内在する元の厚みに戻ろうとする抵抗を示すバネ構造に依存している。そのため，力-距離の関係に織物特有のヒステリシスがある程度生じる。その影響はこれまで経験的には小さいが，このことを念頭においた信号処理の解釈が必要であり，利用場面の検討時には考慮すべきである。

7　おわりに

この織物センサの優れた点は，織機で織るだけで分布素子によるセンサ本体ができあがり，裁縫によって多様な形態のセンサを構成できることにある。衣服や寝具だけでなく，日用品や家具にも取り入れられる可能性を持っていると考える（図8）。

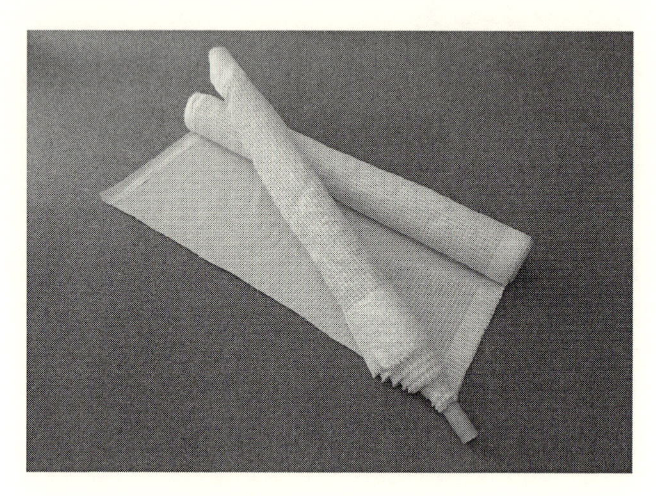

図8　織り上がったセンサ布地

文　　献

1）島上祐樹，田中利幸，松浦勇，堀場隆広，榎堀優，間瀬健二，水野寛隆，鈴木陽久，“圧力を検知できる織物を使ったウエアラブルシステムの開発”，あいち産業科学技術総合センター研究報告，2, 72 (2018)
2）池口達治，堀場隆広，愛知県産業技術研究所研究報告，6, 132 (2007)

第10章　RFIDファイバー

高橋秀也*

1　はじめに

衣服をはじめ，人の生活になくてはならない繊維製品にセンサやコンピュータを組み込んだスマートテキスタイルの研究が活発に行われている。最近では，超高齢化社会への突入とともに，高齢者や要介護者の生体情報を常時非拘束で計測できるストレスフリーなバイタルセンシングや，カーペットなどを利用して位置情報を与えるなどのインフラへの応用などが注目されている。一方，IoTですべての人とモノがつながり，様々な知識や情報が共有され，今までにない新たな価値を生み出す社会の実現を目指してSociety 5.0の実現が求められている。センサ＋信号処理＋通信回路を布に組み込んだスマートテキスタイルを構成し，これでモノを包み込むことにより，既存のモノのIoT化を容易に行うことができ，Society 5.0の実現に寄与することが大いに期待できる。また，モノではなく人をスマートテキスタイル（ウェアラブルコンピュータ）で包み込めば，人とSociety 5.0のインタフェースを容易に実現できるため，スマートテキスタイルは今後ますます発展が期待されるところである。

スマートテキスタイルは，布と電子回路の融合技術であり，従来の電子部品はそのまま利用して電子回路のプリント基板（配線）だけを繊維に置き換えたものから，センサ機能なども繊維で実現したものまで考えられ，これらを布に組み込むことで，布に様々な機能を付加することが可能となる。しかし，これらの手法では，導電性繊維はあくまでも受動素子としての役割しか果たすことができず，能動的な処理を行う半導体素子などの電子部品が目立ち，外観や触り心地に違和感がある。電子回路が組み込まれたことを全く意識させない衣服や生体情報センサあるいはカーペットなどを実現させることを目指したスマートテキスタイルを実現するためには，より高度な機能を有した能動的な機能を持った繊維を実現する必要がある。

この問題を解決するための第1歩として，平成22年度～平成24年度に，経済産業省の戦略的基盤技術高度化支援事業（サポイン）の補助を受けた「微少領域表面加工技術を利用したフレキシブルアンテナ内蔵RFIDファイバーの開発」プロジェクト[1]により，付属の電子回路を必要とせず，繊維そのものが能動的機能を有するスマートテキスタイルであるRFIDファイバーを開発した。プロジェクトメンバーは，ウラセ㈱，㈱ウエアビジョン，福井大学，福井県工業技術センター，京都大学，大阪市立大学（順不同）である。ここでは，RFIDファイバーの紹介とそ

*　Hideya Takahashi　大阪市立大学　大学院工学研究科　電子情報系専攻　教授

の応用例について述べる[2)]。

2 RFIDファイバー

図1にRFIDのシステム構成を示す。RFIDタグはRFIDチップに固有のID情報や内蔵メモリに記憶している情報を，電波や電磁結合を用いた近距離無線通信によって読み出すことができるICである。パッシブタイプのものは，リーダからの読出し電波を駆動電力として利用するため電源が不要である。また，アンテナをICチップに内蔵しているタイプのものもあるが，通信距離を伸ばすためにICチップにアンテナを外付けしているものが多い。RFIDファイバーとは，外付けのアンテナをメッキしたポリエステル繊維で実現し，パッシブタイプのRFIDの超小型ICチップを繊維状のアンテナの中央部に取り付けたものであり，糸状のRFIDタグとして動作する[1)]。図2にRFIDファイバーの概略図と試作RFIDファイバーを示す。最初の試作では，太さ0.5 mmのメッキしたポリエステルのモノファイバーに0.4 mm×0.4 mmの大きさの

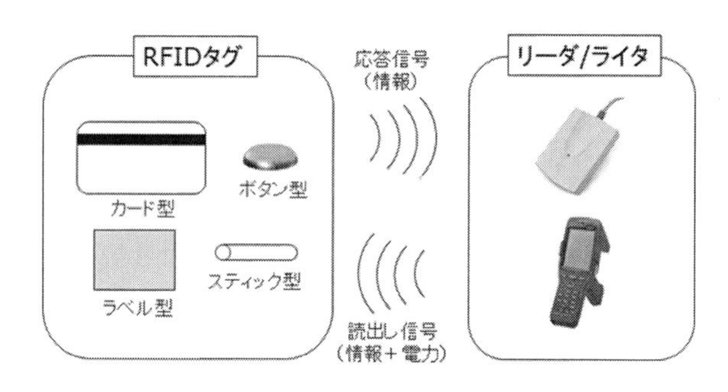

図1 RFIDのシステム構成

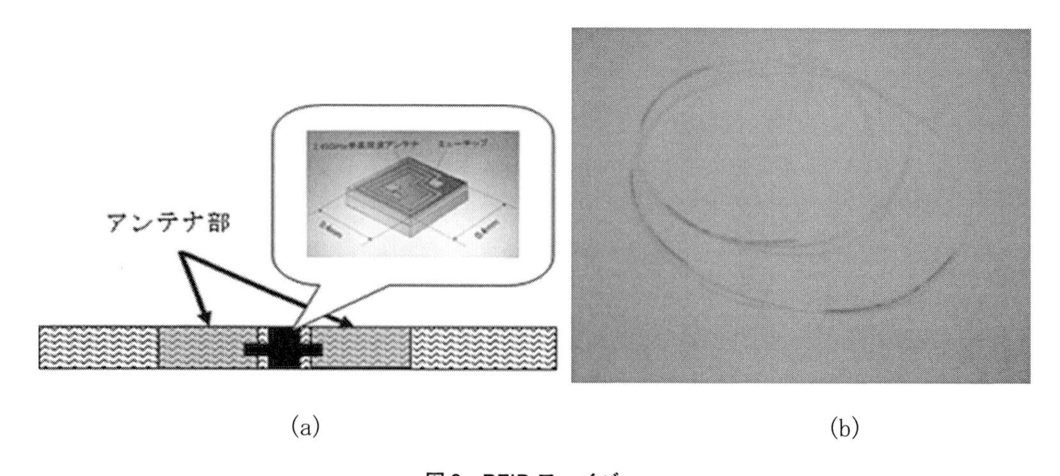

図2 RFIDファイバー
(a) 概略図，(b) 試作RFIDファイバー[1)]

RFIDチップを取り付けた。最初の試作では，2.45 GHzの電波を利用するRFIDチップを用いたが，現在はUHF帯の電波を利用するRFIDチップを搭載したものも作製している。また，アンテナ部分に用いられる繊維も，ポリエステル以外にアラミド繊維などの他の繊維も用いられており，用途に応じて電波の周波数と繊維の素材を選択することができる。

3　RFIDファイバーの応用例

RFIDファイバーの外見的特徴は繊維と同じで，布に織り込んだり編み込んだりすることが可能である。ここでは，サポイン「微少領域表面加工技術を利用したフレキシブルアンテナ内蔵RFIDファイバーの開発」プロジェクトで開発した応用例を紹介する。

3.1　手術用ガーゼ管理システム

RFIDファイバーを開発するサポインプロジェクトの当初の目的は，手術用ガーゼ管理のために手術用ガーゼに織り込むことが可能な糸状のRFIDを開発することであった[1]。

手術時に用いるガーゼは，体内への残置が大きな問題であり，手術中に用いたガーゼの正確なカウント方法が切望されている。現状では，造影糸入りガーゼを用い，回収された使用済みガーゼの手作業によるカウント数が使用したガーゼのカウント数と一致しないとき，手術を受けた患者をX線撮影することにより手術用ガーゼの体内残置の有無を確認している。このカウント作業を簡便化するために，RFIDファイバーを織り込んだ手術用ガーゼを試作した。図3に現在一般的に用いられている造影糸入りガーゼを，図4に試作したRFIDファイバーをたて糸に織り込んだガーゼを示す。図5はレピア織機によりRFIDファイバーを3本たて糸に使用し，3枚の手術用ガーゼを同時に製織している状態を示したものである。RFIDファイバーは柔軟性がある

図3　造影糸入りガーゼ[1]

市販造影糸入りガーゼの織物規格
織幅：30 cm
たて：綿糸40S(実測135 dtex)，密度12本/cm
よこ：綿糸35S(実測162 dtex)，密度11.5本/cm

図4　RFIDファイバーを織り込んだガーゼ[1]

織幅：120 cm（39 cm × 3幅）
たて：綿糸30S(約177 dtex)，密度12本/cm（糊付糸）
よこ：綿糸30S(約177 dtex)，密度12本/cm

図5　RFIDファイバーの製織状態[1)]

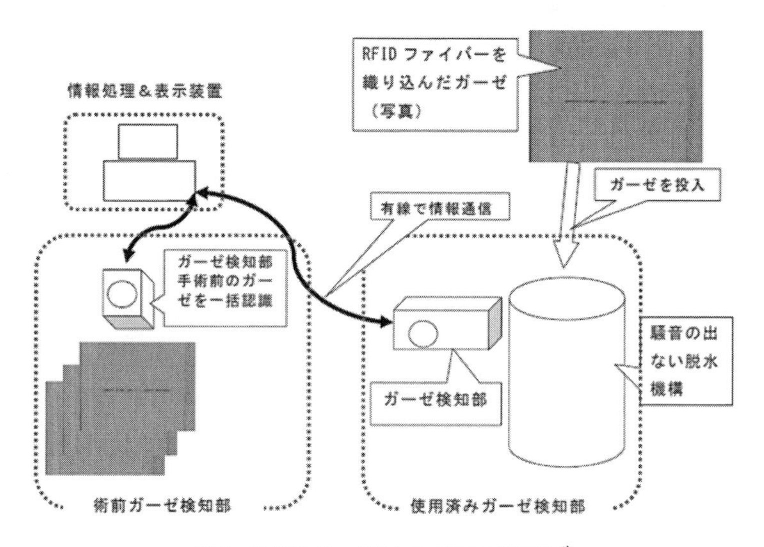

図6　手術用ガーゼ検知システム概略図[1)]

ため通常の糸と同様に扱うことが可能であり，約50 m（RFIDチップを50 cm間隔に100個配置）のRFIDファイバーを製織したが，RFIDファイバーを損傷することなく製織することができた。また，図6にRFIDファイバー入り手術用ガーゼ検知システムの概略図を，図7に試作システムを示す。このシステムは，RFIDファイバー入り手術用ガーゼの枚数をカウントするとともに，使用済みの手術用ガーゼに吸収されていた血液量（＝患者の出血量）を測定することができる。さらに，UHF帯のRFIDファイバーを用いれば，体内に残置されたガーゼのIDを直接読み出すことができ，従来の残置確認に用いているX線撮影による被ばくの心配がなくなる。

3. 2　ネームタグ（偽造防止）

RFIDファイバーを織り込んだ織ネームを商品に取り付けたり，服，バッグへ直接織り込むことにより，商品管理や偽造防止に役立てる例である[1)]。図8にRFIDファイバーを織り込んだ織ネームを示す。従来からあるRFIDタグでは商品にタグを取り付けた場所がわかるが，RFID

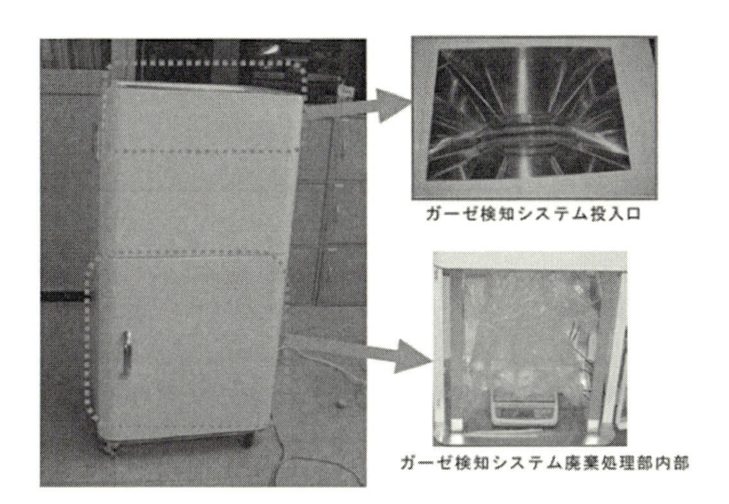

図7　ガーゼ管理システム[1)]

ファイバーは繊維であるため織り込んだ場所（RFIDファイバーの取り付け場所）がわからないことが特徴であり，偽造防止に効果がある。また，リーダによってID番号を読み出すことにより，トレーサビリティを厳格に行うことができる。

3. 3　消防ホース管理

火災現場における消防ホースの安全性を担保するために，消防ホースの製造ロット番号や使用履歴および耐用年数を消防ホースと紐づけて管理することは重要である。消防用ホースは繊維でできているため，RFIDファイバーを取り付けても，外観や性能に問題が生じない。図9にRFIDファイバーを取り付けた消防ホースを示す。サポインプロジェクトにおいては，消防ホースを製造販売している櫻護謨㈱にRFIDファイバーを取り付けた試作消防ホースを用いた消防ホース管理システムの評価を依頼し，問題なく使えるとの評価を得た[1)]。

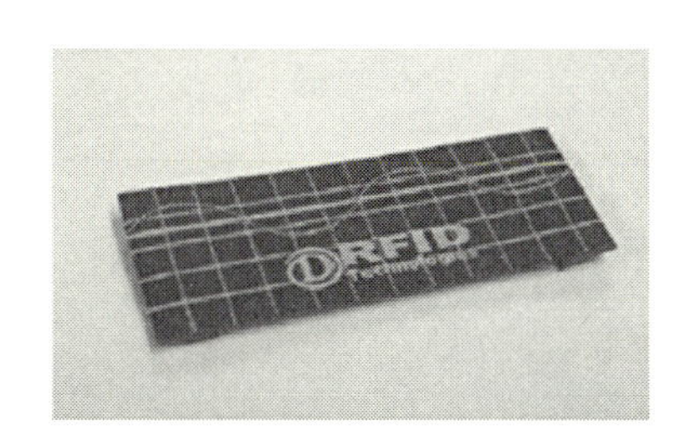

図8　RFIDファイバーを織り込んだ織ネーム[1)]

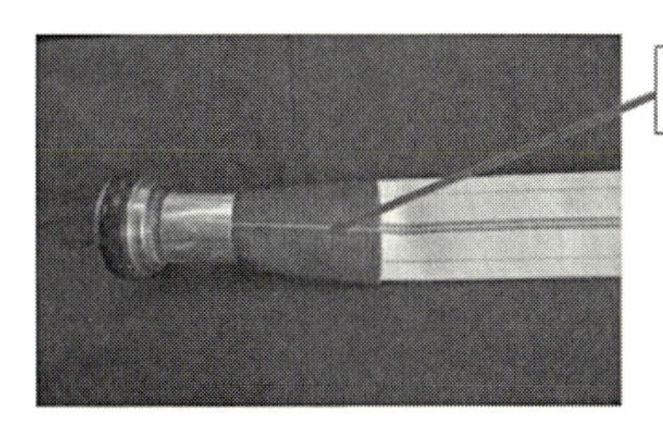

図9　RFIDファイバーを取り付けた消防用ホース[1)]

3. 4 行動検知システム

医療機関や介護施設では，入院患者や入居者の行動を把握できることが，入院患者や入居者の安全と医療従事者や介護作業従事者の業務の削減に大きく貢献する。この問題を克服するために衣服にRFIDファイバーを織り込み，この衣服を着た人の行動を検知するシステムを構成した[1,3]。従来のRFIDタグをリストバンドなどで体に取り付けたり衣服に縫い付けたりした場合，入院患者や入居者がRFIDタグが付いていることを認識できるため，勝手に取り外してしまうことが多かったが，衣服にRFIDファイバーを織り込んだ場合は織り込まれたRFIDファイバーは認識できないため取り外される心配がない。RFIDリーダのアンテナを部屋の入り口に設置したカーテンや暖簾に織り込むことにより入退室をチェックする。また，ソファーに組み込んだアンテナによって着座状態を認識する。カーテンや暖簾に織り込んだアンテナは，RFIDファイバーを織り込んだ衣服がカーテンを通過する方向がわかるように工夫してある。図10にRFIDファイバーを取り付けた衣服を，図11にRFIDリーダアンテナの設置場所，図12に評価試験の様子を示す。衣服着用者の入退室およびソファーへの着座状態は，それぞれ問題なく確認でき

図10　RFIDファイバーを取り付けた衣服[1]

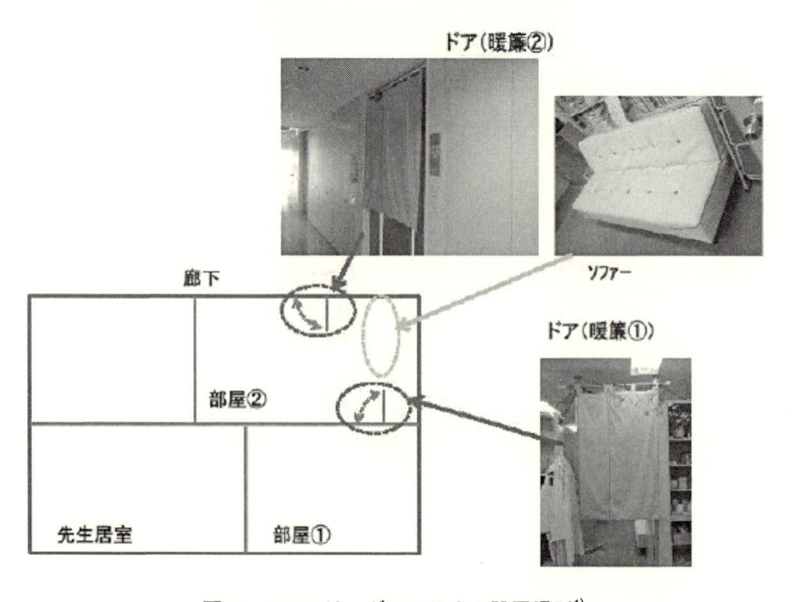

図11　RFIDリーダアンテナの設置場所[1]

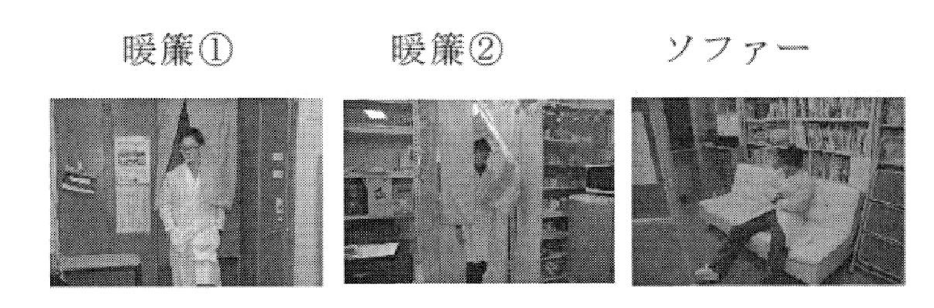

図 12　評価試験の様子

た。また，リーダのアンテナを，ソファーではなくベッドに仕込んでおくことにより，入院患者や入居者のベッドからの離床や姿勢の変化を知ることが可能となる。

3. 5　水分検知システム

この応用ではこれまでの応用例と異なり，RFID ファイバーを通信機能を有したセンサとして利用している。RFID ファイバーを織り込んだ布などが水分を含んだ場合は，水分による電波の減衰や RFID ファイバーのアンテナの波長短縮効果の影響により，リーダからの読出し信号に応答しなくなるため，水分の有無を検知できる。また，リーダの送信強度を一定にした場合，リーダと RFID ファイバーが通信可能である距離は水分の量に依存するため，水分量をおおまかに識別することもできる。

この仕組みを応用して，寝たきりの患者や要介護者の排尿を検知できる RFID ファイバー入

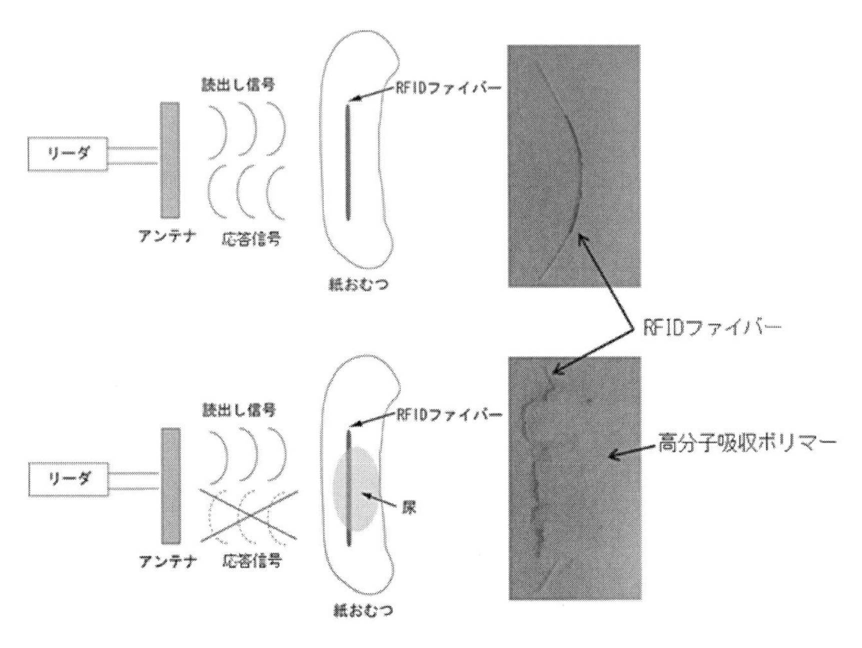

図 13　排尿検知の原理[1, 4)]

り紙おむつを試作した[1,4]。試作した検知システムは排尿量も検知することができ，おむつ交換の業務の軽減に大きく貢献できる。図13に排尿検知の原理を示す。紙おむつに埋め込まれたRFIDファイバーは，紙おむつが乾いている場合は，リーダからの読出し信号に問題なく応答する。しかし，紙おむつが排尿により水分を含んだ場合は，RFIDファイバーが水分を含んだ高分子吸収剤に取り囲まれ，水分による電波の減衰とRFIDファイバーのアンテナの波長短縮効果の影響により，リーダからの読出し信号に応答しなくなるため，排尿の有無を検知できる。また，リーダとRFIDファイバー間の通信の可否は紙おむつに吸収された尿の量に依存するため，排尿量を大まかに識別することも可能である。さらに，RFIDファイバーは糸であるため，紙おむつに埋め込んでも通気性や履き心地に問題がなく，紙おむつと一緒に廃棄することができる。同様の原理を用いたRFIDファイバーを利用した他の水分検知の応用例として，RFIDファイバーを座席の座面の布に織り込むことにより，座面の濡れを検知するシステムも提案されている[5]。

4　あとがき

導電性繊維を電極や配線として用いた受動型のセンサ回路より高度な機能を実現するために，半導体デバイスと導電性繊維を組み合わせたスマートテキスタイルである能動的な繊維を実現する第1歩として，パッシブタイプのRFIDチップを搭載した繊維であるRFIDファイバーを紹介した。繊維にRFIDの能動的な機能を持たせることができたが，今後応用範囲を広げるため

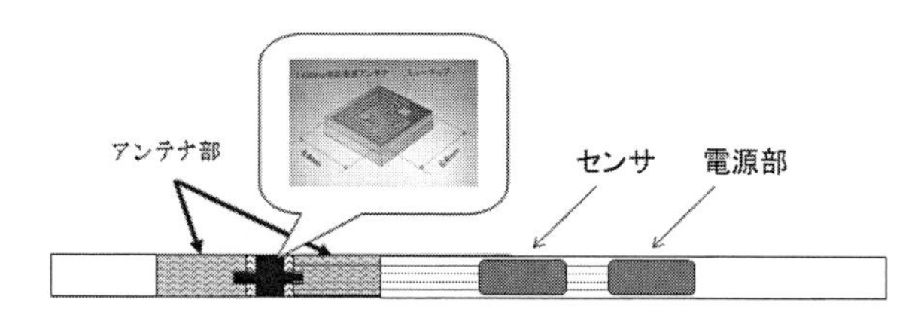

図14　センサ，処理回路，電源などを搭載した高機能ファイバーの概念図[2]

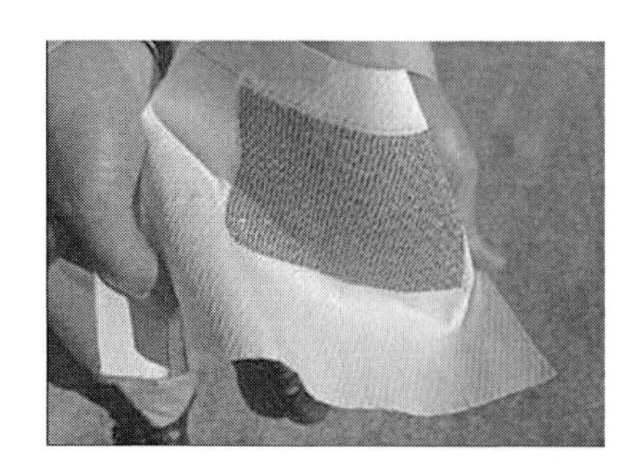

図15　太陽光発電テキスタイル[6]

図16　LEDテキスタイル[7]

には，図 14 に示すように，センサ，電源，通信部などを繊維上に取り付け，より高度な機能をもった繊維を実現することが必要である。すでにこれらの基本技術として，電源としての太陽電池や LED を取り付けた布が，福井県工業技術センターにより開発されている（図 15，図 16 参照）[6,7]。図 14 のような高機能の繊維を開発することができれば，付属の電子回路や電源を必要とせず，衣服を着るだけで，着用者に意識させずに常時生体情報を取得できるようなシステムの構築が可能となる。さらに，将来は有機半導体による機能性繊維や有機半導体を用いた電子デバイスを含んだ繊維が実現され，本章で紹介した半導体デバイスと導電性繊維の組み合わせに取って代わるスマートテキスタイルの実現も期待される。

文　　献

1）平成 22 年度～平成 24 年度　経済産業省戦略的基盤技術高度化支援事業「微少領域表面加工技術を利用したフレキシブルアンテナ内蔵 RFID ファイバーの開発」成果報告書（2013）
2）髙橋秀也，月刊せんい，**68**, 23（2018）
3）中村肇，髙橋秀也　ほか，IT ヘルスケア学会第 7 回学術大会講演論文集，C12（2013）.
4）竹内佑輔，髙橋秀也　ほか，日本繊維機械学会第 67 回年次大会研究発表論文集，D2-13, 222（2014）
5）須賀広介，吉本佳世，髙橋秀也，宮村佳成，繊維機械学会第 71 回年次大会予稿集，C1-02（2018）
6）福井県工業技術センター 太陽光発電テキスタイル製造技術の開発，http://www.fklab.fukui.fukui.jp/kougi/kenkyu/data/seni/se9.html（2019 年 3 月 18 日確認）
7）福井県工業技術センター LED テキスタイルの開発，http://www.fklab.fukui.fukui.jp/kougi/kenkyu/data/seni/se10.html（2019 年 3 月 18 日確認）

第11章　導電ストレッチテープ「e-Strech」について

山崎　貢*

1　背景

身体表面から情報を取るウエアラブルエレクトロニクスはナノレベルの導電材料の開発で，柔軟な配線や電極，接着剤など要素技術はここ数年で目覚ましく進歩と研究が進んでいる。2015年から始まったウエアラブルエクスポでは，業務をサポートする「アイウェア型」，運動消費を計測する「リストバンド型」で，体の一部分から情報を取り提示するデバイスとバッテリーの小型化とともにフレキシブルなプリンテッドエレクトロニクスを実装した機器がほとんどであった。

2016年の同展示会では，生地に直接導電インクで回路パターンを描いて，デバイスを体に取り付けて着用するウエアラブルデバイスで，生体情報を計測しはじめた。「衣類型」は着用させることで，いろんな体型の人にも対応できる伸縮性が必要となり，フレキシブルからストレッチャブルの流れとなった。このように，アクティブな環境で繰り返し伸縮をする箇所でのプリンテッドエレクトロニクスは，伸ばすと薄くなり電位差が生じ，繰り返し伸長による破断など不具合の問題が浮き彫りになった。そこで伸縮を繰り返す運動は，筋肉の動きで，筋肉は繊状体であり，その構造に似せた繊維状のものが最適であるという考えに至り，繰り返し伸長の導電線の「e-Stretch ＝イーストレッチ」を開発。センシングや基盤，デバイス，接合部分はプリンテッドエレクトロニクスで，繰り返し伸縮をする部分は「イーストレッチ」の組み合わせでお互いを補完し合うことで，着用していても気にならないウエアラブルのニーズが高まると予測している。

2　開発

2016年ウエアラブルエクスポに出展するべく導電糸（銀蒸着糸）を使用しスポーツウエア向けのテープを作る要領で「イーストレッチ」（写真1）を出展，肌当たりが優しく当時多数出品されていた類似品よりもよく伸びるという反響をいただき，当社の方向性にニーズがあるという確信を得た。これからはどういう生体情報を得るためのウエアラブルデバイスが必要か，そのためにウエアラブルエレクトロニクスの配線部品に徹することで色々な企業との共同開発を進めていくことが重要であると考えた。

＊　Mitsugu Yamazaki　㈱SHINDO　繊維カンパニー　繊維資材部(兼)企画広報部　次長

e-Stretch イー・ストレッチ(ソフト)

☐ stock for bulk
☐ stocked for sample
☑ promotion only

application for patent being processed
特許申請中

- 弾性糸を使用して、繰り返し伸長回復性に優れています
- 銀コーティング糸で、電気抵抗が少なく導電性を発揮します
- 幅やライン数、伸長率はご要望に応じて対応可能です
- 防水加工も可能です

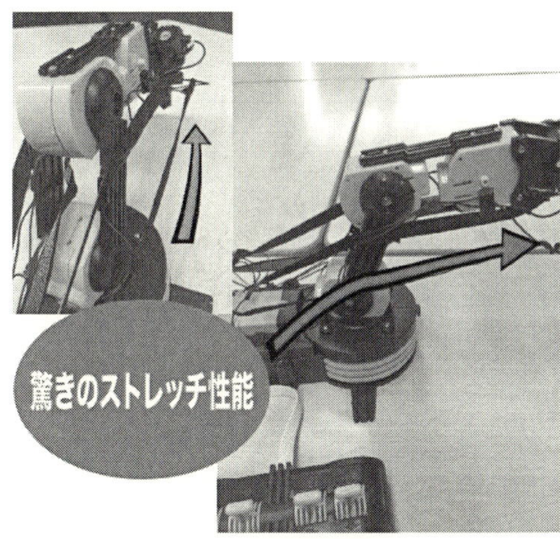

●繰り返し伸長による電気抵抗の変化率

サンプル長：　60mm
周波数：　1Hz
伸長：　120%　機器：エアーサーボ

伸長回数	電気抵抗(Ω/m)	増加率
0	26.58	1.00
100K	29.57	1.11
500K	33.92	1.28
1000K	34.35	1.29

●屈曲による電気抵抗の変化率

サンプル長：　200mm　加重量：　45g
屈曲角度：　±90度　屈曲速度：　1.5回／sec
治具直径：　10mm　治具幅：　3mm

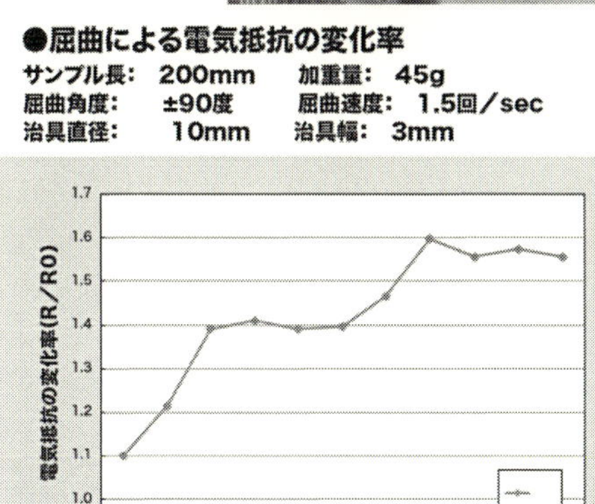

屈曲回数	電気抵抗(Ω/m)	電気抵抗の変化率
0	18.52	1.00
100K	19.57	1.06
200K	21.19	1.14
300K	21.40	1.16
400K	21.19	1.14
500K	21.26	1.15
600K	21.90	1.18
700K	23.12	1.25
800K	22.74	1.23
900K	22.92	1.24
1000K	22.74	1.23

サンプルや共同開発をご要望の方は　担当／山崎までご連絡ください
email : yamazakim@shindo.com　Tel : (06)4802-5251

写真１

3 素材選定

導電糸の素材は誰でもが接続しやすいものという観点で選定をした。当時は銀蒸着を始め，銅やカーボンを練りこんだ繊維や，PE-DOT 樹脂，金属を繊維状にしたものなど各社が展開していた。

体への接触の可能性や洗濯など水を使用することを想定し，金属繊維は肌刺激や擦過性，錆やすく，カーボンは電気抵抗値が銀銅に比べ大きく，接続が難しい。銅は錆びると緑青ができ表面の電気抵抗が大きく変化した。その点，銀蒸着は，抗菌作用があり，イオン化しにくい，水や汗などで黒変するが電気抵抗の変化がないため，銀蒸着糸を中心とすることにした（写真 2）。

写真 2

4 組織

編み，組紐の技術を使ったものは，繰り返し伸長による組織の目ズレや，導電糸部分への負荷から劣化や断線をし電気抵抗の変化が多くみられる。当社のイーストレッチは，織ゴムの組織で，導電糸は織られる繊維の間を上下波状に移動するだけなので電気抵抗値が安定している。

組織は図 1 の，符号 1 はイーストレッチ連続状体を示し，符号 3 は芯：ポリウレタン弾性糸と鞘：非導電糸（ポリエステル）からなる長さ方向に伸縮性を有した編織物構造体，符号 2 は導電糸であって，導電糸 2 が並列して編織物構造体 3 に部分的に組織されて，図 2 の断面図の通り編織物構造体 3 表面に屈曲状態で露出しており，複数本の導電糸 2 を並行させて編織物構造 3 の表面に露出させることにより，電源や作動部に接続において，接続面を大きく増やせることができる。

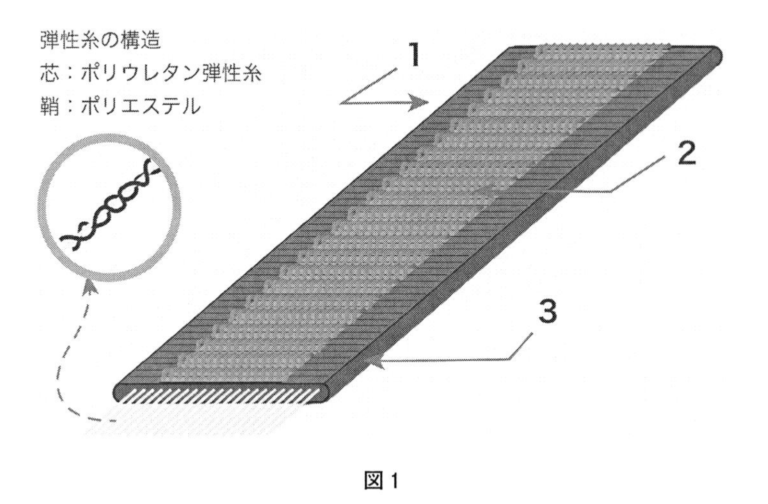

図1

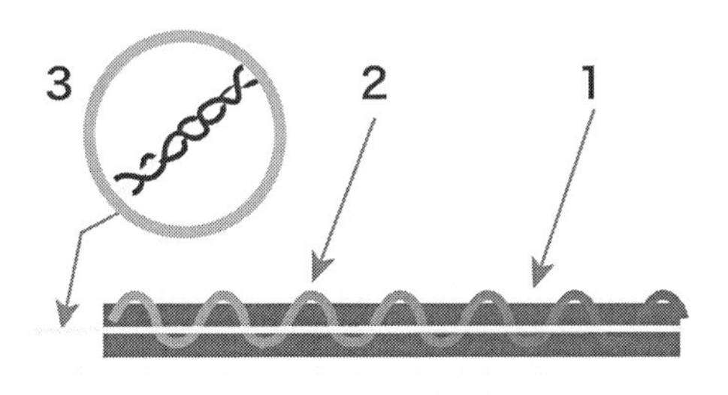

図2

5　試験データ

イーストレッチの実験風景は写真3をご覧いただき，その優位性を示す試験データは図3のとおり，初回26.58 Ω/mが10万回で34.35 Ω/mで1.29%変化率となった。

次にウエアへの配線を想定して，繰り返し洗濯での電気抵抗の変化率を試験。4本計測の平均値として洗濯前が21.90 Ω/mで洗濯二十回後23.80 Ω/m，洗濯五十回後22.90 Ω/mとなり1～1.18%の変化率という試験結果で洗濯五十回で変化が少なく安定している。

写真 3

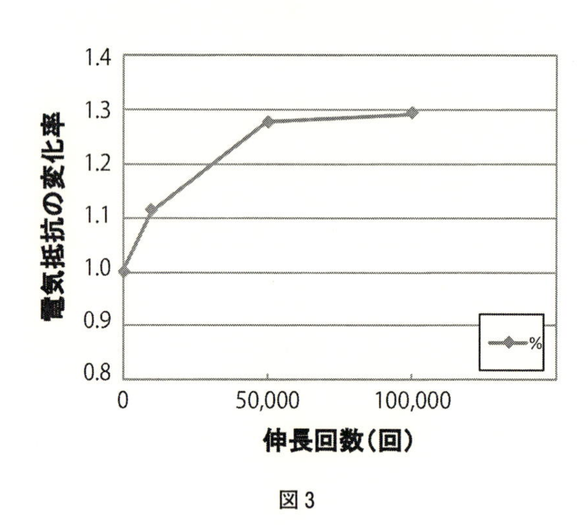

図 3

6 防水性能を付与したイーストレッチ

当社はウエアラブル用，センシング用の導電ストレッチ配線として，お客様の要望に合わせて幅や伸長率，電気抵抗値をカスタマイズして供給している。その中で導電部分へ水分が入らない様にできないかという要望が増えてきた。これは，激しい運動や作業上でのウエアラブルにて，汗による信号の乱れや劣化が発生していた。

① ポリウレタンフィルム（ホットメルト付き）をサンドイッチ状に加工

ポリウレタンフィルムは，伸長を繰り返すうちに，フィルムとイーストレッチの間に剥離現象が起こり，フィルムの亀裂から浸水，破れないようにフィルムの厚みを増すとイーストレッチの伸長性とソフトさがなく，それも繰り返し伸長回数の寿命は伸びるが，最終的には剥離や浸水が起こる。また回路との接続において，ウレタンフィルムを剥離させるのが難しく接続が容易ではない

② シリコーン樹脂を塗布

イーストレッチの導電部表面にシリコーン樹脂を塗布。接続部分をマスキングテープなどで覆うことで，導電部分を残しながら樹脂加工が可能。また，シリコーン樹脂は伸長性が良いので，ソフトさを生かすことはできた。しかし表面のシリコーン樹脂は裏側までは浸透していないため，裏からの導通があることが判明。完全防水処理とまではいかない結果になった。

③ オレフィン熱可塑性フィルムの加工

ソフトさと伸長性があるということで熱可塑性フィルムにてポリウレタンフィルムと同じ設備で加工。表側にフィルムを加工すると，ソフトで伸長性もある。また熱可塑性樹脂の浸透度もよく裏側の導通もない。そこで，繰り返し伸長による剥離試験を実施したのが図4である。伸長条件は，長さ60 mmを20％（伸長周期：1 HZ）伸長させ10万回させ，0回，1万回，5万回，10万回で耐電圧を測定した結果である。電気抵抗値は室温度によって変動するため，

樹脂加工導電性テープの耐電圧測定

結果

伸長回数	抵抗測定		耐電圧（V）
	印加電圧（V）	抵抗値（Ω）	
0	1000	500M	1800
100000	1000	600M	1700
500000	1000	2000M～	1600
1000000	1000	500M	1300

備考
・絶縁測定の測定は、試料が伸びていない状態で測定
・導電性繊維の樹脂による皮膜はできているが、一部樹脂加工できていない部分がある。
・抵抗値は、測定時の温湿度によって変動する。

伸長条件
装置：　エアサーボ（ADT-AV05 k 1S6特型：㈱島津製作所）
試料長：　60mm
伸長率：　20%
伸長周期：　1Hz

耐電圧測定条件
装置：　W/I AUTO TESTER（TOS8850：KIKUSUI）

<長さ方向断面図>

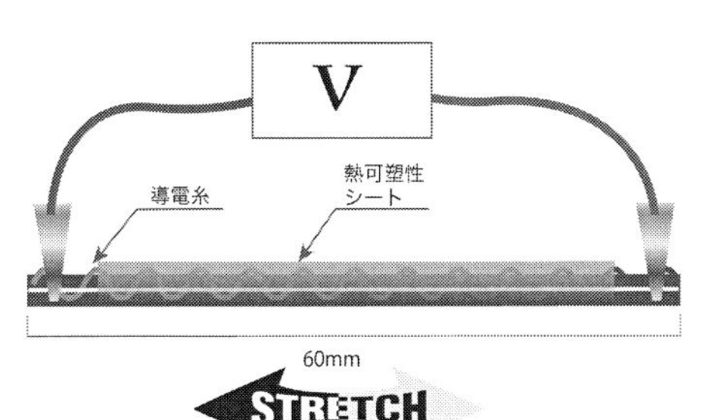

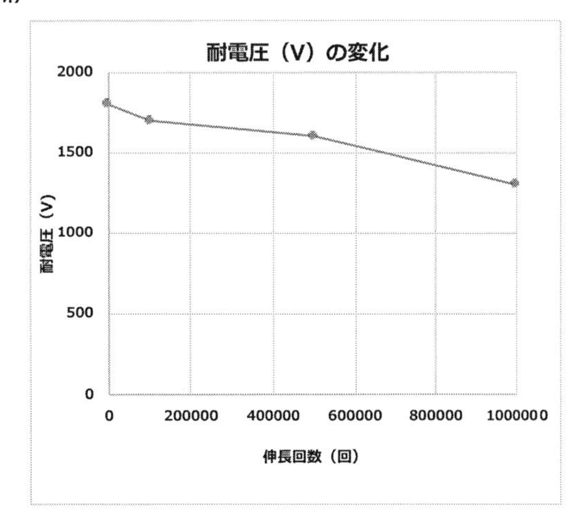

図4

写真4

通電圧で絶縁性能をみる方法を試みた結果，絶縁状態はほぼ同じであり，耐久性をクリアした。

残る課題は，回路との接続方法だが，オレフィンは熱に弱いので溶融させて導電部分とつなぐか，スナップボタンで，フィルムを貫通させて導通する方法がある。

スナップボタンと導電繊維との嵌合性は予想外に良いことも実験により実証している。これは，100万回の繰り返し伸長で繊維と金属の摩擦で繊維が破断されるのではないかという予見から，実験を試みたところ，電気抵抗値の変化が見られない結果を得られた。写真4が実験後の拡大写真である。

現在は，当社はドイツ，アメリカに支店があり日本人の駐在員がいることを活用し，アメリカのSupreme Corporationが開発した「VOLT Smart Yarn」を試験的に購入し，絶縁皮膜タイプの導電糸で防水性，絶縁タイプや，微弱な電波を捕まえるノイズクリアタイプなどを引き続き研究し，様々なお客のニーズに対応できるように進めていく。まだまだ発展途中ではあるが，いろいろなお客様から導電配線として課題をいただいた中で，進化し続けている。最新の情報や詳細について，興味のある方は筆者までご連絡ください。

＜お問い合わせ連絡先＞
株式会社SHINDO大阪支店
繊維資材グループ山崎
メールアドレス：yamazakim@shindo.com
URL：https://www.shindo.com/jp/

第12章　感圧導電性編物を用いたセンサデバイス

藤岡　潤*

1　はじめに

スマートテキスタイルのなかで，電気的な特性を持たせることで様々な機能を実現するテキスタイル素材をe-テキスタイルと呼ぶ。感圧導電性編物は，編物自体の電気特性の変化により生地の変形や生地への負荷を計測することが可能であることからe-テキスタイルに分類される。また素材自体が配線機能やセンサ機能を有することから第3世代のスマートテキスタイル（衣類がセンサそのものであるテキスタイル素材）である[1)]。感圧導電性編物で製作した着衣類は，着用した部位，例えば手袋であれば手の動き，シャツであれば上半身の動きや接触圧などについて場所を問わず計測することが可能となる。また日常的に着用することが可能な素材であり，仮想現実感技術やTele-Operationだけでなく，ヘルスケアや福祉介護などの社会サービスニーズを実現するための高次元の機能が実装可能であると考えられる[2)]。本章では感圧導電性編物の原理や特性について説明し，さらに実際に開発した感圧導電性編物を用いたセンサデバイスについて，事例紹介を行いたい。

2　感圧導電性編物

2. 1　感圧導電性編物の概要

感圧導電性編物は導電繊維と非導電繊維の短繊維（スパン系）を撚って束ねられた混紡糸により編まれたニット素材である（図1）[3)]。糸が緩んでいる状態（図2(a)）では，導電繊維間の距離が遠く導電性は低い。一方，外力によって糸が伸びた状態（図2(b)）では導電繊維が接触しあい，混紡糸内に導電パスが多数発生するため糸の導電性が向上する。編物に外力が加わるなどして生地の形状が変形すると変形部の混紡糸が伸びるため，変形部の導電パスが変形度合に応じて増加し，編生地の面積あたりの抵抗値が減少する。この変化により，編物全体が一種のひずみゲージのような特性を示す。そのため感圧導電性編物で製作した繊維製品は，その生地のあらゆる部分をソフトな歪センサとして利用することが可能となる。またひずみゲージと同様に，編物に歪をもたらした力，すなわち繊維に働いた張力や圧力などの導出もできる。こうした特性から，感圧導電性編物により衣類やグローブなどの着用物を編製することで，広範囲な動作や接触

＊　Jun Fujioka　石川工業高等専門学校　機械工学科　准教授

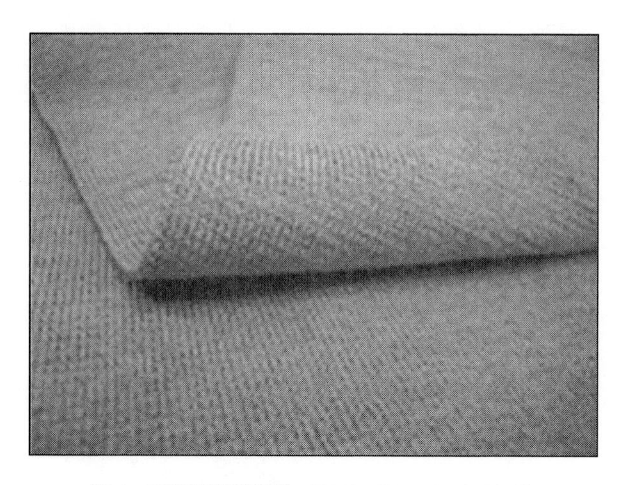

図1　感圧導電性編物（PET 70％－SUS 30％）

(a) 緩和状態

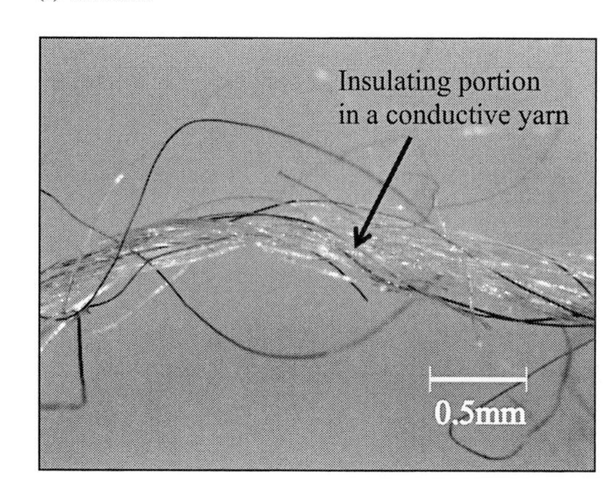

(b) 緊張状態

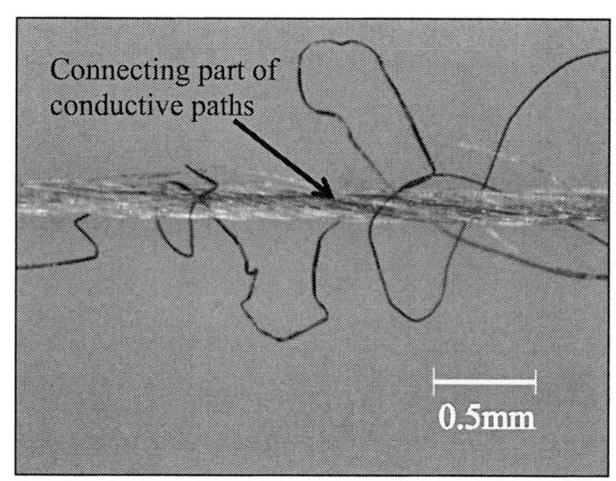

図2　感圧導電性編物の混紡糸

のセンシングが可能な応用性の高い装着型センサデバイスを容易に開発することが可能である[3, 4]。

ウェアラブルデバイス用センサとして利用可能な繊維素材として，例えば人体の関節角度の計測に，伝導糸やカーボンゴムを浸透させた導電繊維[5, 6]，PLLA 繊維を使用した生地[7]などが開発されている。また面圧センサとして，メッシュ状の導電性ファブリックを多層化したシートセンサ[8]や，異方向に導電繊維を配した層を２層重ねたもの[9]，織物の圧縮特性を利用したテキスタイルセンサー[10]などがあげられる。感圧導電編物は，素材自体の導電性により歪や圧力を検知するため，測定部位の拘束が無く，回路構成を含めた取り扱いが容易である。また，ニットの柔軟性と伸縮性により，曲面や立体構造にフィットするだけでなく，測定値の動的変化への追従性が極めて良好である。さらに特性変化が繊維自体の弾性に依存したものであるため，耐久性，耐用性に優れるなど，従来素材の多くの利点を併せ持つスマートテキスタイル素材である。

2. 2　感圧導電性編物の電気特性

感圧導電性編物は生地の変形量に対して電気導電性が変化するため，直接的に生地の歪を測れるほか，校正することで歪の原因となる引張り力や圧力の測定が可能である。歪や圧力に対し，変形部の繊維が伸長，あるいは圧縮することで電気抵抗は低下するが，その傾向は混紡糸中の繊維素材や比率，編物の編成条件により大きく変わる（図 3，4）[3,4]。例えば PET 70％－SUS 30％，PET 90％－SUS 10％，PET 60％－Ag メッキナイロン 40％などの混紡糸による感圧導電性編物は，いずれも歪に応じて電気抵抗は減少傾向を示す。しかし，PET 70％－SUS 30％は歪が 25％程度で混紡糸内の導電繊維同士がほぼすべて相互に接触状態になるため出力が飽和す

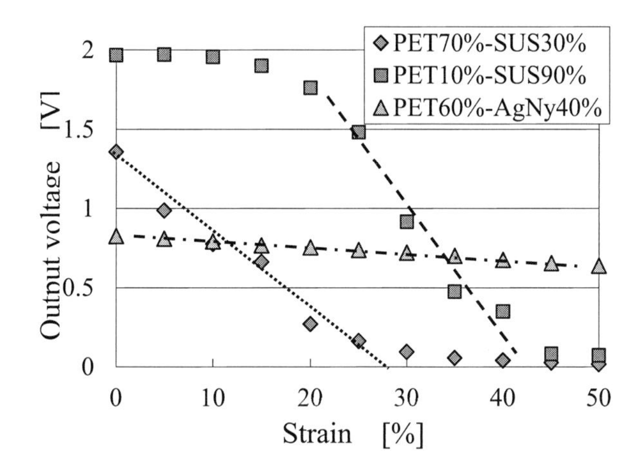

図 3　感圧導電性編物の歪に対する変形部の電圧変化

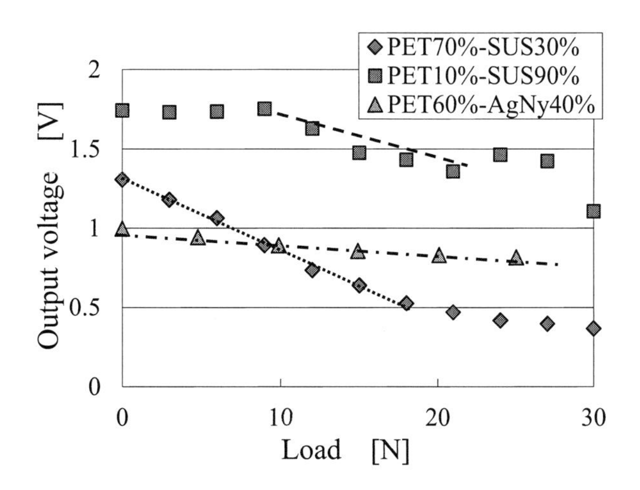

図 4　感圧導電性編物への加圧に対する加圧部の電圧変化

る。逆にPET 90% - SUS 10%は混紡糸中の導電繊維自体の比率が少なすぎるため，低歪領域の感度が非常に低い。また導電繊維としてAgメッキナイロンを用いると，導通性が良すぎ，かつ導電繊維自体の弾力性不足から全体の感度が大きく下がることになる。体動や面圧の測定などを目的とする場合，関節動作における皮膚伸張率との適合性や，必要となる弾力性から，PET 70% - SUS 30%の利用が適当である。

3 手指のセンシング[3)]

3. 1 導電性グローブ

人の手の位置，運動，触覚などを直感的に検知するData GloveやCyber Gloveなどは，通常，手首や指関節部分に取付けられたセンサにより手の位置，指の曲げ角度を，把持面に取付けた力覚センサにより把持力などの検知を行う。一方，感圧導電性編物で編成されたグローブ（導電性グローブ，図5）を着用した状態で手を動かすと，指関節の屈曲により関節部の生地が伸び，物をつかむとつかんだ部分の生地が圧縮される。このときのひずみや圧縮による生地の導電性の変動から，特にセンサを使用せずともグローブ自体がそのまま動作や把持力のセンサデバイスとして機能する。例えば導電性グローブを着用して指を屈曲させると，関節角度に応じて各関節部の導電性が変化する。着用者により個人差はあるが，指の関節角度とほぼ線形に対応するため，指関節の動作を比較的高い精度で計測・再現することが可能である。またグローブを着用した状態で物体を把持すると把持力により指腹部の出力が加圧状態により同様に変化するため，生

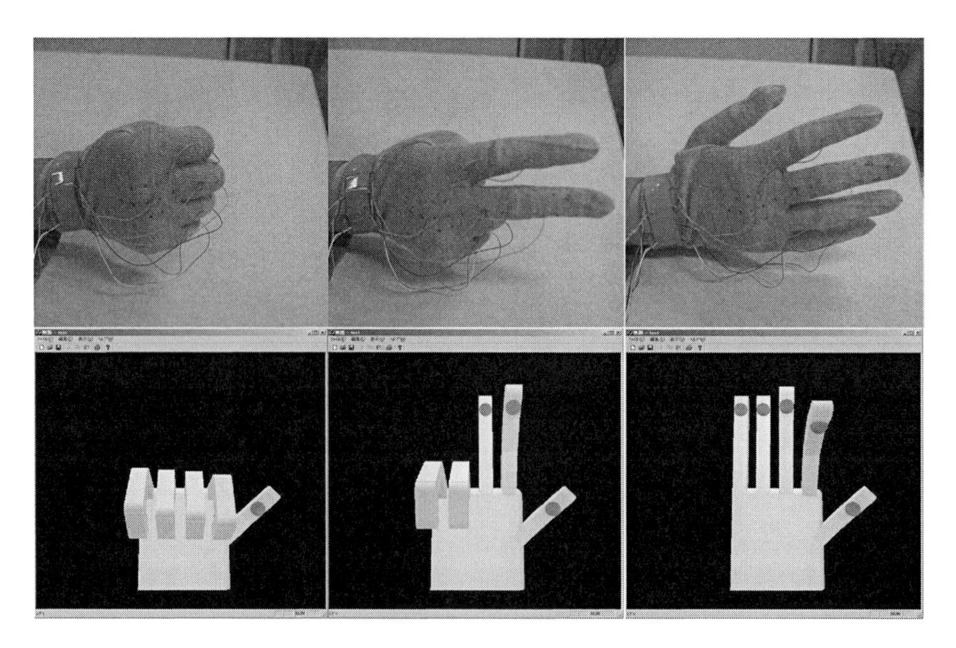

図5 導電性グローブによる手指動作の測定

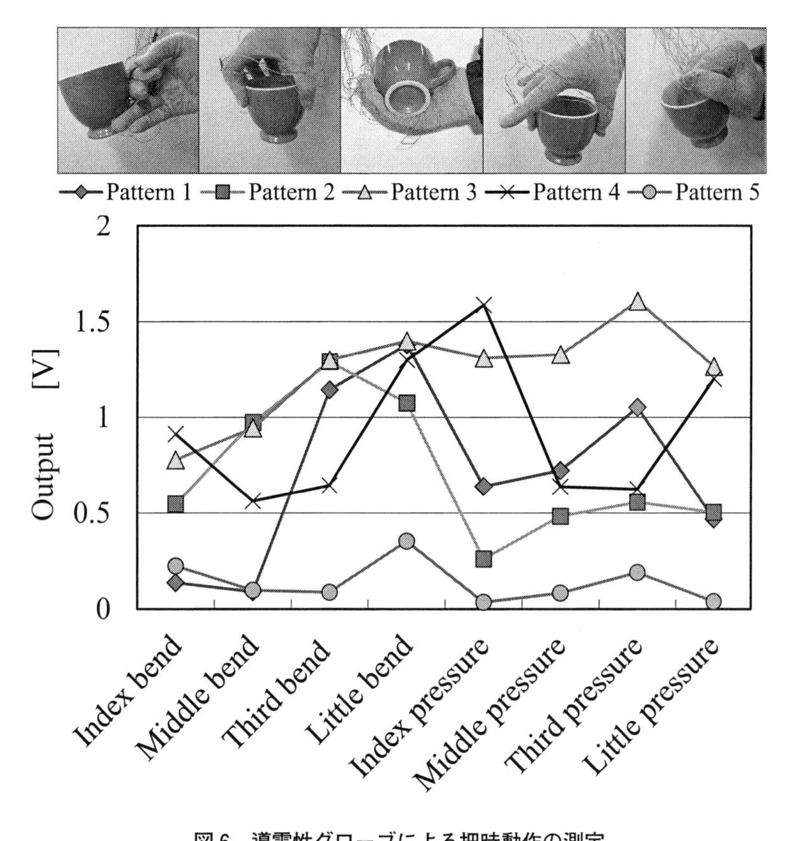

図6　導電性グローブによる把時動作の測定

地一枚のグローブで複数個所の指関節の動作と把持力を一度に計測することもできる（図6)。着用感やサイズなどは一般的な軍手とほぼ同じであるため，着用した状態で連続して動作すると，生地のたるみや計測位置のずれが生じる。こうしたたるみやずれにより生じる計測値のばらつきや感度の低下は，e-テキスタイル素材によるセンシング特有の課題であるが，グローブ着用後，一定時間の予備動作の後に，ゼロ点補正と校正を行うことである程度安定する。

3. 2　把持動作の計測と動作認識

導電性グローブを着用し，手指の動きや把持動作を測定すると，関節であれば屈曲が大きいほど，指先であれば抑える力が強いほど，対応する部位の出力は大きく変化する。しかし，こうした測定情報を実際に操作や制御デバイスとして用いる場合には，センサの出力値だけでなく，操作キーとして特定動作の認識が必要となる。導電性グローブの動作認識は，各動作による出力変化を特徴量としてNNを用いた機械学習により行った。5種類の把持動作について，グローブの8個所の関節部出力と指腹部出力を特徴量とし，中間層数1のNNで識別したところ，本人の動作を学習データとして用いた場合，これらの動作に関してほぼ100%の判別率を示した。また教示者と評価者が別の場合でも，9割近い判別率を示した。

4 生活動作のセンシング[4)]

4. 1 導電性ウェア

感圧導電性編物で製作した衣服（導電性ウェア）を着用することで，全身の動作や接触状態が計測可能となる。導電性ウェアは着用による使用者の肉体的，精神的負担が少ないため，日常的な着用が可能であり，日常生活動作を恒常的にモニタリングすることで，在宅医療や福祉介護における健康管理や見守りシステムなどのセンサデバイスとして応用が期待される。また，衣服上の任意の箇所を何点でも計測できるため，着用者のニーズに合わせたセンシングが可能である。

上下の導電性ウェアの両肘，脇，臀部，膝にそれぞれ一定間隔で電極を取り付けて，全身の動作や接触圧の計測を行うデバイスを製作した（図 7）。測定信号は腰部の携帯端末から情報端末に咽んで送信されるため，着用したまま日常生活が可能である。日常生活への負担を配慮し，着用感を優先して腕回りや胴回りに余裕を持たせたため，例えば肘部を屈伸した場合，肘関節の屈曲動作に生地が追従しきれず，伸びた状態である 0° から 70° 付近まではほぼ反応が無く，生地のたるみが無くなる 80° あたりから出力が変化する（図 8）。また比較的大きなヒステリシスも生じる。個々の着用者のサイズに寸法を合わせることで追従性や応答性は改善するが，着心地とバーターである。その他の測定箇所でも不感帯とヒステリシスは共通しているが，たるみが無くなってからの動作との線形性はいずれも良好である。

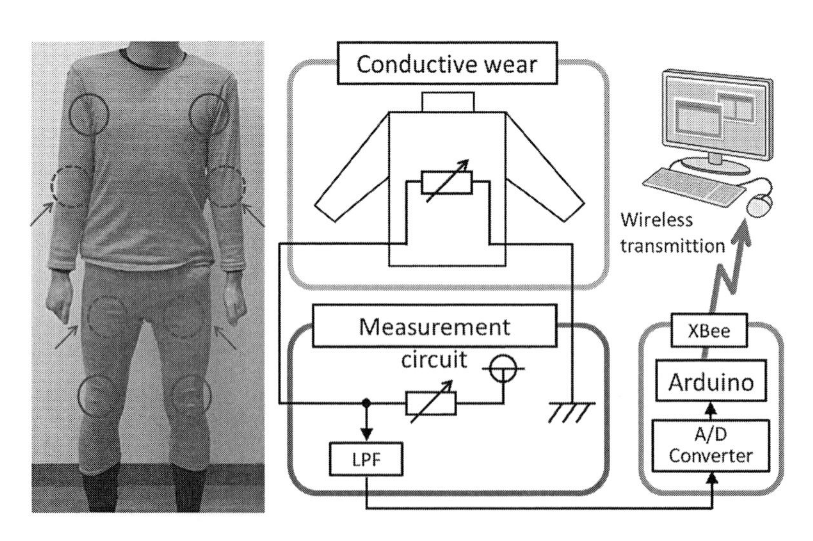

図 7　感圧ウェア外観と計測システム

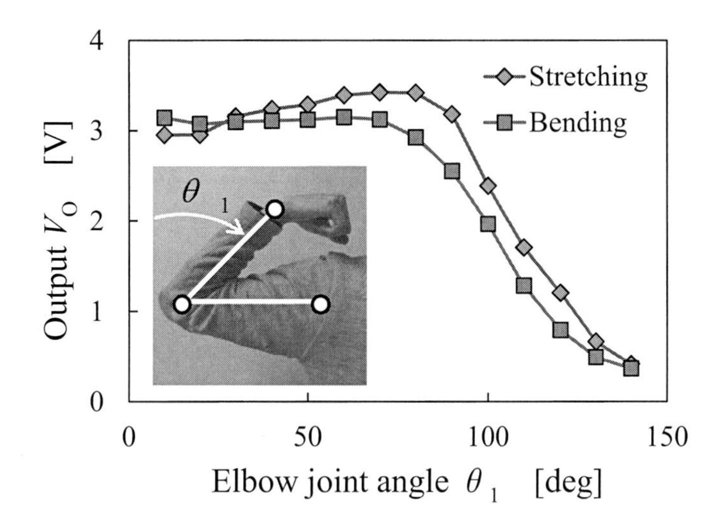

図8　感圧ウェアによる肘部動作の測定

4. 2　導電性ウェアによる生活行動の測定と判別

導電性ウェアを着用した状態で，着用者が実際に何種類かの生活動作を行い，そのときの信号変化を測定した。例えば着用者が歯磨きを行った場合，ブラッシングにより右肘出力は周期的な波形を示し，また肘の動きに応じてわずかに脇も動揺する（図9）。また歯磨きは立位で行ったため，膝と臀部の出力は動作中も最初の立位静止状態と同様の平坦な波形を示している。実際の介護や医療では，こうした計測結果から一日を通した生活行動を判別し，日常生活パターンの評価を行うことで，健康の啓発，増進や，しつ疾病予防や早期発見，リハビリテーションの観察，

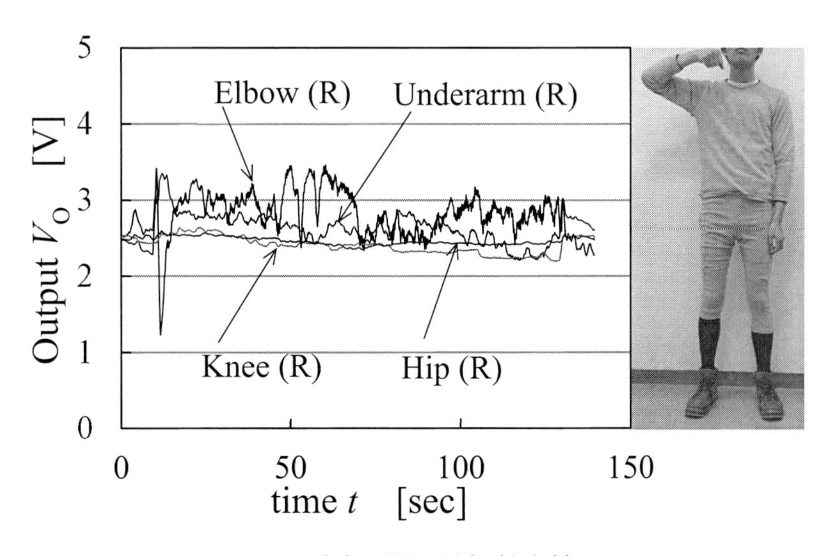

図9　歯磨き動作の測定（右半身）

あるいは遠隔介護や見守りのデバイスとしての利用が可能となると考えられる。

生活行動の判別試験として，導電性ウェア着用者の立位静止，歯磨き，洗濯，歩行，走行，座位静止，食事，洗顔の８通りの日常生活行動について，ウェアの８箇所の出力の平均および標準偏差を特徴量とし，中間層１の NN を用いた機械学習により判別を行った。教示者本人の行動については，平均して 92％程度の識別率で判別が可能であった。一方で教示者以外が着用してこれらの行動判別を行った場合 70～85％まで判別率は低下した。着心地を優先することにより，衣服のたるみやしわなどの影響が大きくなり，着用状態や動作自体の個人差が判別率の低下につながったと考えられる。これらについても，測定箇所の増設（機械学習における特徴量の増加）や RNN などの利用により，さらに判別率は向上すると考えられる。

5　体圧分布計測デバイス[11)]

いわゆる体圧分布計測装置は，寝具の評価や褥瘡の予防機器など就寝状態のモニタリングに広く用いられており，様々な装置や製品が開発されている。半導体圧力センサや感圧ゴムを配列した FSA や BIG-MAT などが市販製品として知られているが，従来の体圧分布計測装置は感圧素子や製品構造上，柔軟性に欠け，通気性も悪いため，日常生活での使用や長時間にわたる計測が難しい。また高価で装置としても大がかりなため，一般家庭への導入に関してハードルが高かった。感圧導電性編物で製作したシート（感圧シート）により，柔軟性や通気性に優れた，安価な体圧分布計測装置が容易に実現可能である。体圧分布の測定には，感圧導電性編物と PET を縞状に編んだ生地を直交させて重ねて使用している。感圧導電性編物の重複部がアレイ状に配置されるため，各重複部の導電性についてマトリクススキャンすることで，シート上の圧力分布の測定が可能となる。図中のシートは 500 mm 四方のシートに 10×10 のアレイを配したもので，全身の計測に３枚のシートを並べて使用している。感圧シートを３枚ベッドに敷いた状態で就寝した結果，就寝時の体圧分布が確認できた（図 10）。特に褥瘡好発部である頭部，肩甲骨，仙骨，踵骨部による体圧が強く検知されている。今後，計測範囲や面分解能を向上し，グローブやウェアと同様に機械学習との組み合わせることで，より実用的な褥瘡検知や予防システムの実現が期待される。

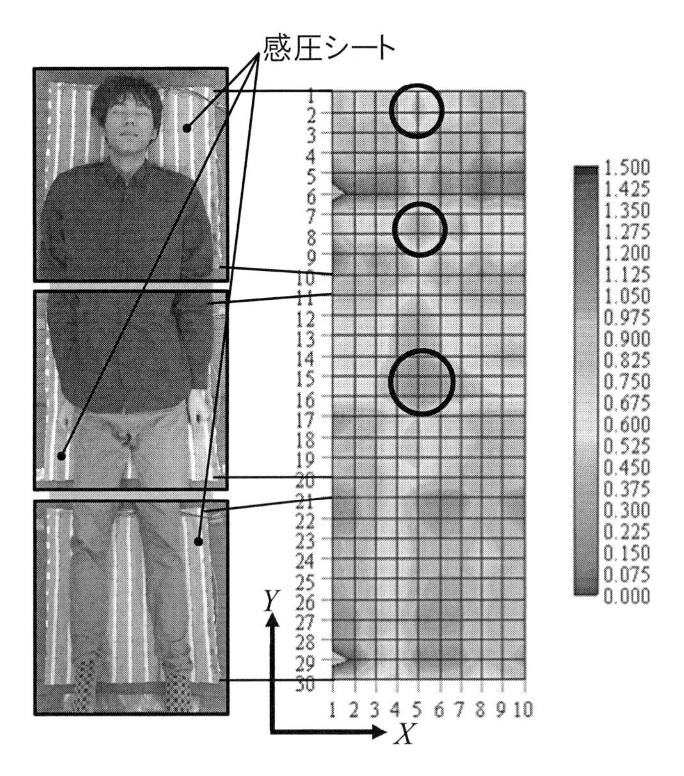

図 10　感圧シートによる就寝姿勢の測定

6　おわりに

本章では感圧導電性編物を素材として用いたセンサデバイスとして，グローブや衣服として用いることで着用者の動作や表面負荷を測定するウェアラブルなデバイスと，就寝時の体圧分布を測定するシートについて紹介した。感圧導電性編物は混紡糸に導電繊維が含まれているが，その生地の柔軟性や通気性，触感などについては一般的な化繊製品と遜色なく，センサ素材でありながらきわめて着用負担が少なく，長時間の使用にも適している。また繊維そのものが歪や力センサとして機能するため，生地のすべての面で両物理量の計測が同時に可能である。こうした特徴から，スマートテキスタイル素材として利便性と応用発展性に優れていると考えられる。特に衣服やシーツとして利用することで，生活行動のモニタリングが日常的に長時間ストレスなく行うことができることから，本章にて一部紹介した機械学習や IoT 技術と組み合わせることで，予防医学や福祉機器の分野における利用用途の拡大や，発展が今後ますます期待される。

文　　献

1) "Wearables, Smart Textiles and Nanotechnologies", *Applications, Technologies and Markets*, Cientifica Ltd (2016)
2) 榎堀優，間瀬健二，繊維機械学会誌せんい，**68**, p.477 (2009)
3) 藤岡潤ほか，日本機械学会論文集（C 編），**73**, p.173 (2006)
4) 藤岡潤ほか，*Journal of Textile Engineering*，**64**, p.19 (2018)
5) P. T. Gibbs *et al.*, *Proceeding of IEEE Int. Conf. Robotics and Automation*, **5**, p.4753 (2004)
6) A. Tognetti *et al.*, *Proceeding of 2005 IEEE Engineering in Medicine and Biology 27th Annual Conference*, p.1012 (2005)
7) Y.Tajitsu, *Ferroelectrics*, **480**, p.1 (2015)
8) 稲葉雅幸ほか，日本ロボット学会誌，**16**, p.80 (1998)
9) M. Sergio *et al.*, *Proceedings of IEEE 2002 Sensors*, **2**, p.1625 (2002)
10) 増田敦士ほか，繊維機械学会誌せんい，**61**, p.809 (2008)
11) 藤岡潤ほか，繊維機械学会誌せんい，**67**, p.115 (2014)

第13章　フィルム状ピエゾセンサー

森山信宏*

1　はじめに

「スマートテキスタイル」に関する分担執筆のご依頼を受けた際，私に課せられた題目，「フィルム状ピエゾセンサー」が，果してテキスタイルと等価であるか。ということが頭をよぎって少し躊躇した。「しかし，柔軟性の自由度が少し違うようだが，2次元に広がった物で柔らかいという意味では似ている。また，やりようによっては，テキスタイルになり得るのではないか。これまで，PVDFピエゾフィルムで培ったことを紹介することによって，読者の方々が興味を持ってテキスタイルの方向で考えて下さるのではないか。」と考えを改めて引き受けさせて頂いた。

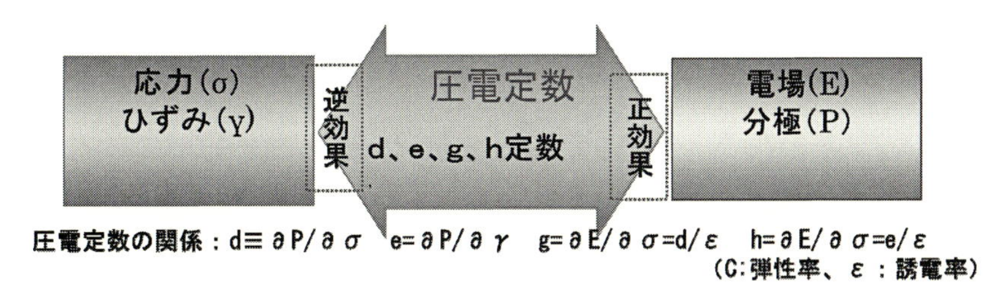

図1　圧電定数と入出力の関係

表1　各圧電定数が担う電気－弾性結合の関係

正効果	出力	
入力	分極 ⇒電荷発生	電場 ＝電圧
応力	d（C/N） （圧電ひずみ定数）	g（Vm/N）
ひずみ	e（C/m^2） （圧電応力定数）	h（V/m）
逆効果	**出力**	
入力	応力	ひずみ
分極 ⇐電荷注入量	h（N/C）	g（m^2/C）
電界場 ⇐電圧印加	e（N/Vm）	d（m/V）

＊　Nobuhiro Moriyama　㈱クレハ　フッ素製品部　主席部員

小職は今日までPVDF系のピエゾフィルムとそのデバイス化に長く携わってきた。その他の本件に関わる材料についてはあまり詳しく知らない。従って，必然的にPVDF系の圧電材料（圧電体）中心の話となることをご了承頂きたい。しかし，応用例と材料に関しては，PVDFの事例で紹介となるが，後半の「応用に際しての技術的な留意点について」は，PVDFに限らず，他の圧電体やエレクトレットのデバイス化においても考え方は基本的に同じである。参考にして頂ければ幸甚である。

2 フィルム状ピエゾセンサー用材料

2. 1 圧電性について

圧電体に力学的（応力，歪）な刺激を作用させる（入力）と電気（電場，分極）が発生する（出力）。また，電圧印加や，電荷注入により（入力），応力や歪が発生する（出力）。このことを圧電効果と言う。前者を圧電正効果，後者を圧電逆効果と呼ぶ。センサーは正効果，アクチュエーターは逆効果を応用したものである。電気と力学を結合させる圧電定数には4種類あるが，そのうち1つが解れば，他の定数は誘電率及び弾性率で関係づけられる（図1)。表1には，入力と出力の関係を担っている圧電定数を示しているが，同じ入力と出力の関係が逆になると，異なる圧電定数で関連付けられることに注意して頂きたい。例えば，正効果においては，応力が加わって（入力）に電場が発生（出力）する場合は両者の関係はg定数が関係しているが，逆効果においては，電場を印加（入力）して応力（出力）が発生する場合はe定数が担っている。

2. 2 各種材料の紹介と概略

高分子フィルムで圧電性を有する代表的な材料について紹介する。圧電性を示す高分子材料は他にもあるがカテゴリーとして以下の3種に帰属する。

図2に結晶構造や高次構造の対称性と圧電体の種類について示す。これは無機材料でも同様である。対象中心が無いだけの材料は圧電性のみを有する。図1の最も外側の材料である。対

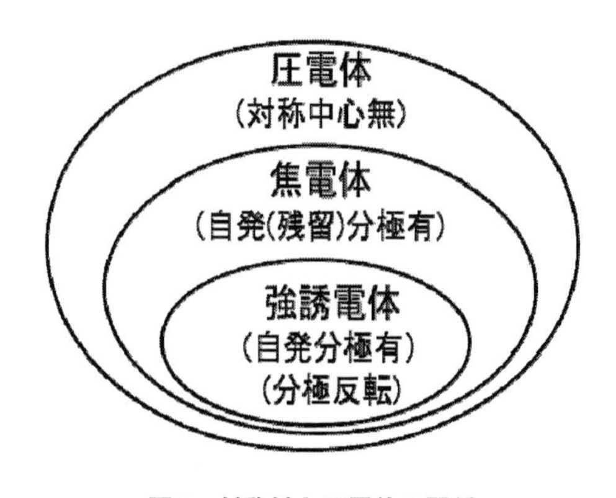

図2 対称性と圧電体の関係

象中心が無く自発分極を持つ場合は，その内側の材料で，圧電性と共に焦電性も有する。更に分極反転が起こる材料は強誘電体である。もちろん，圧電性と焦電性を有し，多くは強誘電-常誘電相転移を示す。即ち，キューリー温度を持っている。

上述を念頭に高分子の圧電フィルム用高分子について以下に概略説明する。

2. 2. 1　PVDF 及び P(VDF/TrFE)，P(VDF/TFE)：強誘電体

図3にPVDFのモノマーユニットについて示すが，HとFの電気引性度の違いでダイポールモーメントを有する。これが，図4に示す様に，オールトランスのβ結晶構造を形成すると結晶が自発分極を有しその向きを揃えると，フィルムが残留分極を有し圧電性を示す。

PVDFは，溶融状態から固化させただけではβ結晶にはならない。ダイポールモーメントの向きが相殺された圧電性のないα型になる。これを一軸延伸してβ結晶にし，自発分極の向きを揃えて残留分極を有するフィルムにして圧電体となる。

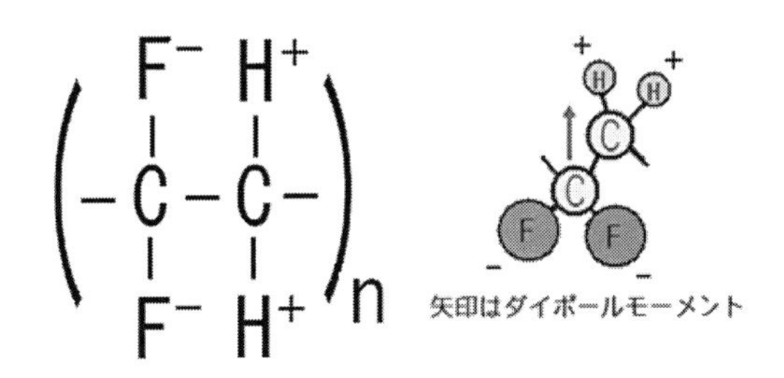

図3　PVDFのモノマーユニット

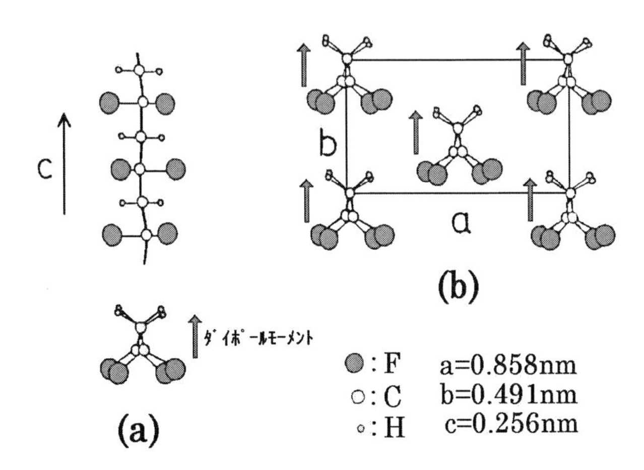

PVDF　β型結晶の

(a) 分子鎖のコンフォメーション

(b) ユニットセルの構造

図4　PVDFの結晶構造

図5に実際の製造プロセスを示す。押し出し成型で得られたα結晶のT-deiシートを，連続で一軸延伸し，連続で高電圧を印加（分極処理）するプロセスである。一軸延伸は，前後のロールの速度（1：延伸倍率）を変えて行う。このため，延伸倍率だけ生産性が増大することになる。また，分極処理は，放電現象を利用することにより，電極付与すること無しに連続して高電圧を印加することができる。即ち，ロール状のピエゾフィルムを生産することができる。

この様にして得られた，PVDFピエゾフィルムは，ダイポールモーメントと逆向きに充分に大きい電場を作用させると，結晶内で分子鎖を軸にしてダイポールモーメントが回転し，分極反

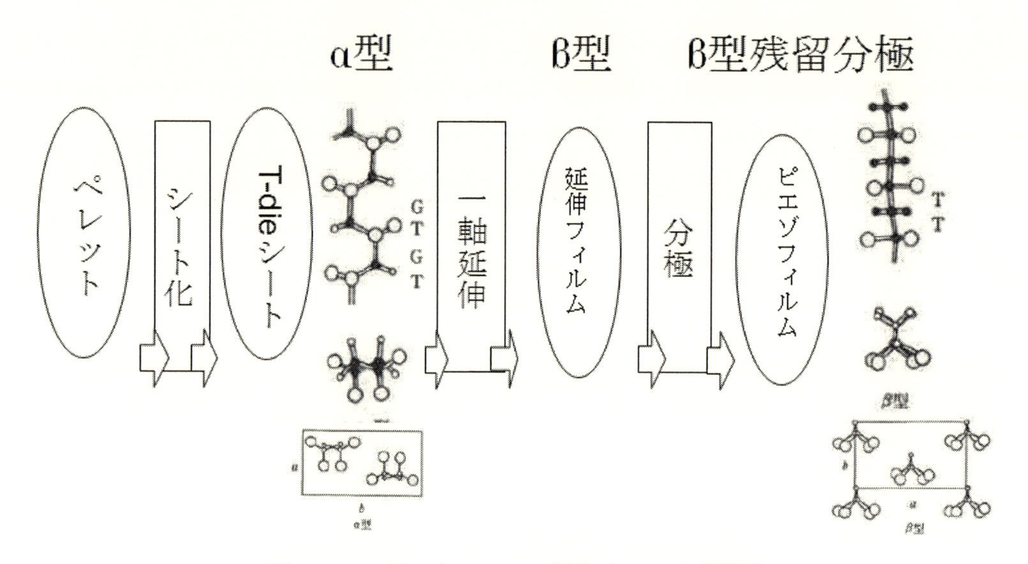

図5　PVDFピエゾフィルムの製造プロセスと結晶型

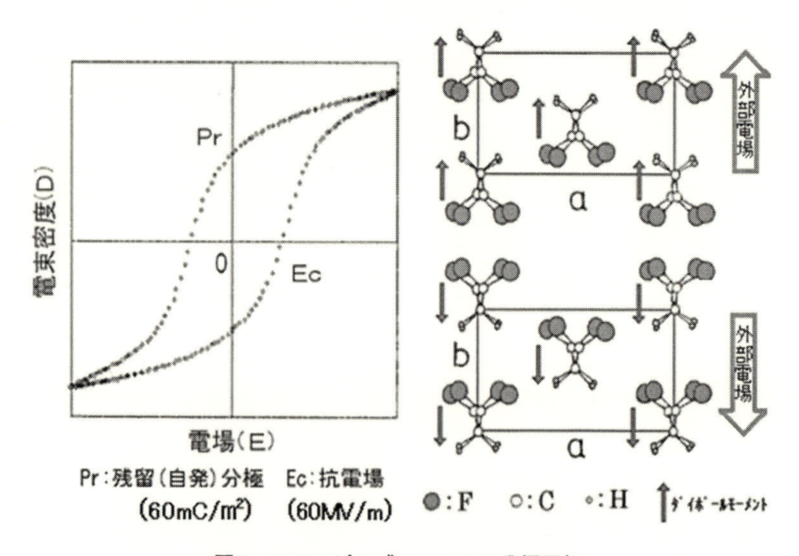

図6　PVDFピエゾフィルムの分極反転

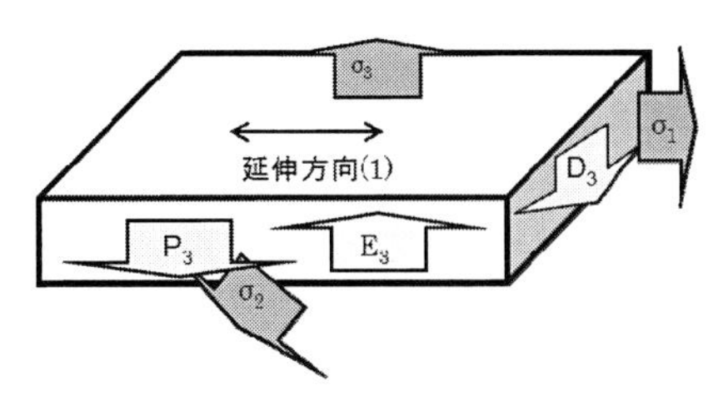

KFピエゾフィルムの圧電定数の異方性に関する定義

$$d_{3i} \equiv \partial P_3 / \partial \sigma_i$$

$$g_{3i} \equiv \partial E_3 / \partial \sigma_i$$

$$= -d_{3i} / (\varepsilon_0 \varepsilon^{3i})$$

(但し、i＝1、2、3　σ_i：i方向の応力(引っ張りが正))

図7　圧電定数の方向に関する定義

転が起こることが確認されている。図6にあるように，顕著なD-Eヒステリシスを示す。即ち，強誘電体といえる。

PVDFピエゾフィルムの圧電定数の定義を図7に示す。方向の基準は，延伸方向が1，厚さ方向が3となっている。従って，幅方向は2となる。

例えば，d_{31}定数は，

$d_{31} = \partial P_3 / \partial \sigma_1$　（P_3：面方向に発生した分極，σ_1：延伸方向に加えた応力）

と表わされる。

2. 2. 2　PLA：キラル高分子　ずり圧電性，焦電が無い　PLA：ポリ乳酸

光学異性体のユニットが連なる高分子（キラル高分子）を，一軸延伸すると圧電性を発現する。図8に分子式を示す。

座標軸の取り方がPVDFと異なり厚さ方向が1，延伸方向が3と定義されている。発現する圧電定数はずり圧電で，圧電ひずみ定数は，d_{14}，$d_{25} = -d_{14}$である。図9に，電圧印加した際

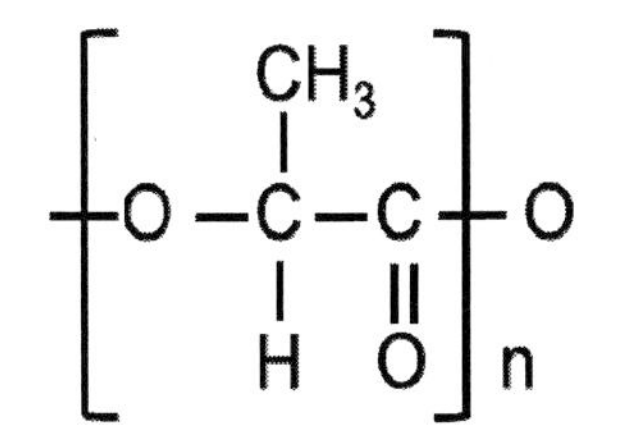

CH3とCOOの位置関係の違いでL体とD体がある。圧電性の符号が両者で異なる。

図8　ポリ乳酸分子式

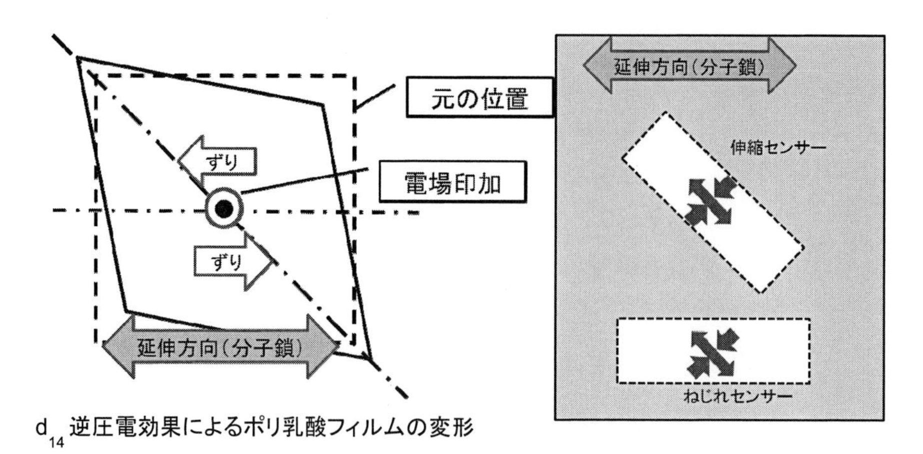

図9　PLLAの圧電性

（「月刊機能材料」，2013年10月号，p14-21，シーエムシー出版）

のひずむ様子と，切り出し方向と機能の関係について示す。尚，本圧電体は，図1に示す材料の最外層に当たるので，焦電性が発現しない。

また，PLAには，L体からなるPLLAとD体からなるPDLAがあり，それぞれ圧電性の極性は逆になる。

2. 2. 3　多孔質PP：エレクトレット　PP：ポリプロピレン

PPを内部にボイドを形成するように二軸延伸して，電圧印加すると，図10に示す様に空隙の際で電荷がトラップされ，空隙に分極が形成される。即ち，残留分極が発生し，大きな圧電性も発現する。d_{33}定数でPVDFの数十倍程度にもなる。

本材料は，エレクトレットである。即ち，電荷トラップは緩和時間のある減衰過程にあるが，非常に緩和時間が非常に長いため，一見，半永久的に安定した材料にも見える。また，空隙に形成されている分極が，外部反電場により分極反転することも確認されている※。

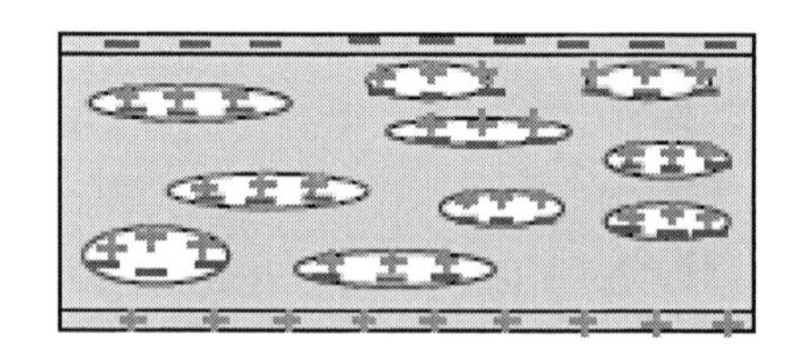

図10　分極された多孔質PP*

〈引用〉　※　安野，児玉，日本音響学会講演論文集，2010年3月，p907-908

深田，小林理研ニュースNo.85_5，第22回ピエゾサロン Physics Today Feb.2004, p.37-43

3　応用例の紹介（PVDF系を中心に）

本節では，PVDF圧電体が実際に応用されている例を紹介する。PVDF圧電体は，以下の特徴を有した圧電体である。（高分子圧電体は，基本的に程度の差はあるが同様の特徴を有している。）

i）　高分子であるため，弾性率が3GPa程度と小さく柔軟性がある。

　⇒　割れ難い。衝撃に強い。簡単な接着で構造物の歪を効率よく得ることができる。

ii）　d 定数は小さい（d_{31} = 25 vs. 274pC/N）が，比誘電率（$\varepsilon_s/\varepsilon_0$ = 13.1 vs. 3480 が小さいために g 定数が大きい。（g_{31} = 0.22 vs. 0.0088 Vm/N）

　⇒　センサーとしての応用に向く。

iii）　弾性率（E_{11} = 3 vs. 60 GPa）及び密度（ρ = 1.78 vs. 7.5 ×10^3 kg/m^3）が小さいため固有音響インピーダンス（ρc = 4.02 vs. 34.8×10^6 kg/m^{2}s）が水の値（1.5 ×10^6 kg/m^{2}s）に近い。

　⇒　ハイドロホン，医療及び水中用の超音波プローブに向く。整合層が要らない。

iv）　薄いため（数～数100 μm）薄いため，厚み共振周波数を高くすることができる。

　⇒　高周波タイプの超音波プローブや特性のフラットなセンサーへの応用に向く。

v）　Q 値が小さい（Q < 10 vs. 20～30）ため，共振が鋭く出ない。

　⇒　波数の少ない超音波プローブを作ることができる。応答帯域の広い波形重視のセンサーに向く。

vi）　図5に示された連続プロセスで製造することができる。

　⇒　大量生産の可能性がある。ロール状での提供が可能である。素子の大面積化が可能。

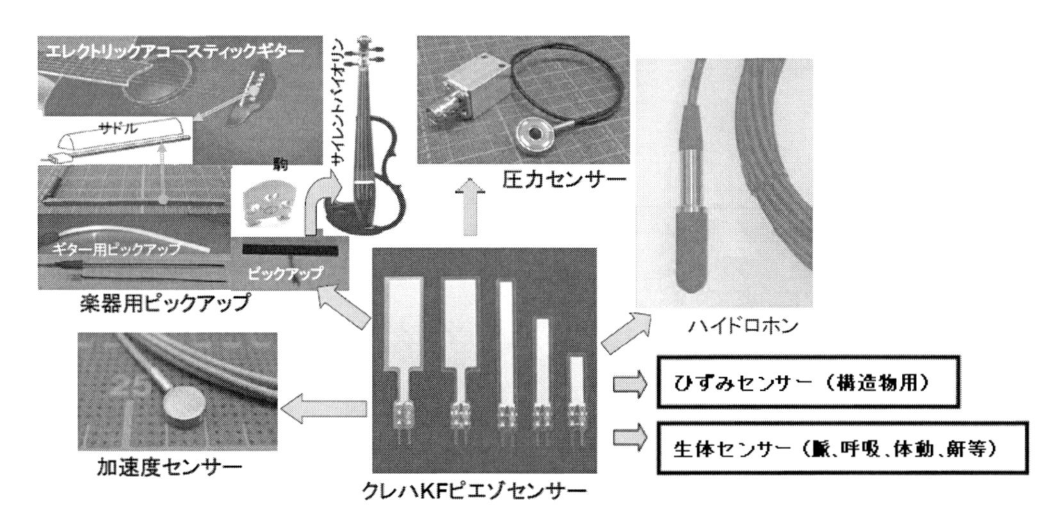

図11　圧電正効果応用例

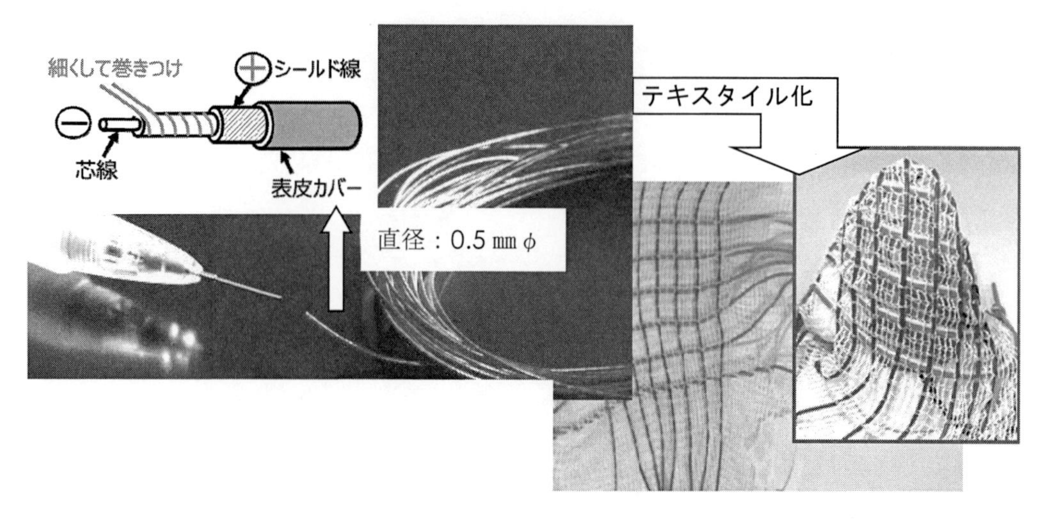

図12　ピエゾワイヤーとテキスタイル化
（ロボセンサー技研㈱提供）

図11に代表的な応用例を示す。何れも上述の特徴により採用されている。しかし，テキスタイルという観点からは程遠い感がある。

近年，図12に示す様にピエゾフィルムをワイヤーセンサーという形にして新たな可能性が模索され始めた。極細の金属線に薄いピエゾフィルムを巻き付けシールドと表皮カバーを被せた構造をしている。細く（0.5 mmϕ程）柔軟性のあるワイヤーセンサーとなる。このワイヤー一本でセンサーとなるが，それ自身を編み込んだり，布に縫い込むことにより，テキスタイルとしての特徴的な柔軟性や通気性を付与することが可能で，さらに，ピエゾ信号に加えて，縦糸-横糸の位置情報も得られるようになる。新たな機能を獲得して，これまでと異なる分野への応用が広がることを期待する。

4　PVDF圧電体の物性定数

PVDFピエゾフィルムの諸物性をセラミックス圧電体と比較して表2に示す。前節で述べた特徴が，定量的に見て取れる。また，応用上良く使われる定数の一覧を表3に示す。

5　応用に際しての技術的な留意点

この節では，力学的刺激などにより圧電体内に発生する分極情報の取り出し方，その等価回路を説明し，それを用いた設計事例を述べる。

表2　PVDFの物性一覧（セラミックスと比較）

	単位	PVDFピエゾフィルム*	圧電セラミックス**
高周波特性　周波数	MHz	37	—
密度	$\times 10^3$ kg/m^3	1.78	7.5
音速	$\times 10^3$ m/s	2.26	4.63
固有音響インピーダンス	$\times 10^6$ kg/m^{2}s	4.02	34.8
弾性率（Y^E_{33}）	$\times 10^9$ N/m^2	9.1	159
圧電定数（g_{33}）	Vm/N	0.32	0.017
比誘電率（$\varepsilon_r = \varepsilon_3/\varepsilon_0$）		6.2	635
電気機械結合定数（k_t）		0.22	0.51
低周波特性	Hz	10	
弾性率（Y^E_{11}）	$\times 10^9$ N/m^2	3	60
圧電歪定数（d_{31}）	$\times 10^{-12}$ C/N	25	274
比誘電率（$\varepsilon_3/\varepsilon_0$）	(at 1 kHz)	13.1	3480
圧電定数（g_{31}）	Vm/N	0.22	0.0088

註）＊：Q&Aエレクトロニクス高分子（三訂版），p331，表1
＊＊：チタン酸ジルコン酸鉛系，高周波特性ではPZT-4，低周波性では㈱富士セラミックスC-8のカタログ値。

表3　KFピエゾフィルムの諸物性

物性		単位	値	物性		単位	値
圧電定数（at 10 Hz）	d_{31}	pC/N	25	圧電定数（at 10 Hz）	g_{31}	Vm/N	0.22
	d_{32}	pC/N	2		g_{32}	Vm/N	0.02
	d_{33}	pC/N	35		g_{33}	Vm/N	0.30
	e_{31}	mC/m^2	75	焦電係数	p	μC/m^{2}K	39
	e_{32}	mC/m^2	6	比誘電率（at 1 kHz）	ε'		13
	e_{33}	mC/m^2	105	弾性率（at 10 Hz）	G	GPa	3
				定積比熱	c	MJ/m^{3}K	2.3

㈱クレハ技術資料「KFピエゾフィルムの圧電性及び焦電性について」，p5，表4

5. 1　圧電気を捉える

圧電体を応用する場合，適切な等価回路を考えることは重要で，それにより，得られる信号及びエネルギーを効率よく活用する回路を接続するための知見を得ることができる。

まずは，圧電体内で電気的にどのようなことが起きているかを，小職なりの解釈で以下に述べる。

表面に導電性の電極が付与され安定放置され初期状態にある圧電体に，圧電効果によりΔPが発生し，それを計測する2通りの電気的状況とそれぞれの理想的な計測方法を図13に示す。

初期状態の圧電体では，図13最上部の図に示す様に残留分極は真電荷により相殺されて電気的に中立状態にある。これに外部刺激が加わると圧電効果により分極ΔPが発生するが，接続される回路（図左側：短絡or図右側：開放）により圧電体の状況は異なる。

右側は，回路が接続されていない状態を示している。真電荷の移動はないので，ΔPにより逆向きに電場ΔEが発生し，電極位置では厚さ方向に積分された電位が発生している。そのため，

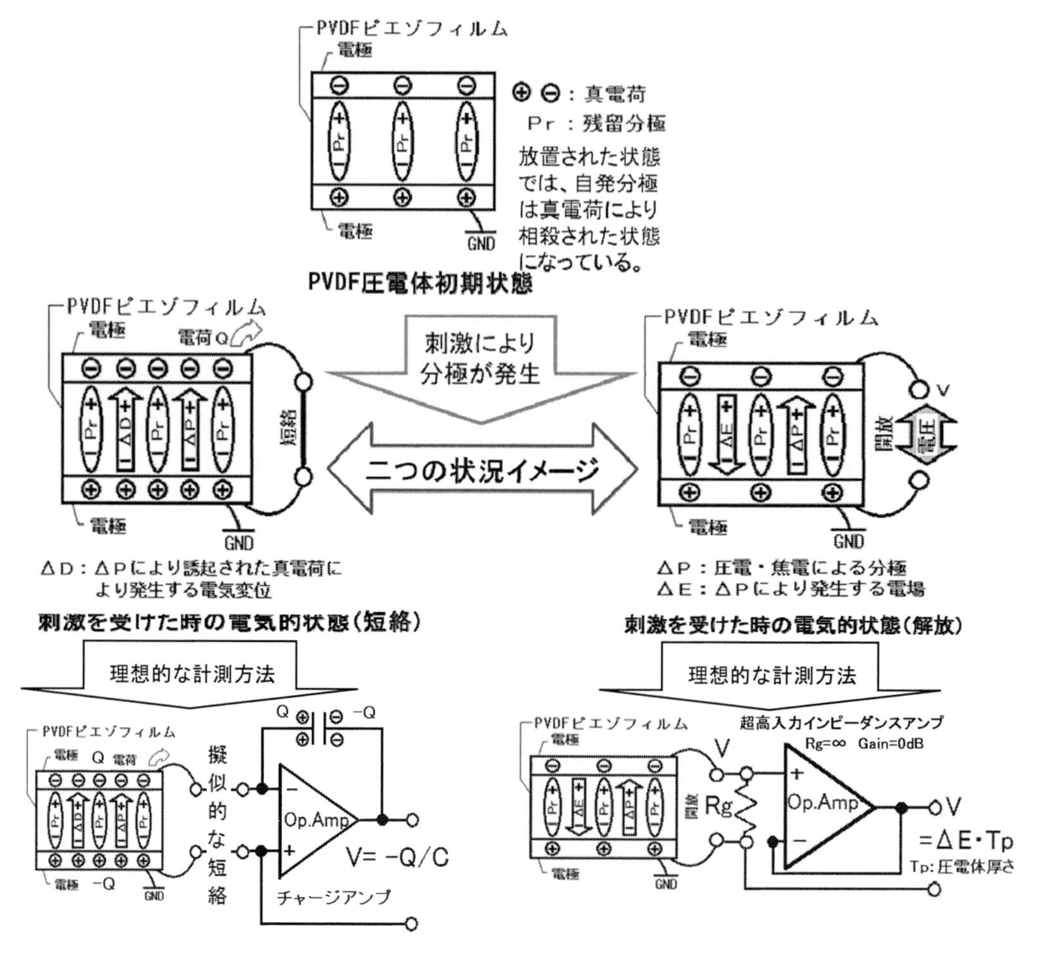

図13　圧電効果により発生する分極の様子と捉え方

電極端子間には電圧 V が発生する。これは，無限大の入力インピーダンスを持ったアンプを内蔵した電圧計を接続した状態と等価で，外部刺激の大きさを電圧で取り出せることを意味している。

図左側は，電極端子を短絡した状態を表す。この場合，分極の発生と同時にそれを打ち消すように真電荷（$Q=\Delta P \cdot S$（電極面積））の移動が起こり，相対する電極の電位は同じになり，内部に電場は発生しない。その代りに電気変位（$\Delta D=Q/S$）が発生している。移動した Q を計測することができれば，ΔP を同定できる。チャージアンプは入力が擬似的に短絡状態である。チャージアンプを接続することにより移動した電荷（$Q=-V$（：出力電圧）$* C$（：フィードバックの静電容量））を計測することができる。即ち外部刺激の大きさを電荷量で知ることができる。

5. 2　等価回路

前述を踏まえ電圧で捉える場合と電荷で捉える場合について実用的な等価回路を以下に述べる。

5. 2. 1　電圧で捉える場合

実際に入力インピーダンスが無限大ということはありえないので，現実的な値 R を持っているとして，図 13 の右側の回路を焼き直し，等価回路も含め図 14 に示した。図中左側は圧電体に入力インピーダンス R の測定回路が接続されて応力を受けている状態を表している。応力を受けて発生した分極は自身の電圧となるが，中和電流が生じ，R を流れ電圧降下を発生させる。他の回路は接続されていないので，圧電体に発生している電圧と R での電圧降下は等しい。図中左側下に記載の数式はこれを意味している。

このことを踏まえると，圧電体を，応力により発生した分極量を時間微分した量を供給する電流原と見立て，自身の静電容量 C と R のそれぞれに電流供給する回路を構成する図中右側の等価回路に置き換えることができる。これによって，交流理論が適用できる。その結果が，図中右側下に示す数式である。周波数特性を持つことが解る。

これらの式を用いて，以下の条件のもとシミュレーションを行った。その結果を図 15 に示す。

条件：40 μm，1 cm□のピエゾフィルムの横方向に振幅 1 g 重の振幅で伸縮振動させ，
5 MΩと 10 MΩの入力抵抗で受ける。

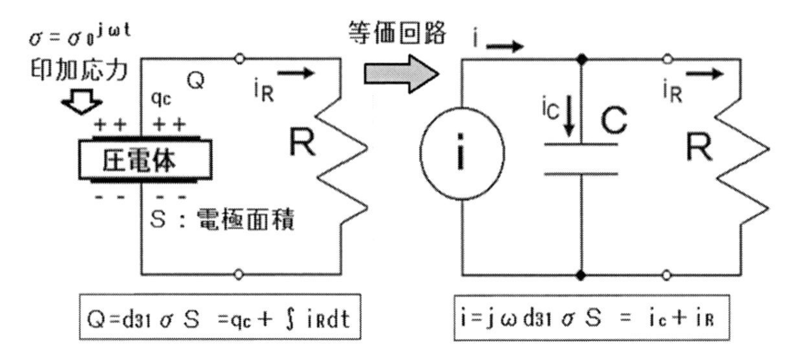

圧電定数：d_{31}　(C/N)
比誘電率：ε'
（電極面積: S (m²)、厚さ: T (m)）
静電容量：$C = \varepsilon_0\varepsilon' S/T$　(F)
測定系入力抵抗：R　(Ω)
印加応力：$\sigma = \sigma_0 e^{j\omega t}$　(Pa)
発生電荷：$Q = S d_{31}\sigma$　(C)
$= q_c + \int i_R\, dt$

発生電流：$i = dQ/dt = d(S d_{31}\sigma)/dt$　j: 虚数単位
$= j\omega S d_{31}\sigma = i_C + i_R$
発生電圧（＝電圧降下）：$V = i_R R$ (V) $= I_C / (j\omega C)$
$\therefore V = j\omega S d_{31}\sigma R / (1 + j\omega C R)$
$\omega \to 0$　:$V = 0$
$\omega \to \infty$　:$V = S d_{31}\sigma / C$
$\omega = 1/(C R)$　: $|V| = |V_\infty| / \sqrt{2}$
（$f_c = \omega / (2\pi) = 1 / (2\pi C R)$ カットオフ周波数）

図 14　等価回路（電圧で捉える）と得られる電圧信号

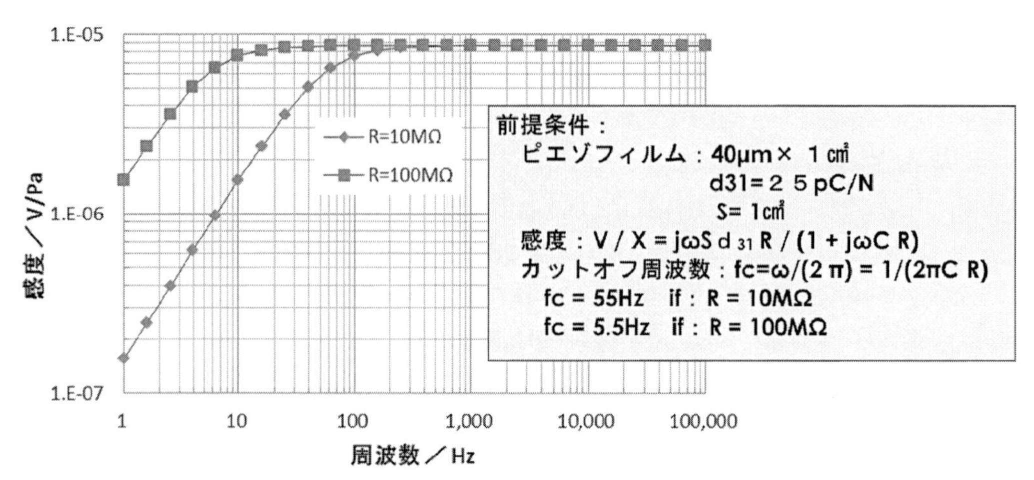

図 15　等価回路のシミュレーション結果

カットオフ周波数は，$C*R$ の時定数で決定され，それより低周波領域においては低周波に向かって感度が減衰し，入力抵抗が大きいほどカットオフ周波数が低くなることが解る。

また，センサーに接続されたケーブルが長くなると，その静電容量を考慮する必要が出てくる。その場合は，式内の圧電フィルムの静電容量 C にケーブルの静電容量を加算して計算を行えばよい。静電容量が大きくなるので，カットオフ周波数が低周波側にシフトし，感度が小さくなる。FET などを直結してインピーダンスを下げてからケーブルを伸長する方がよい場合もある。

5. 2. 2　電荷で捉える場合

本ケースの場合は，Op.Amp が，応力による発生分極量と等量の電荷でフィードバックコンデンサーC を充電するメカニズムとなっている（図 13 左側）。Op.Amp が理想の特性を持っていればそれで話は完結するが，実際には，オフセット電流などが流れるため，フィードバックコンデンサーC が充電され続け，ドリフトが生じ，一定時間後に飽和してしまう。このため，実際のチャージアンプには，図 16 の左側に示す様に，C に抵抗 R を並列接続して飽和への対策としている。

発生分極と等量の電荷を Op.Amp が供給することから，Op.Amp を電流源と見立て，電流の流れ込み先が，フィードバックの C と R であることを念頭に置いて考えると，等価回路は図 16 の右側のようになる。接地ポイントと電流の向きを考慮して，5.2.1 項と同様に式を展開した結果が，図 16 の下の段になる。

静電容量 C を圧電体からフィードバックコンデンサー，入力インピーダンスからフィードバック抵抗 R に読み替え，電圧の符号をマイナスにすれば，5.2.1 項と同様の結果が得られる。従って周波数特性も同様で，カットオフ周波数は，時定数 $C*R$ で決まる。但し，C は，ピエゾ

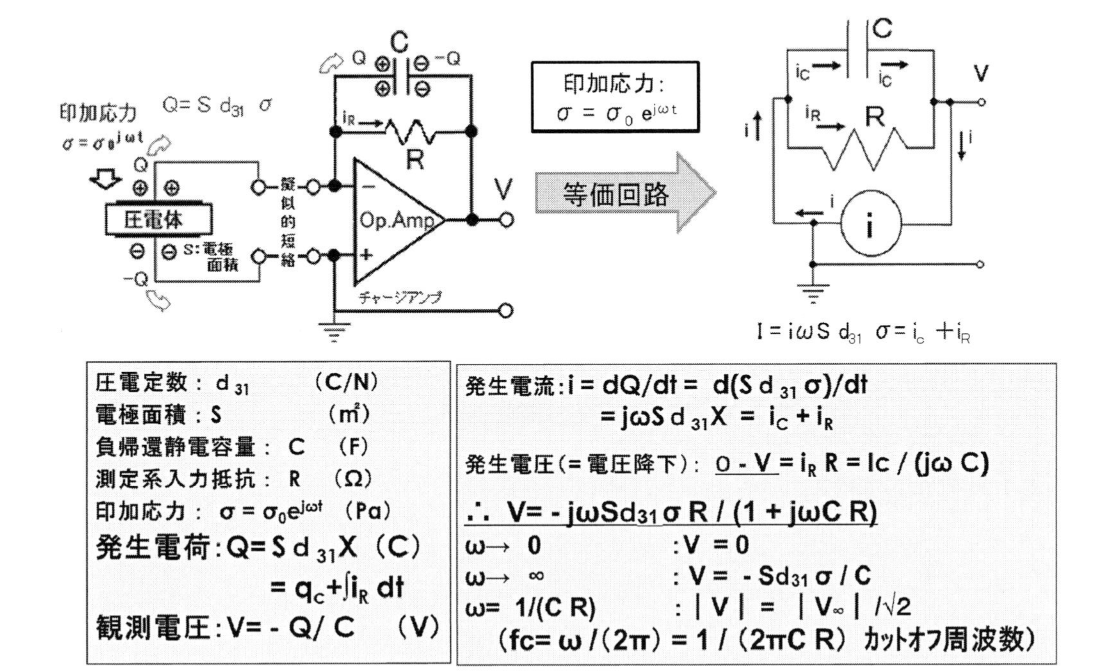

図 16　電荷による取得の場合の等価回路

フィルムの静電容量ではなくチャージアンプコンデンサーの静電容量であるから，チャージアンプの時定数だけで決まることになる。

5. 3　実施例（加速度センサー）

PVDF ピエゾフィルムにおもりを貼りつける簡単な構造で加速度センサーになる。その設計の過程は圧電体を用いたセンサーデバイスの開発に有用であると考える。以下に紹介する。

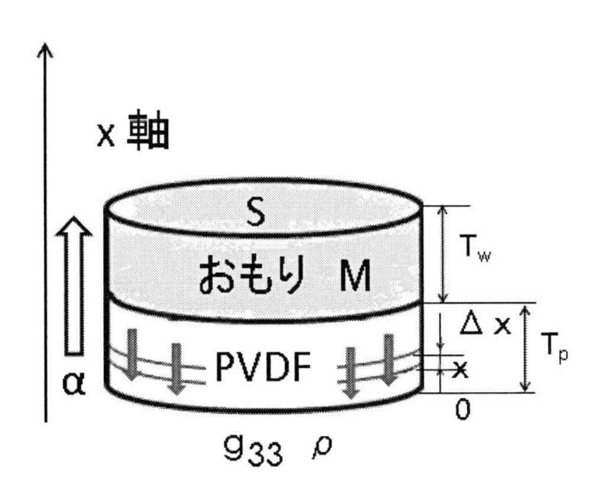

図 17　加速度センサー原理図

原理動作と加速度感度の算出について図 17 と以下に示す。

ρ：ピエゾフィルム密度，g_{33}：圧電定数（$=d_{33}/(\varepsilon_0 \varepsilon')$）

T_p：ピエゾフィルム厚さ，S：素子電極面積＝おもり面積

T_w：おもり厚さ，M：おもり質量，V：発生電圧，A：加速度感度

PVDF ピエゾフィルムの底面に力が加わり加速度運動をしている系を考える。

PVDF の底面から x の位置に働く応力は，

$$\sigma = (\rho S(T_p - x) + M) \cdot \alpha / S \tag{1}$$

そのとき，x にある Δx 切片の表裏に発生する電圧 ΔV は，$\Delta V = g_{33}\, \sigma \Delta x$ であるから，PVDF フィルムの表裏間に発生する電圧 V は，

$$V = A\alpha = \int_0^{T_p} \{M/S + \rho(T_p - x)\}\, \alpha\, g_{33}\, dx \tag{2}$$

$$= g_{33}\, \alpha \left\{ \int_0^{T_p} M/S\, dx + \int_0^{T_p} \rho\, S(T_p - x)\, dx \right\} = g_{33}\, \alpha [MT_p/S + \rho T_p^{\,2}/2]$$

$$\therefore \quad A = g_{33}[MT_p/S + \rho T_p^{\,2}/2] \tag{3}$$

となり，加速度感度は，g_{33} 定数の大きさと圧電体厚さに依存する事が解る。

上述の考え方を踏まえ，目標設定を加速度感度≧ 10 mV/g，厚さ≦ 2 mm　直径≦ 5 mmϕ ～20 mmϕ として 2 種類の薄型加速度センサーを作製した。その事例を以下に紹介する。

(3)式を踏まえ等価回路を念頭に置くと設計コンセプトは以下の様になる。

i ）　圧電体は厚い方が好い。

ii ）　おもりは密度の大きい材料を選定する。

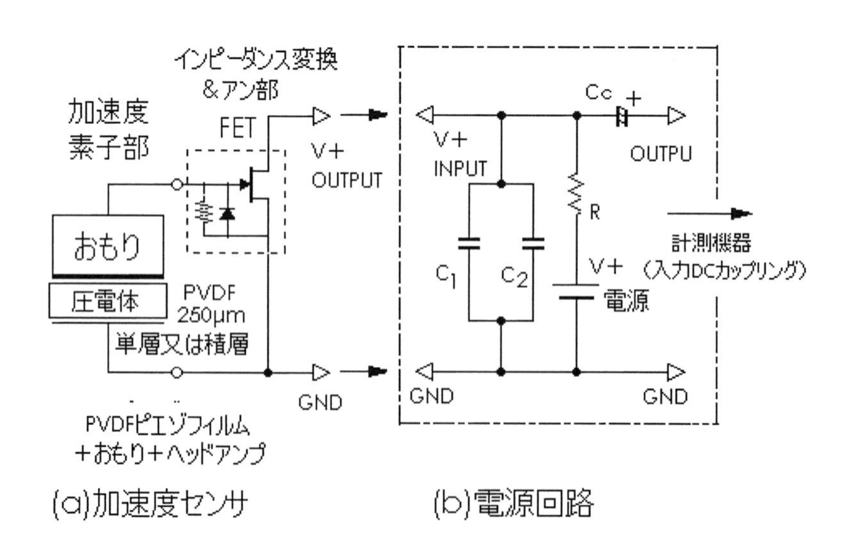

図 18　圧電体（PVDF）直結アンプ及び電源回路

表4　加速度センサー設計概略

			Aタイプ	Bタイプ
圧電体（PVDF）	厚さ	μm	500	250
	径	mm	10	3.7
おもり質量		g	1.10	0.165
筐体外形	径	mm	16	5.5
	厚さ	mm	3.4	2
アンプ（インピーダンス変換回路）	Gain（dB）		6.3	3.6
加速度感度	G：9.8 m/s² アンプGain含む			
	理論値	mV/G	47.2	13.7
	実測値	mV/G	32.2	12.6

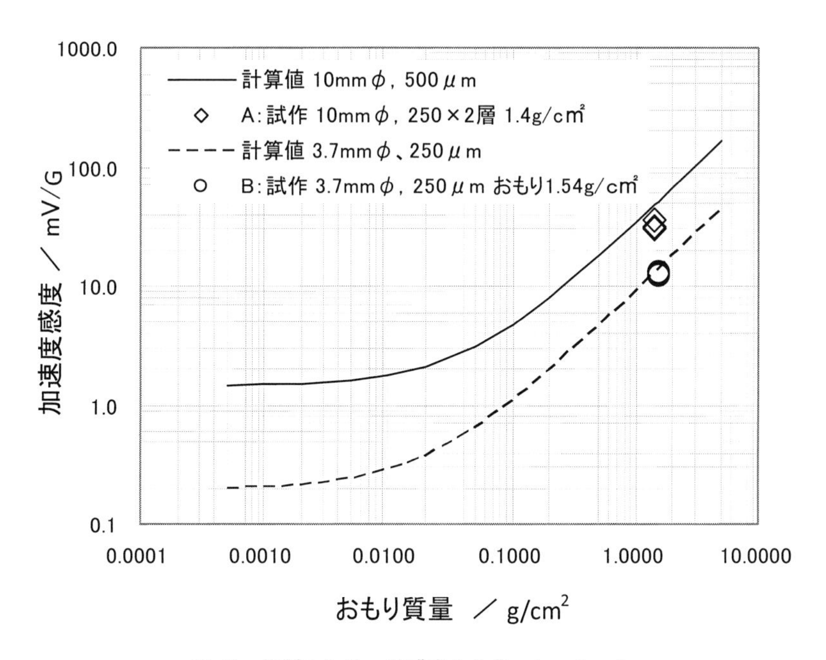

図19　作製センサーの感度とシミュレーション

iii）インピーダンス変換回路（アンプ）を直結する。

（圧電体の想定静電容量が数～10数pFと小さくなるため。）

これを基に具体的に2タイプの加速度センサーを設計し，作製した。設計概略と作製したセンサーの加速度感度実測値を表4に示す。参考のため，圧電体に接続されたアンプと電源回路の概略を図18に示す。また，図19に，(3)式を用いた質量依存のシミュレーションに実測値をプロットしたものを示す。

両者ともに，加速度感度は，理論値に比べ小さめの結果となったが，上述処方は加速度センサーの作製において充分な設計情報を与えているものと考える。

他の種類のセンサーの応用に際しても，外力により，圧電体内で発生する応力や歪が弾性力学的に類推できれば，本項と同様の処方でデバイスを設計することができる。

6 おわりに

PVDFを含めた圧電フィルムが，ピエゾワイヤーに加工され，上述留意点を踏まえてデバイス化されることにより，スマートテキスタイルの世界が広がることをおおいに期待する。

第14章　布地触覚センサ

平井慎一[*1]，ホ アン ヴァン[*2]，松野孝博[*3]

1　はじめに

近年，ソフトロボティクスに関する研究開発が活発に進められている。ソフトロボティクスでは，柔らかく変形しやすい材料や部材を用いてロボットを構成する。著者らは，ソフトロボティクスにおけるセンシングに関する研究を進めている。柔らかい材料で構成されたソフトロボットに導入するセンサには，ボディの変形に関わらずセンサとして機能すること，ソフトロボットに生じる変形をセンサが妨げないことが要求される。また，力学量のセンシングやセンサ信号処理に，ソフトロボットのボディの変形を積極的に利用することが考えられる。すなわち，ボディの形状や構造，材料を工夫することにより，センシングや信号処理における計算が可能になると期待できる。

布地は柔らかく軽い素材であり，ロボットの表面をカバーすることができる。したがって，布地でセンサを構成することにより，センシング機能を有するロボットの皮膚を実現することができる。特に，人と環境を共有するロボットにおいては，安全性の観点から触覚センサや近接センサが望まれる。本章では，布地センサによる触覚・近接センシングに関する研究を紹介する。

2　抵抗ベース布地触覚センサ

本節では，布地を用いた滑り覚センサ（図1(a)）を紹介する。このセンサは，パイル生地構造（図1(b)）の布地と両端の電極から構成される。布地は，伸縮により抵抗が変化する感圧導電糸で編まれている。布地に力や変位を加えると，パイルが変形し，結果として感圧導電糸の抵抗が変化する。したがって，抵抗を計測することにより，布地に加えられる力や変位を推定することができる。

本研究で用いた感圧導電糸は，絶縁性のポリエステル短繊維と導電性のステンレス短繊維との混紡である。糸に伸び歪みを与えると，ステンレス短繊維どうしの接触が増加し，抵抗が減少する。この感圧導電糸では，2%程度までの伸び歪みを計測することができる。計測範囲を拡げるために，ダブルカバリング糸（図1(c)）を採用した。絶縁性のポリウレタン芯糸のまわりに，

＊1　Shinichi Hirai　立命館大学　理工学部　ロボティクス学科　教授

＊2　Ho Anh-Van　北陸先端科学技術大学院大学　マテリアルサイエンス系　准教授

＊3　Takahiro Matsuno　立命館大学　理工学部　ロボティクス学科　助教

二本の感圧導電糸を互いに逆方向に巻く。このカバリング糸では，20％程度までの伸び歪みを計測することができる。カバリング糸をパイル生地に編み，布地センサとして用いる。

布地センサを指で押す，あるいは布地センサ上で指を滑らせることにより，布地センサの抵抗が変化する。抵抗値を電圧に変換し，A/D変換を通して電圧信号の時系列をPCに取り込む。その例を図2(a)に示す。指で押したとき（Loadの部分），指を滑らせたとき（Slipの部分）で，電圧が変化する。指で押したときと指を滑らせたときを区別するために，信号をウェーブレット変換し，その高周波成分を求める。求めた成分を図2(b)に示す。滑りが生じているとき，高周波成分が大きい。したがって，高周波成分を求めることで，滑りを検出することができる[1)]。

ウェーブレット変換を用いることにより，表面のテクスチャーを識別することができる。布地センサを半球面の硬い指先に貼り付け，指先を様々な表面上で滑らせる。そのときの電圧信号の例を図3(a)に示す。上がデニム地，下が写真用紙に対する信号である。電圧信号をウェーブレット変換し，高周波成分を求めた結果を図3(b)に示す。図のように高周波成分が異なる。高周波

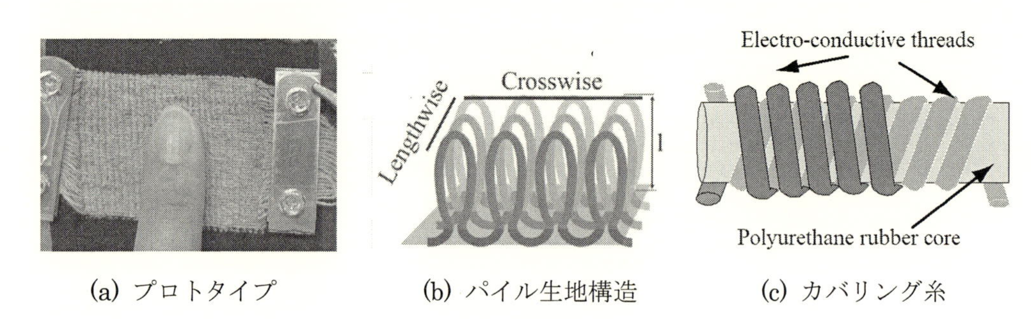

(a) プロトタイプ　(b) パイル生地構造　(c) カバリング糸

図1　布地センサ

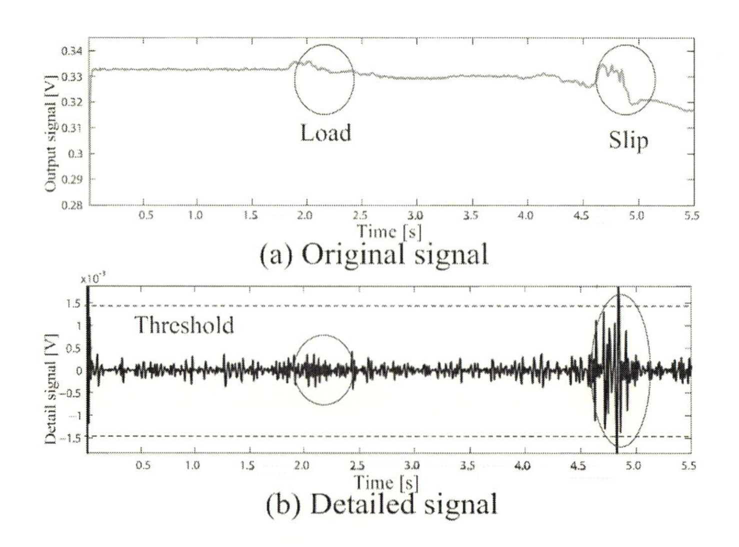

図2　センサ信号とそのウェーブレット変換

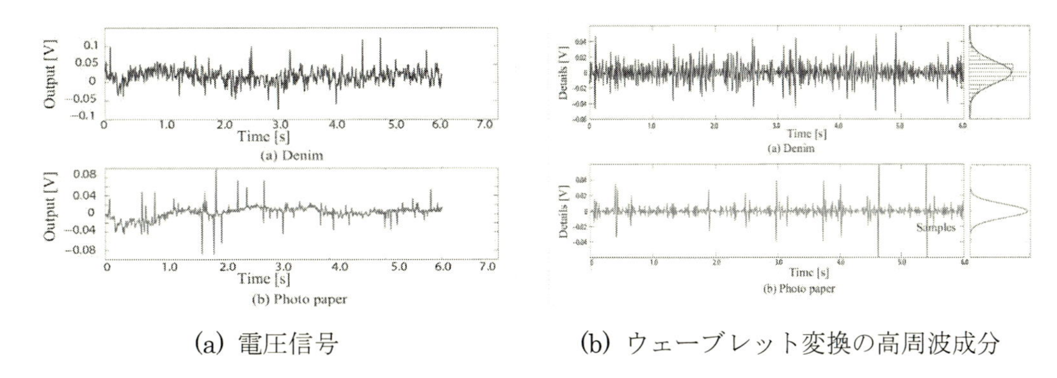

図 3　布地センサによるテクスチャーの識別

成分から特徴量を計算し，ニューラルネットワークを用いることにより，複数のテクスチャーを識別することができる[2)]。

3　キャパシタンスベース布地触覚・近接センサ

3. 1　センサ構造

本節では，キャパシタンスベースの布地触覚・近接センサ[3)]を紹介する（図 4）。誘電体層（DL1）が底層（BL）と導電層（CL1）で挟まれた構造となっており，この構造がコンデンサとして働く。底層は複数の分離された電極から成り，電極は静電容量を測定する IC チップに接続されている。外力が作用するとコンデンサの電気容量が変化するので，電気容量を計測することにより触覚センシングが可能になる。導電層を薄くするために，導電層として石川金網社の金属折り紙を用いた。

電極層（CL2）と誘電体層（DL2）は近接覚センシングに用いる。電極層 CL2 は導電性織物であり，静電容量測定 IC チップに接続されている。物体が電極層 CL2 に近づくと，電気容量が変化する。したがって，電気容量を計測することにより近接センシングが可能になる。電極層

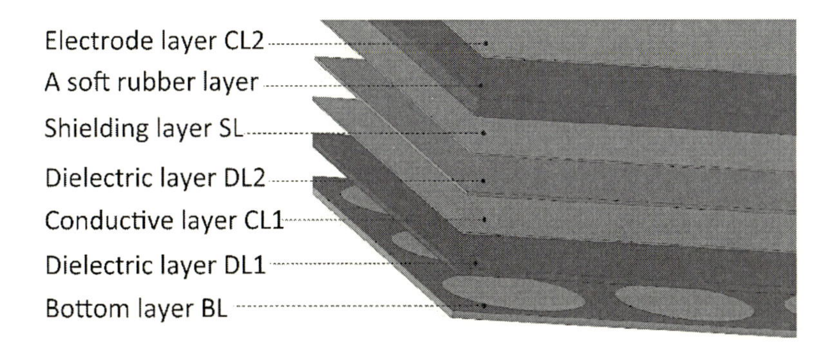

図 4　布地触覚センサの構造

CL2は，触覚測定のためのコンデンサ構造を覆っており，このコンデンサによって生じる電界が近接センシングに影響する。この影響を低減するために，基準電圧（3.3 V）に接続されたシールド層（SL）を導入した。結果として，図に示す構造により，触覚センシングと近接センシングを同時に実現することができる。

3. 2 触覚センシング

4個のセンシング部から成る触覚センサを試作し，触覚センシングを評価した。実験装置は，直動運動を与えるインデンターと6軸力覚センサから構成されている。6軸力覚センサにより，センサに印加される力を計測する。キャリブレーションのために，4個のセンシング部に印加された力とセンシング部から出力される電気容量の計測値との関係を求め，多項式で表した（図5）。この多項式を用いることにより，電気容量の値を力の値に変換することができる。

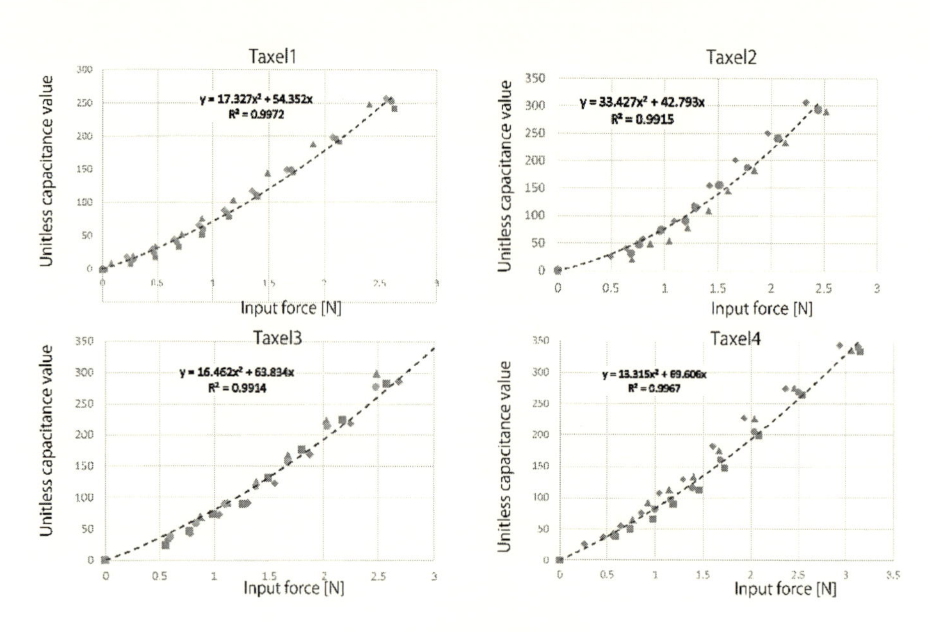

図5　力と電気容量の関係

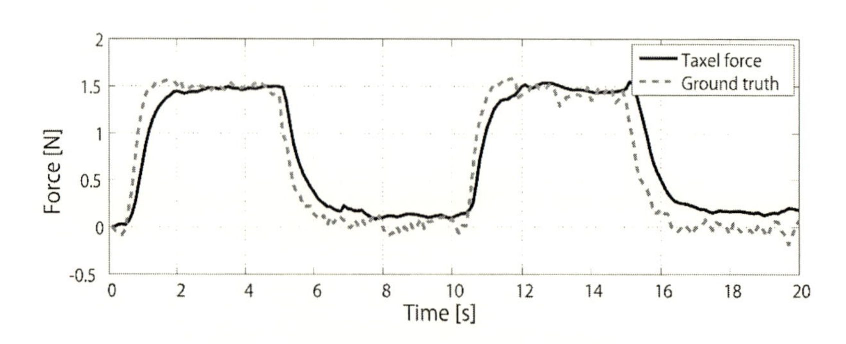

図6　往復運動に対する触覚センサの出力値

インデンターによりセンシング部に繰り返し荷重を与え，センサ値を計測した（図 6）。この実験では，インデンターがセンシング部に 4 秒間，1.5 N の荷重を与えるように設定した。センサの値が力覚センサの値と一致していることがわかる。

3. 3　近接センシング

本センサは，物体の接近を検知することができる。センサに物体を接近させ，センサと接近する物体との距離と近接センサの出力との関係を調べた。その結果を図 7 に示す。近接センシングにおいて，ヒステリシスは小さいことがわかる。センサと物体との距離が 25 mm より小さい，すなわち物体がセンサに 25 mm 以内に近づくと，センサの出力値が急激に上昇する。したがって，指でセンサを軽く触れるとき，触れる直前にセンサの出力値が上昇する。接近と静止を繰り返しながら，センサに物体を接近させたときのセンサの出力を，図 8 に示す。センサの値が距離の値と一致していることがわかる。

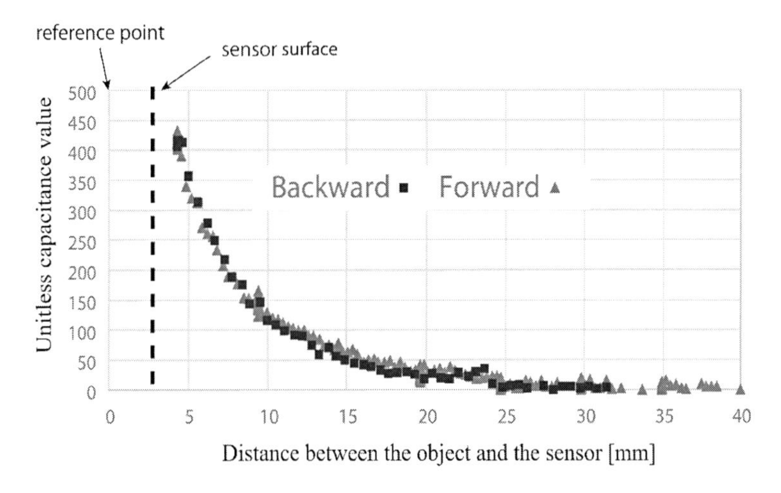

図 7　センサと物体との距離と近接センサの出力値

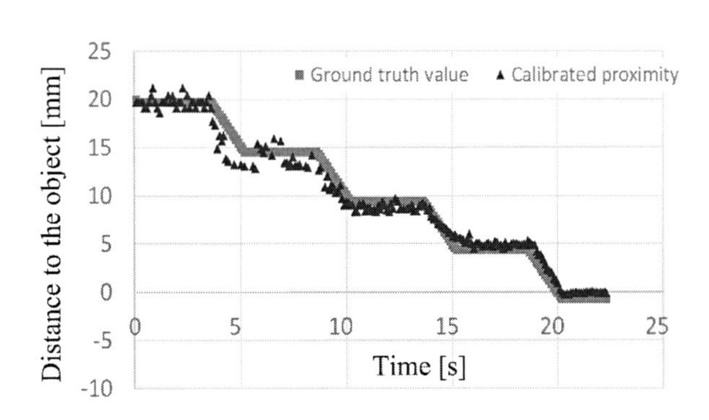

図 8　動的な距離の変化に対する近接センサの出力値

4 キャパシタンスベース近接センシングにおける基準値の更新

4. 1 センシング原理

導電布を用いた近接センサを図9に示す。本センサは，導電布と近接した対象物との間に発生する静電容量を計測することで，近接の有無とその程度を推定することが可能である。センサ本体が柔らかい導電布で構成されるため，柔軟物で構成されたソフトロボットに導入可能である。本センサに人や物体を近づけたときの静電容量の計測例を図10に示す。センシング対象とする人や物体が近付くにつれて，導電布の静電容量が増加し，物体が導電布と接触したときに，静電容量が急激に増加する。静電容量の値の変化より近接を推定する。近接センシングのために

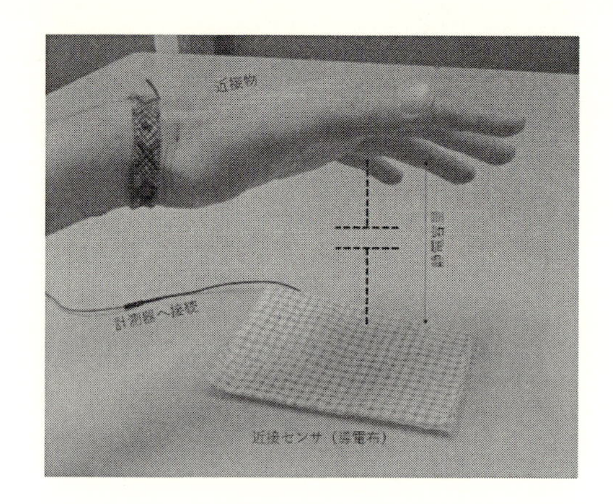

図9 導電布を用いた近接センサ

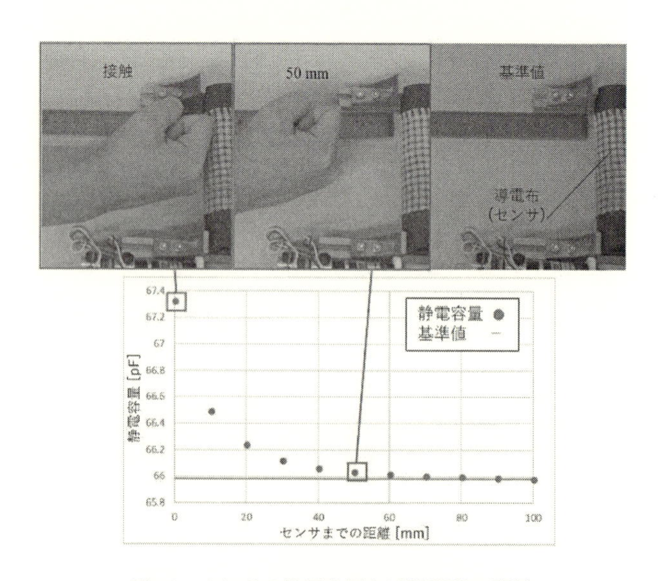

図10 センサの静電容量と近接距離の関係

は，計測対象物が十分に離れた状態の静電容量を基準値とし，その基準値からの差分に着目すればよい。ただし，計測対象物が十分に離れている状態においても，静電容量の値は 0 でない。センサ周辺の計測対象物以外の物体（机や壁面など）との間に静電容量が発生しており，計測値に影響を与えるためである。このように基準値は環境により容易に変化するため，センサ使用中に基準値を随時更新する必要がある。本節では，センサの静電容量の変化が，人や物体の一時的な近接によるものか，または環境の変化によるものかを判別し，基準値を更新する方法[4]を述べる。

4. 2　センサ固定時における基準静電容量の更新方法

近接センサが固定されている場合，計測した静電容量の標準偏差に着目し，基準値を更新する。すなわち，現時点から指定したステップ前までの計測値に対して，標準偏差 s と平均値 c を求める。計測対象物がセンサに接近するときの静電容量の変化は，環境が変化するときの静電容量の変化より大きいと考えられるため，計測対象物がセンサに接近するとき，標準偏差 s は大きい値を示す。この場合は基準値を変更する必要がない。一方，計測対象物がセンサの近くになく，環境が変化した場合，標準偏差 s は小さい値を示す。この場合，現在の静電容量の値を基準として選ぶことが可能であり，平均値 c を基準静電容量とする。判定のため，標準偏差 s を判定

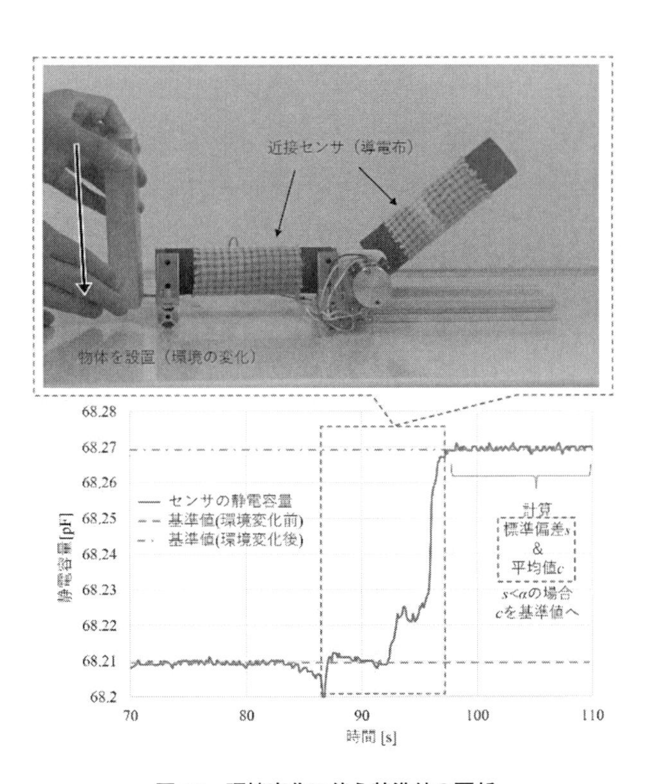

図 11　環境変化に伴う基準値の更新

する閾値 α をあらかじめ設定する。標準偏差 s が閾値 α を下回ったとき，平均値 c を基準静電容量とする。以上の計算を繰り返し，基準値を随時更新する。閾値 α を適切に設定することで，環境変化に伴う緩やかな静電容量の変化と計測対象物の接近に伴う静電容量の急激な変化を判別することができ，基準静電容量を随時更新できる。図 11 に示す例では，センサを設置したロボットアームの左側に物体を置く。時刻 90 s における静電容量の変化に伴い，基準値が更新されている。

4. 3　センサ移動時における基準静電容量の更新方法

近接センサをロボットアームに設置し，人とロボットアームとの接触を検知する状況を想定しよう。センサの周囲には計測対象の人以外に，ロボット自身のフレームや作業机，壁面が存在する。ロボットアームに設置したセンサが移動した場合，センサと周辺物体との距離が変化し，基準静電容量が不安定になる。そのためセンサ自体が移動する場合，その移動に伴う静電容量の変化を補償する必要がある。センサの運動を得るために，ロボットアーム全自由度の角度情報を計測する。センサの起動時に，周囲に近接物がない状態を確保し，その状態でセンサが設置されたロボットを動作させる。このとき計測した値を，ロボットアームの関節角と静電容量の関係にまとめ，ロボットアームの関節角を入力とするフィッティング関数を得る。この関数で，ロボットアームの姿勢ごとの静電容量基準値を補償することが可能である。計測した静電容量が，関数で求めた基準値と一致する場合センサへの近接物がなく，差が大きい場合センサへの近接物があると判断できる。

センサ周辺の環境が変化した場合，静電容量基準値を補償する関数を更新する必要がある。そこで，計測した静電容量と，関数で求めた基準値の差に随時着目する。この差が閾値 β を超えた場合，それ以降に計測したロボットアームの関節角と静電容量の関係からフィッティング関数を求める。このとき，基準値を補償する関数は二つ存在するため，それぞれの関数を投票で評価する。まず二つ存在するそれぞれの関数に，現在のロボットアームの姿勢を代入し，それぞれの関数で基準値を求める。そして，実際に計測した静電容量と各基準値との差分を比較し，差の小さいほうの関数に 1 点を与える。ただしこのとき，両方の差分が閾値 β を超えた場合，どちらの関数にも点数を与えない。この投票を計測プログラムの毎ループで行い，いずれかの点数があらかじめ設定した目標点数に到達した時点で投票を終える。最初に設定したフィッティング関数が目標点数を獲得した場合，関数は更新しない。これは計測対象物がセンサに接近した状態を示している。反対に，新たに求めたフィッティング関数が目標点数を獲得した場合，関数を更新する。これはセンサ周辺の環境が変化したことを示す。

以上のように，センサが移動する状況において静電容量基準値を補償することが可能である。すなわち補償のためのフィッティング関数を随時更新することにより，ロボットアームに設置したセンサによる近接の計測が可能になる。図 12 に示す例は，ロボットアームの運動と環境の変化に応じて基準値が変化し，対象物を検出できることを示している。

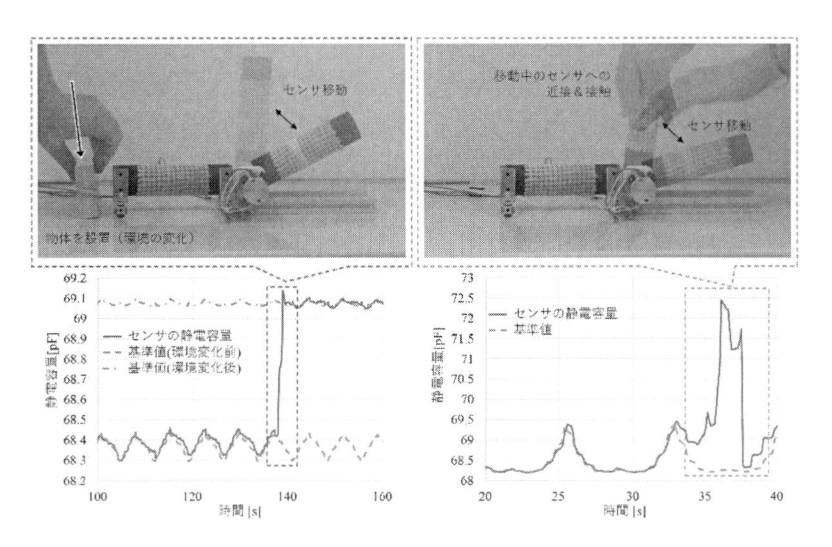

図 12　ロボットアームの運動に伴う基準値の更新

5　おわりに

本章では，抵抗ベース布地触覚センサ，キャパシタンスベース布地触覚・近接センサ，キャパシタンスベース近接センシングにおける基準値の更新に関する研究を紹介した。柔らかく軽い素材である布地でセンサを構成することにより，センシング機能を有するロボットの皮膚を実現することが期待できる。なお，第 2 節は平井，第 3 節はホ，第 4 節は松野が担当した。

文　　献

1) Van Anh Ho, Masaaki Makikawa, and Shinichi Hirai, "Flexible Fabric Sensor toward a Humanoid Robotic Skin：Fabrication, Characterization, and Perceptions", *IEEE Sensors Journal*, Vol.13, No.10, pp.4065-4080 (2013)
2) Van Anh Ho and Shinichi Hirai, Mechanics of Localized Slippage in Tactile Sensing (Springer Tracts in Advanced Robotics 99), Springer (2014)
3) Van Anh Ho, Shinichi Hirai, and Koki Naraki, "Fabric Interface with Proximity and Tactile Sensation for Human-Robot Interaction", 2016 IEEE/RSJ Int. Conf. on Intelligent Robots and Systems (IROS 2016), pp.238-245 (2016)
4) Takahiro Matsuno, Zhongkui Wang, Kaspar Althoefer, and Shinichi Hirai, "Adaptive Update of Reference Capacitances in Conductive Fabric Based Robotic Skin", *IEEE Robotics and Automation Letters*, 10.1109/LRA.2019.2901991 (2019)

第 15 章　圧電素材を用いたスマートテキスタイル

田實佳郎*

1　はじめに

タッチパネルディスプレイは，現在，私達の身の回りの至る所にある。スマートフォン，パーソナルコンピュータ，デジタル腕時計，および他の現代の電子機器を，この形式のヒューマンデバイスインタフェース（HMI）なしで使用することを想像するのは困難である。しかしながら，タッチパネル型 HMI の急増に伴い，衣服のように着用することができる，いわゆる「ウェアラブルヒューマンマシンインターフェース（WHMI）」という次世代の HMI に関する研究が増えている。その中で，生体データなどの収集・分析を可能とする衣料は「スマートテキスタイル」とも呼ばれる。スマートテキスタイルは，ユーザーの経験を向上させ，モノのインターネット（IoT）の開発を革新するデバイスとして注目を集めている。現在，スマートテキスタイルの watch 型や glass 型などのウェアラブル端末には無い優位性があり，国内外でその開発が盛んに進められている。本稿では，筆者が長年進めてきた圧電素材[1〜9]を用いたスマートテキスタイルについて，紹介する。

2　キラル高分子の圧電性

ある種の誘電体において，応力を加えると分極が現れる現象を圧電正効果という。これが応力や歪，運動を検出するセンサ（以下，圧電センサ）としての性質である[10,11]。圧電性の物理的な表現について以下にまとめておく[12〜19]。誘電体の圧電正効果は，応力 T_l，電界 E_j，誘電率 ε_{mj} と圧電率 d_{ml} とし，

$$\boldsymbol{D}_m = \sum_{j=1,2,3} \varepsilon_{mj} E_j + \sum_{l=1\text{-}6} d_{ml} T_l \qquad (m = 1 \sim 3) \tag{1}$$

と記述される。ここで，d_{ml} は極性三階テンソル量であるので，結晶に対称中心が存在すれば d_{ml} は総て 0 になる。ところで，32 の結晶点群のうち，対称中心のないものは 21 存在する。このうち，有極性点群は 10，無極性点群は 11 である。圧電性は，この 21 の点群のうち無極性の一つの点群 O を除いた 20 に存在する[20,21]。

圧電セラミックスを圧電センサとして利用する WHMI 開発は長い間研究されてきた。しかしながら，最も一般的な実用圧電材料であるチタン酸ジルコン酸鉛（PZT）には焦電性が存在し，こ

*　Yoshiro Tajitsu　関西大学　システム理工学部　学部長，理事

れが WHMI 用材料としては欠点になる。ここで，焦電性とは温度変化に伴い分極量が変化する性質である。すなわち，PZT は，応力やひずみばかりでなく，温度変化に反応して分極電荷を変化させる。いわゆる温度検出センサになりうる。しかしながら，PZT を WHMI における体の動き（motion sensing）に対応するセンサとして用いると，運動に伴う発汗発熱にも反応する。即ち，運動検出以外の信号を含むようになり，運動検出なのか体温変化なのかの判別は極めて困難であり，motion sensing の精度が著しく低下する。また，高分子圧電材料として有望なポリフッ化ビニリデン（PVDF）も同様に焦電性を持つため，実用化にあたり同様の障害が存在する。これに対して注目されている高分子圧電材料はキラル高分子であるポリ L 型乳酸（PLLA）である[22~25)]。PLLA は透明で焦電性を示さない圧電ポリマーである[12~15, 20, 26)]。

圧電センサとして我々が使用しているキラル高分子である PLLA の圧電性の起源について以下に簡単にまとめる。PLLA の場合，分子に C＝O をはじめ永久双極子が存在する。PLLA 分子鎖

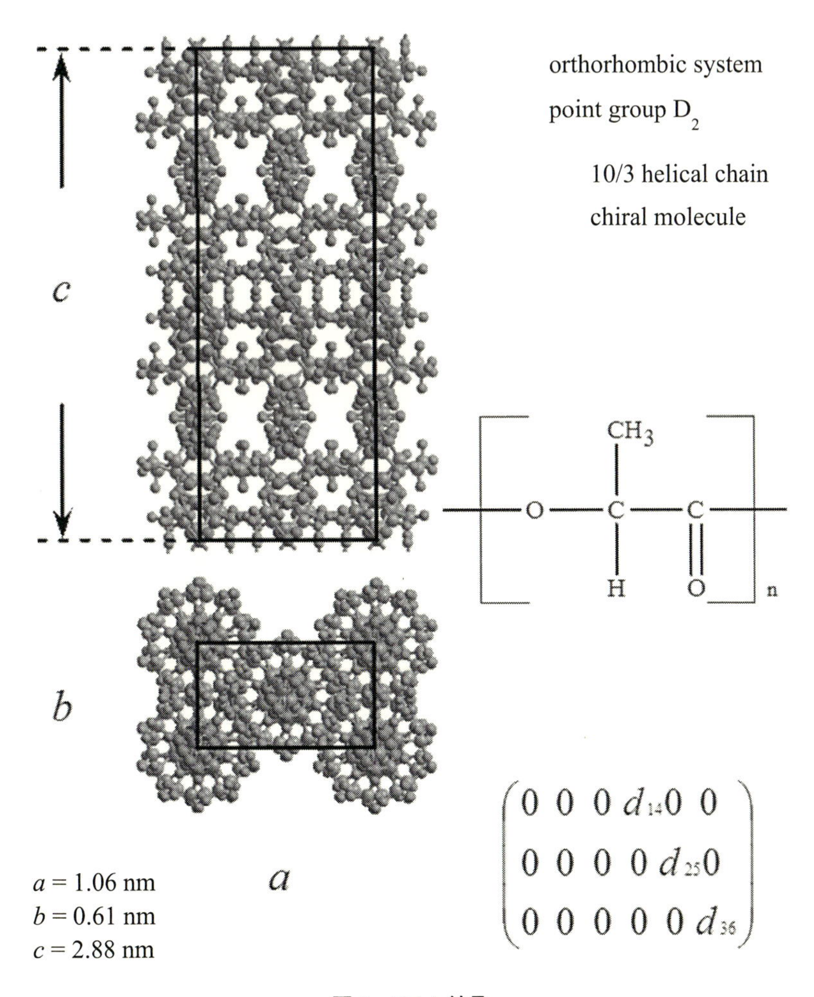

図 1　PLLA 結晶

はら旋構造をなすので，一本の分子鎖全体について双極子の総和を計算すると，和はゼロになると思われる。しかしながら，ら旋軸方向に大きな値（双極子）が残る。しかし，PLLA 結晶は base centered orthorhombic system で，逆向きの分子鎖が各々一本ずつ単位胞内に存在するので，結晶単位では自発分極がない（図 1）。一方，PLLA 結晶の点群は D_2 なので d_{14}，d_{25}，d_{36} の圧電成分がある。即ち，ずり応力 T_l（$l=4\sim6$）を加えれば，PLLA 結晶に，(1)式は分極が発生することを保証する。例えば，結晶 ab 面に，ずり応力を与えれば，PLLA 結晶が変形し，結晶 c 軸方向に分極（(1)式中の D_3）が発生することを意味する。次に，圧電性を分子鎖の運動として考える。外から加えられたずり応力は，側鎖を介して分子鎖に作用する。このとき，全ての原子は変位するが，最も分極変化に寄与する運動は，PLLA の CO と C=O がなす平面が，CO 結合のまわりに回転する運動である。その結果，分極変化が発生する。これは，分子鎖が織りなすヘリカルキラリティに基づく，見事な物理現象である。当然のことながら，この運動は PLLA 以外でもヘリカルキラリティ持つ高分子鎖であれば，普遍的に起こる運動様式である。

マクロな対称性と PLLA 結晶の対称性の議論はマクロな圧電性の理解において必要である。議論を以下に簡単にまとめる。PLLA 結晶と一軸配向 PLLA 膜では，その対称性が異なっていることに注意すべきである。マクロな特性と結晶の特性の間に 1 対 1 の対応は存在しない。この様子を代表的な強誘電性高分子 PVDF と併せ図 2 に示す。(1)式中の三階テンソルである圧電テンソ

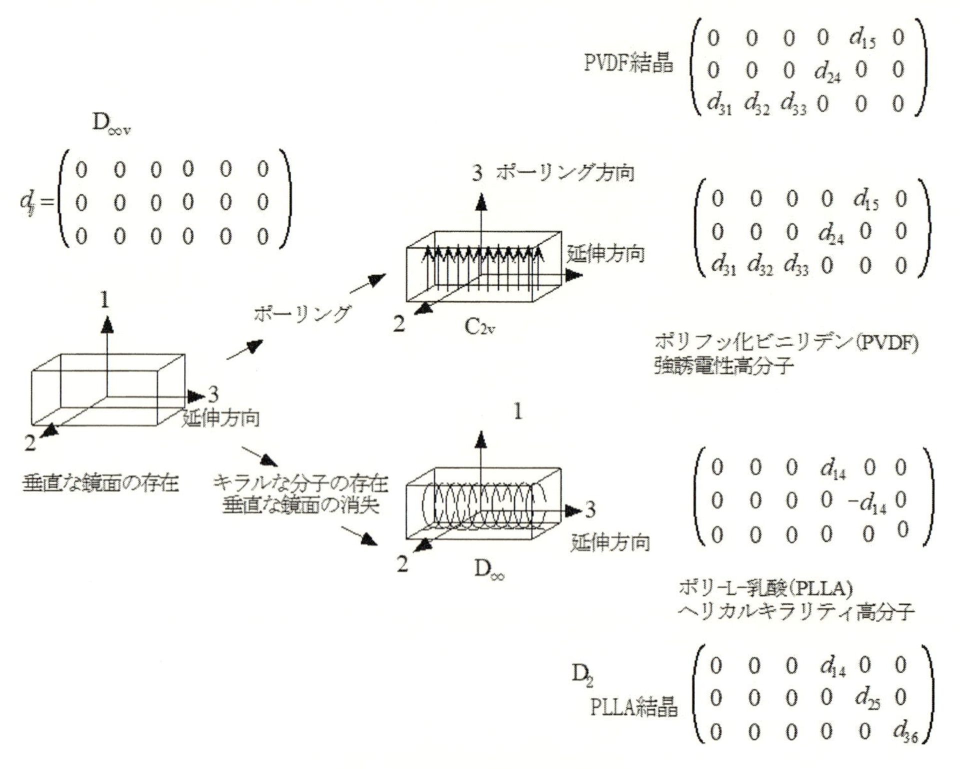

$$\text{PVDF結晶}\begin{pmatrix}0&0&0&0&d_{15}&0\\0&0&0&d_{24}&0&0\\d_{31}&d_{32}&d_{33}&0&0&0\end{pmatrix}$$

$$d_{ij}=\begin{pmatrix}0&0&0&0&0&0\\0&0&0&0&0&0\\0&0&0&0&0&0\end{pmatrix}$$

$$\begin{pmatrix}0&0&0&0&d_{15}&0\\0&0&0&d_{24}&0&0\\d_{31}&d_{32}&d_{33}&0&0&0\end{pmatrix}$$

$$\begin{pmatrix}0&0&0&d_{14}&0&0\\0&0&0&0&-d_{14}&0\\0&0&0&0&0&0\end{pmatrix}$$

$$\text{PLLA結晶}\begin{pmatrix}0&0&0&d_{14}&0&0\\0&0&0&0&d_{25}&0\\0&0&0&0&0&d_{36}\end{pmatrix}$$

図 2　高分子の対称性と圧電性

ルがキラル高分子結晶中に存在しても，作成した膜が例えばキャストしただけの膜のように等方性であれば，マクロな圧電性は発生しない。一軸配向させた高分子膜の場合，マクロな対称性の点群は $D_{\infty v}$ である。この点群は鏡面を持つ。したがって，結晶に圧電テンソルが存在しても，マクロに鏡面の対称性がそれを打ち消すので，フィルムに圧電性は発生しない。しかしながら，PLLA の場合，分子はキラリティを持っている。このときは，鏡面がなく，一軸配向 PLLA 膜の点群は D_{∞} になる。即ち膜に圧電性が現れる。この場合には，結晶自身の対称性（D_2）とマクロな対称性（D_{∞}）が異なっている。即ち，一軸配向 PLLA 膜におけるマクロな圧電性は，PLLA 結晶の d_{14}，d_{25} および d_{36} が複雑に絡み合って現れる。一方 PVDF について考える。PVDF は双極子を持つので，ポーリング操作により，この双極子を一方向に配向すると，双極子の配向軸のみが系の∞軸となる。この時鏡映面がこの軸に平行に存在すれば，系の対称性は $C_{\infty v}$ となり，圧電性が存在する。更にこれに延伸操作を加えればその対称性は C_{2v} となり，結晶の斜方晶系と同じ対称性となる。

一般に PLLA のような結晶性高分子といえども 50％以下の微結晶の集合体である。即ち並進対称性はマクロに全く存在しない。圧電性高分子の圧電発現機構の研究は，この非晶と結晶が織りなす複雑な高次構造の存在抜きにしては語れない。これが無機セラミックスの圧電性研究とその在り方が根本的に異なる要因である。即ち圧電性高分子の圧電率の向上はこの高次構造制御技術の進歩に大いに依存してきた[27～34)]。

3　圧電ファブリック

圧電性 PLLA 繊維を用いたスマートファブリック（圧電ファブリック）を関西大学と帝人は発表した[35～38)]。そもそも，ファブリックは，「織物 woven fabric」と「編物 kinit fabric」に分類される。織物は，経糸（たていと）と緯糸（よこいと）の二組の糸を直角に交差させることで作られる。織物は経糸と緯糸が交差する構造に特徴があり，緯糸毎（一段）に生地が作られる。これに対して，編物は，経糸と緯糸の概念は無く，最初に基準となる結び目を一つ（一目）作る。そして，その中に糸を通して輪を作ること（一目ずつ）を繰り返す。ここで紹介する圧電ファブリックは，織り込まれた PLLA 繊維の変形の様子に対応して電圧を発生する圧電性を利用し，「曲げ」，「捩じり」，「伸ばし」などの基本的な運動様式をセンシングできる。更に，圧電ファブリックのセンシング機能は，「織物」における織構造の基本である三元織（平織，綾織，サテン織）に注目し，力が織物に加わると，その織構造ごとに発現する特徴ある変形を解析し，圧電性 PLLA 繊維を織り方構造の中に組み込むことで実現された（図 3）。実際得られた 3 つの布地のそれぞれを，ロボットアームにつけ，その動きを追跡しながら試験した。その結果は，異なる織り方を基にしたこれらの 3 つの布地は，動きの種類に予想通り敏感であった。平織は腕が動く曲げ運動を検出し，綾織は回転運動を追跡し，サテン織りはそれ自身の伸縮に敏感であった（図 4）。したがって，3 つの布地を組み合わせることによって，運動の種類および方向を決定することが可能である。

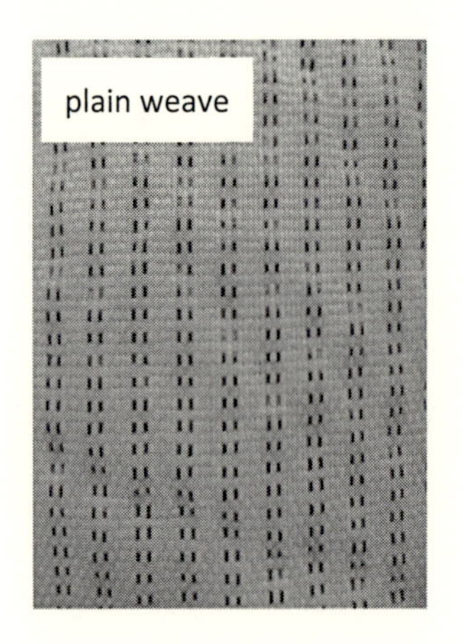

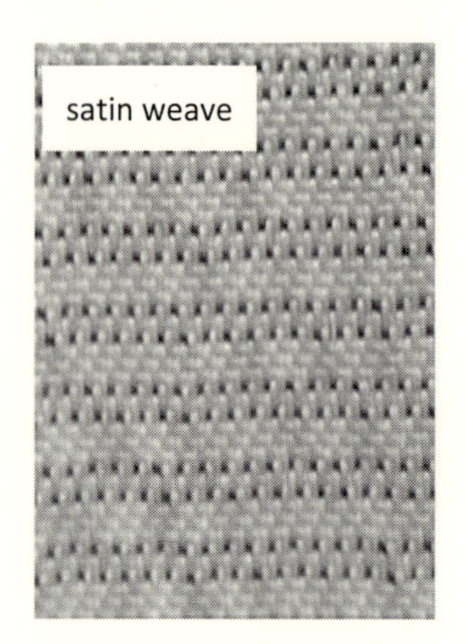

図3　圧電ファブリック

織物における織構造は数百種類もあり，それを組み合わせることで，所望の変位を感知することが可能になる。即ち，運動検出のニーズに合わせた圧電体ファブリックを設計することが可能になる。実際，我々は日本の着物裁縫技術でこの圧電ファブリックをスマートテキスタイル（e-textile）に仕上げた。これをWHMI，着るwearable sensorとして人の腕の動きを人型ロボットの腕の動きにシンクロさせるプロトタイプシステムを作り上げた（図5）。このシステムは2015年1月初旬に東京ビックサイトで開催された第一回Wearable EXPOで世に示した。この圧電ファブリックへの注目は凄まじく，NHKの“ニュース7”をはじめ，すべての民放key局（日本テレビ，フジTV，TBS，TV朝日，テレビ東京）でそれぞれ複数回とりあげられるほどであった。また，日経，朝日，読売，産経をはじめとした一般新聞各紙，更に専門紙にも多数掲載され，海外へも随時配信された。そしてとうとう年末には，この圧電ファブリックは，テレビ東京ワールドビジネスサテライト（WBS）の2015年12月23日の放送の中で，「2015年間トレたま大賞 優秀賞」という栄誉を頂くまでになった。

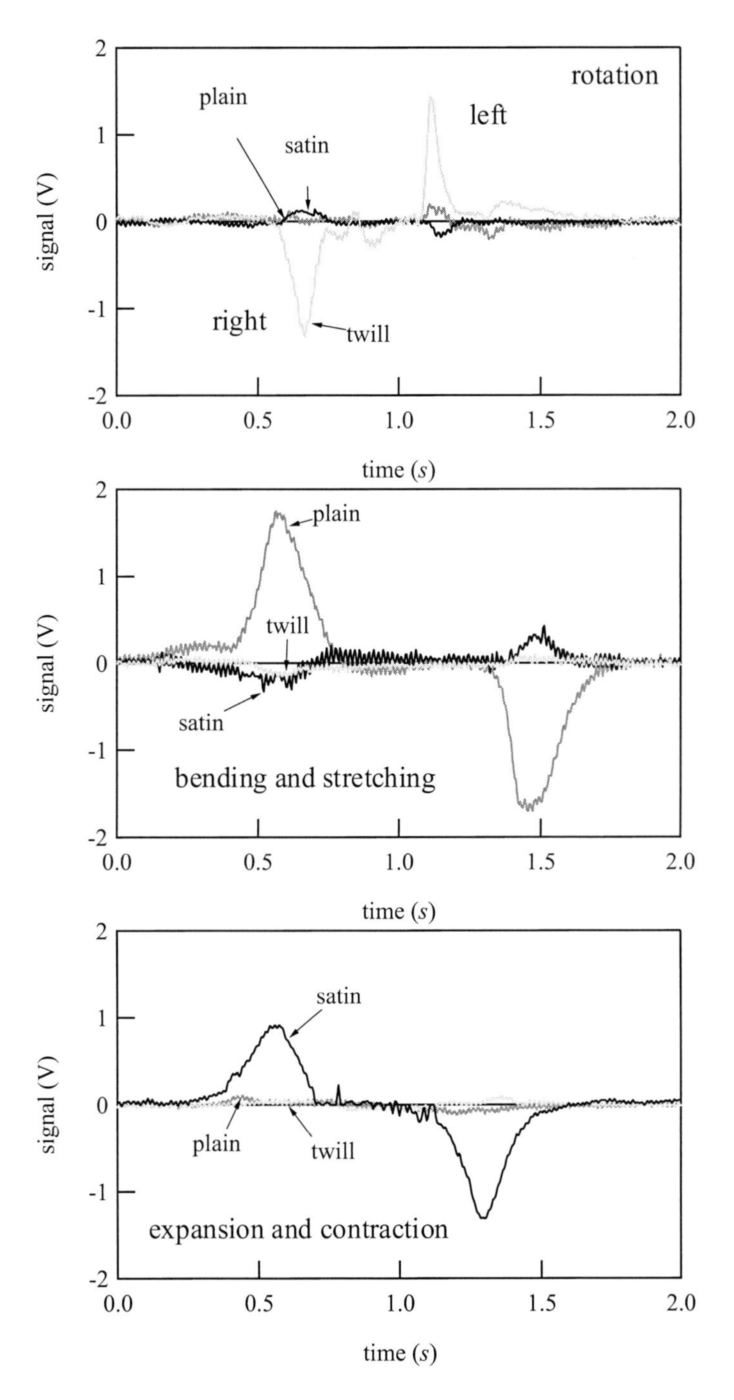

図 4　圧電ファブリックの圧電応答

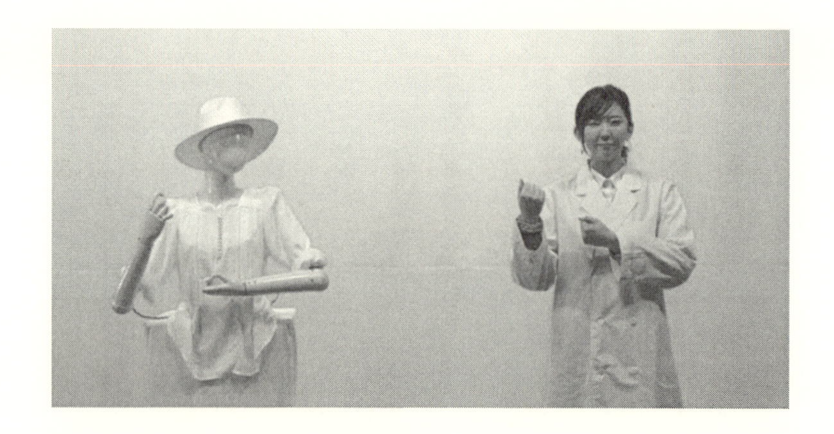

Latest version

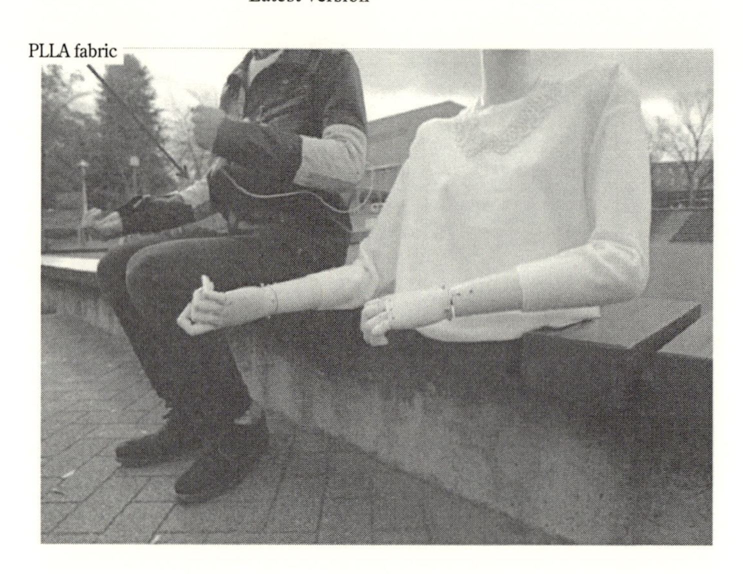

Previous version

図5　圧電ファブリックを利用した人型ロボットとの synchronic communication を目指したプロトタイプシステム

4　まとめ

伝統的に日本の着物を製造するために使用される技術を使用して，3つの異なるタイプの織り方を組み合わせた圧電ファブリックが具現化されている。人の衣服に装着し，ヒューマノイドロボットに無線で接続すると，この圧電ファブリックを使ってロボットに人間の動きを再現させることができる。腕の曲げや手首のねじれといった単純な動きばかりでなく，より複雑な動きも再現することは可能である。これを実現し，更なる展開のためには，複雑な動きをより短時間で認識処理できるようにすることである。更により優れたWHMIを開発するためには，圧電ファブリックの検出精度を向上させることが基礎的に重要になる。今後はPLLAをはじめとする高分子の圧電性研究の発展と新たな圧電性キラル高分子の登場など，日本で始まったこの研究の大いなる発展がこのスマートテキスタイルの具現化の力になることを指摘しておきたい。

日本で生まれ育ってきた圧電性高分子，この流れが途切れることなく従来にないセンサ材料としてIoT時代の寵児になることを，数十年にわたりこの高分子とともに歩んできた一研究者として心から祈り，本稿を閉じたいと思う。

文　　献

1) H. Kawai, *Jpn. J. Appl. Phys.*, **8**, 975 (1969)
2) K. I. Nakamura, Y. Wada, *J. Polym. Sci.*, Part A-2, **9**, 161 (1971)
3) E. Fukada, T. Furukawa, *Ultrasonics*, **19**, 31 (1981)
4) M. Tabaru, M. Nakazawa, K. Nakamura, S. Ueha, *Jpn. J. Appl. Phys.*, **47**, 4044 (2008)
5) Y. Takahashi, S. Ukishima, M. Iijima, E. Fukada, *J. Appl. Phys.*, **70**, 6983 (1991)
6) X.-S. Wang, M. Iijima, Y. Takahashi, E. Fukada, *Jpn. J. Appl. Phys.*, **32**, 2768 (1993)
7) T. Hattori, Y. Takahashi, M. Iijima, E. Fukada, *J. Appl. Phys.*, **79**, 1713 (1996)
8) A. Kubono, M. Murai, S. Tasaka, *Jpn. J. Appl. Phys.*, **47**, 5553 (2008)
9) M. Ando, H. Kawamura, K. Kageyama, Y. Tajitsu, *Jpn. J. Appl. Phys.*, **51**, 09LD14 (2012)
10) Y. Tajitsu, S. Kawai, M. Kanesaki, M. Date, E. Fukada, *Ferroelectrics*, **304**, 195 (2004)
11) M. Ando, H. Kawamura, H. Kitada, Y. Sekimoto, T. Inoue, Y. Tajitsu, *Jpn. J. Appl. Phys.*, **52**, 09KD17 (2013)
12) E. Fukada, *J. Phys. Soc. Jpn.*, **10**, 149 (1955)
13) E. Fukada, I. Yasuda, *J. Phys. Soc. Jpn.*, **12**, 1158 (1957)
14) E. Fukada, *IEEE Trans. Ultrason. Ferroelectr. Freq. Control*, **47**, 1277 (2000)
15) Y. Tajitsu, *Ultrason. Ferroelectr. Freq. Control*, **55**, 1000 (2008)
16) T. Yoshida, K. Imoto, K. Tahara, K. Naka, Y. Uehara, S. Kataoka, M. Date, E. Fukada, Y. Tajitsu, *Jpn. J. Appl. Phys.*, **49**, 09MC11 (2010)
17) J. X. Xie, R. J. Yang, *J. Appl. Polym. Sci.*, **124**, 3963 (2012)
18) F. Ublekov, J. Baldrian, J. Kratochvil, M. Steinhart, E. Nedkov, *J. Appl. Polym. Sci.*, **124**, 1643 (2012)
19) H. Marubayashi, S. Asai, M. Sumita, *Macromolecules*, **45**, 1384 (2012)
20) F. Carpi, E. Smela, Biomedical Application of Electroactive Polymer Actuators (Wiley, Chichester, U.K., 2009)
21) Y. Shiomi, K. Onishi, T. Nakiri, K. Imoto, F. Ariura, A. Miyabo, M. Date, E. Fukada, Y.

Tajitsu, *Jpn. J. Appl. Phys.*, **52**, 09KE02 (2013)
22) S. M. Aharoni, J. P. Sibilia, *J. Appl. Polym. Sci.*, **23**, 133 (1979)
23) Y. Lee, R. S. Porter, *Macromolecules*, **24**, 3537 (1991)
24) D. Sawai, K. Takahashi, A. Sasashige, T. Kanamoto, S.-H. Hyon, *Macromolecules*, **36**, 3601 (2003)
25) W. Weiler, S. Gogolewski, *Biomaterials*, **17**, 529 (1996)
26) A. E. Zachariades, W. T. Mead, R. S. Porter, *Chem. Rev.*, **80**, 351 (1980)
27) Y. Tajitsu, *IEEE Trans. Dielectr. Electr. Insul.*, **17**, 1050 (2010)
28) Y. Tajitsu, *Polym. Adv. Technol.*, **17**, 907 (2006)
29) S. Ito, K. Imoto, K. Takai, S. Kuroda, Y. Kamimura, T. Kataoka, N. Kawai, M. Date, E. Fukada, Y. Tajitsu, *Jpn. J. Appl. Phys.*, **51**, 09LD16 (2012)
30) M. Ando, H. Kawamura, H. Kitada, Y. Sekimoto, T. Inoue, and Y. Tajitsu, *Jpn. J. Appl. Phys.*, **52**, 09KD17 (2013)
31) J. Takarada, T. Kataoka, K. Yamamoto, T. Nakiri, A. Kato, T. Yoshida, and Y. Tajitsu, *Jpn. J. Appl. Phys.*, **52**, 09KE01 (2013)
32) M. Yoshida, T. Onogi, K. Onishi, T. Inagaki, and Y. Tajitsu, *Jpn. J. Appl. Phys.*, **53**, 09PC02-1 (2014)
33) S. Kaimori, J. Sugawara, K. Watanabe, H. Sugitani, S. Hayashi, T. Nakiri, and Y. Tajitsu, *Jpn. J. Appl. Phys.*, **53**, 09PC04-1 (2014)
34) K. Tanimoto, H. Nishizaki, T. Tada, Y. Shiomi, N. Ito, K. Shibata, H. Furuya, A. Abe, K. Imoto, M. Date, E. Fukada, and Y. Tajitsu, *Jpn. J. Appl. Phys.*, **53**, 09PC01-1 (2014)
35) Y. Tajitsu, *IEEE Trans. Dielectr. Electr. Insul.*, **22**, 1355 (2015)
36) Y. Tajitsu, *Ferroelectrics*, **480**, 1 (2015)
37) S. Hayashi1, Y. Kamimura, N. Tsukamoto, K. Imoto, H. Sugitani, T. Kondo, Y. Imada, T. Nakiri, and Y. Tajitsu, *Jpn. J. Appl. Phys.*, **54**, 10NF01 (2015)
38) K. Tanimoto, S. Saihara, Y. Adachi, Y. Harada, Y. Shiomi and Y. Tajitsu, *Jpn. J. Appl. Phys.*, **54**, 10NF02 (2015)
39) Y. Tajitsu, *Jpn. J. Appl. Phys.*, **55**, 04EA07 (2016)
40) Y. Tajitsu, *Ferroelectrics*, **499** (1), 36 (2016)
41) Y. Tajitsu, *Advances in Polymer Science*, **2017**-(10), 1 (2017)
42) Y. Tajitsu, Y. Adachi, T. Nakatsuji, M. Tamura, K. Sakamoto, T. Tone, K. Imoto, A. Kato, and T. Yoshida, *Jpn. J. Appl. Phys.*, **56**, 10PG03 (2017)
43) Y. Tajitsu, *Ferroelectrics*, **515**, 1 (2017)
44) Y. Tajitsu, A. Suehiro, K. Tsunemine, K. Katsuya, Y. Kawaguchi, Y. Kuriwaki, Y. Sugino, H. Nishida, , M. Kitamura and K. Omori, *Jpn. J. Appl. Phys.*, **57**, 11UG02 (2018)

第16章　カーボンナノチューブ紡績糸を用いた布状熱電変換素子

中村雅一*

1　はじめに

衣服に様々な機能を組み込むにあたり，電源が必要となる。大きな電力が必要ない場合には，使用期間分の大電力を電池に貯めておくのではなく，環境エネルギーから電力を生み出すエナジーハーベスターを用いることが，軽量性や万一ショートサーキットが生じた際の安全性などの点で有利である。特に，ウェアラブル用途では，人体から常時発生する100 W程度以上の熱の利用価値は高く，熱電変換技術が有望である。

ウェアラブルフレキシブル熱電変換素子においては，自然空冷による放熱がボトルネックとなる。そのため，素子の内外に十分な温度差を得て熱電材料の性能を発揮するためには，2～3 mm程度の素子厚みと柔軟性を両立させる必要がある。近年，フレキシブル熱電変換素子の研究が盛んに行われており，モジュール化に関する報告も数多く見られるが，その多くは面内方向の温度差を用いるものである。これは，もっぱら構造作製や素子特性の評価が容易であるという理由によると思われるが，多くのエナジーハーベスティング用途では使いにくい構造である。また，厚み方向の温度差を用いたモジュールの報告もあるが，その多くは素子の厚みが高々数百μmであり，やはり十分ではない。上述の要求を満たすためには，材料単独でも素子構造だけの工夫でもなく，材料～作製プロセス～素子構造をトータルで技術開発する必要がある。著者らのグループでは，この課題に対して，熱電材料を糸状にし，それを布に縫い込むことでフレキシブルモジュールを作製する方法を研究している。本章では，その第一段階である縞状ドーピングされたカーボンナノチューブ（CNT）紡績糸による布状熱電変換素子の作製法を紹介し，その特徴などを解説する。

2　布状熱電変換素子の構造

図1に，縞状ドーピングされた熱電材料糸による布状熱電変換素子の構造を示す。熱電材料を柔軟性が得られる程度に細い糸状に形成し，ドーピング法を工夫することによって，p/n縞状ドーピングを行う。それを基本ユニットとして，縞状ドーピングとピッチを合わせて布に縫い込

*　Masakazu Nakamura　奈良先端科学技術大学院大学　先端科学技術研究科
物質創成科学領域　教授

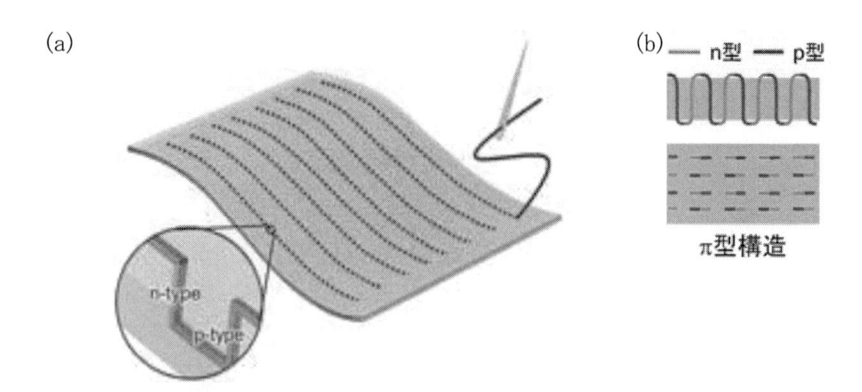

図1 (a)糸状に形成した熱電材料により実現する布状熱電変換素子と (b)その断面および平面構造

むことで，図1(b)の断面図のように，π型セル直列接続構造が形成される。

この素子構造と素子作製法には，以下のような特徴がある。

① 基材としてフェルトやフリースなどの断熱性が高い布が使用可能

② 要求性能や使用状況に応じて厚みが広い範囲でスケーラブル

③ 使用可能面積・必要な電力・許されるコストに応じてモジュール面積や熱電材料密度も調整が容易

④ モジュール製造コストの上昇や素子不良につながりやすい個々のp・nブロック間の配線が不要

⑤ 曲げ，ねじり，引張りに対して強い

①は，低い素子熱伝導率によって十分な温度差を得るために有利である。②～④はコストダウンや性能対コストの設計容易性のために有利である。⑤はフレキシブル熱電モジュールとして最も重要な性質である。布状熱電変換素子では，糸状熱電材料が布に縫い込まれているだけであり，布の伸縮が曲がりに対して糸状熱電材料にはほとんどストレスがかからない構造となっていることが，有利な点である。

以下では，基本ユニットとしてCNT紡績糸を用いて図1のモジュール構造の有用性を実証した研究[1]から，作製法と素子特性を紹介する。

3 ウェットスピニング法によるCNT紡糸法概要

CNT紡績糸は，ウェットスピニング法[2,3]を用いて作製した。図2(a)のように，ディスペンサーに入れたCNT分散液を回転台に乗せた凝集液に吐出することによって，流体力学的にやや延伸しながら紡糸を行う。CNT原料としては，改良直噴熱分解合成法（eDIPS：enhanced Direct Injection Pyrolytic Synthesis method）を用いて合成されたもの[4]を使用した。水に対し

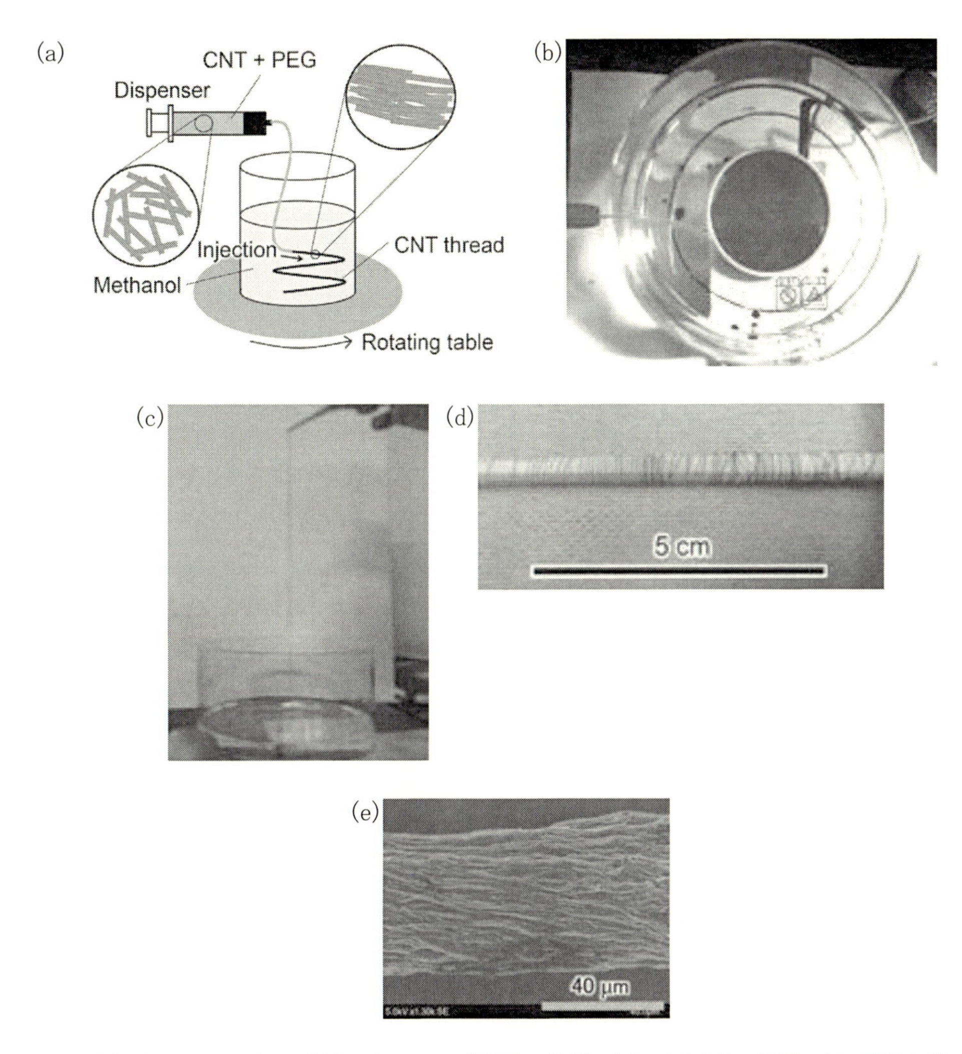

図2　(a) ウェットスピニング法によるCNT紡績糸の作製，(b) 吐出直後の様子，(c) 引き上げの様子，(d) 巻き取られたCNT紡績糸，(e) CNT紡績糸のSEM画像

て分散剤としてラウリル硫酸ナトリウム（SDS）を4 wt%，バインダーとしてポリエチレングリコール（PEG）を0.01 wt%添加したものに，0.15 wt%相当のCNTを分散させたものを紡糸原液とした。また，凝集液にはメタノールを用いた。吐出直後には，直径1 mm前後のゲル状紡績糸が形成されている（図2(b)）。その後，凝集液を純水に置換し，紡績糸を一方の端から引き上げ，大気中で乾燥させることにより，CNT紡績糸を作製した（図2(c)，(d)）。図2(e)に得られたCNT紡績糸の走査電子顕微鏡（SEM）写真を示す。典型的な直径は約40 μmである。

4　CNT 分散法の検討

CNT はファンデルワールス力によって強く凝集し，束状（バンドル）になる傾向が強い。さらに，CNT は本来疎水性であるため，界面活性剤と強力な超音波処理を用いて水に分散させる。ところが，超音波処理による分散は CNT の切断や欠陥導入[5]が起こるため，超音波の強度や印加時間が増えるとともに，導電率やゼーベック係数が低下することが知られている。そこで超音波処理の影響を軽減する手段として，イオン液体による CNT の一次分散を行った（図 3）。イオン液体を分散剤として使用することで CNT 間に働く強いファンデルワールス力を遮蔽し，CNT の凝集を防ぐことができる[6]。

本研究ではイオン液体として 1-butyl-3-methylimidazolium hexafuluorophosphate（[BMIM]PF_6）を使用した。CNT とイオン液体を乳鉢と乳棒で攪拌混合することで，剪断的な力を加えて強く結合したバンドルをほどきながらイオン液体に分散させる。その後，CNT のイオン液体分散液を水・メタノール混合液（1：1）で希釈し吸引ろ過することでイオン液体を除去し，ごく軽い超音波処理によって最終的な水分散液を作製した。CNT はイオン液体中に分散させた際にバンドルがほぐれているため，超音波処理のみによる CNT 分散液作製に比べて 5 分の 1 の超音波処理時間で分散される。

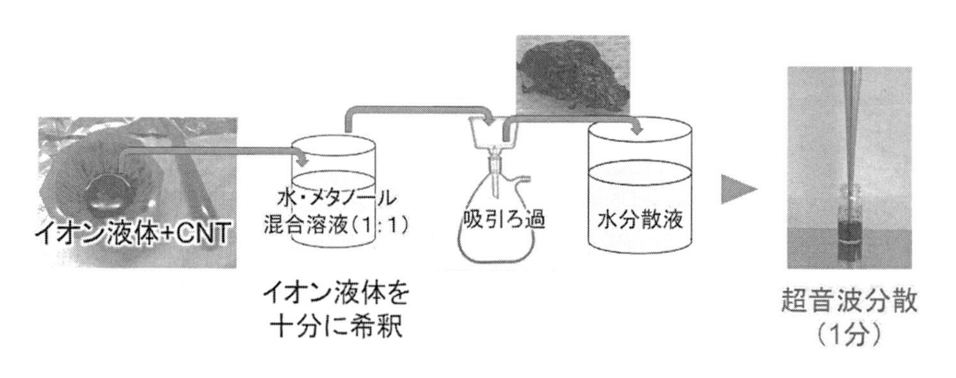

図 3　CNT 水分散液の作製方法

5　バインダーポリマー量の検討

CNT 分散液にバインダーとして働くポリマーを添加することで CNT 紡績糸の熱伝導率を抑制し，CNT 紡績糸の強度を高めることができる[2]。ここでは，様々なポリマーを試した中から比較的良い特性が得られたポリエチレングリコール（PEG）を用いたときの結果を紹介する。

図 4(a)に導電率およびゼーベック係数の PEG 濃度依存性を示す。ゼーベック係数は濃度にほとんど依存しないが，導電率は濃度の増加とともに減少している。これは濃度の増加とともに

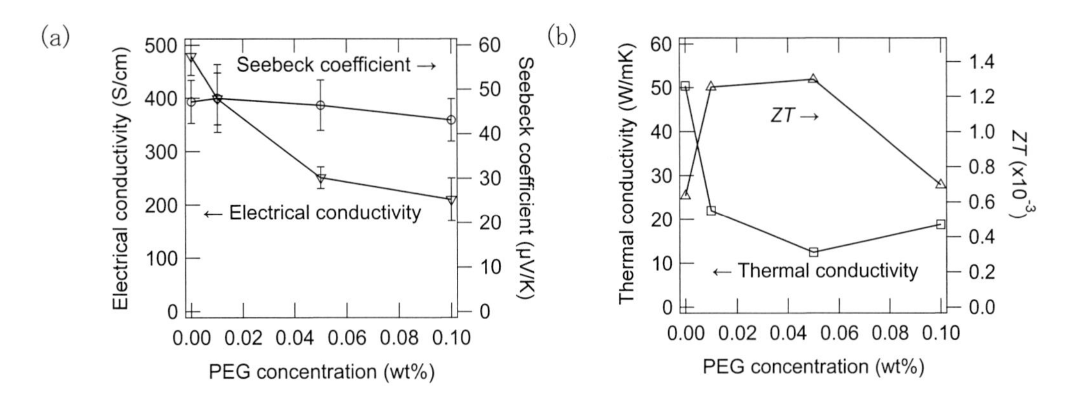

図4　CNT紡績糸における，(a) 導電率とゼーベック係数，および，(b) 熱伝導率と *ZT* のバインダーポリマー（PEG）量依存性

横軸は，紡糸前の分散液におけるPEG濃度である。

絶縁性のポリマーがCNT間に挿入される頻度と量が増加し，非導電性のCNT接合部が増えることが主な原因として考えられる。一方，図4(b)から，熱伝導率はごく少量のPEG添加で十分減少し，その後の減少は緩やかであることがわかる。結果として，*ZT* はPEG添加量0.01～0.05 wt%程度のときに高くなる。以降の実験では，PEG濃度を0.01 wt%として作製したCNT紡績糸を使用する。

6　CNT紡績糸のn型ドーピング

本研究で作製されたCNT紡績糸はそのままでp型を示しており，π型セル構造の形成のためにはn型のCNT紡績糸が必要である。そこで，CNT紡績糸に対して様々なn型ドーパントを用いて，その安定性などを評価した。その過程で，CNTの分散に用いたイオン液体［BMIM］PF_6が大気中でも安定なn型ドーパントとして機能することを発見した。

粘度を調整するために10 wt%のDMSOを添加したイオン液体にCNT紡績糸を24時間浸漬することでドーピングを行った。［BMIM］PF_6によってCNT紡績糸の部分ドーピングを行い，熱起電力を測定した結果を図5に示す。ドーピングを行った側はn型に，行っていない側はp型に保たれており部分ドーピングが適切に施されていることが確認された。また，同様にドーピングを行ったn型糸を大気中で10日間保管したところ，導電率は10%ほど減少したもののゼーベック係数はほぼ変わらなかった。

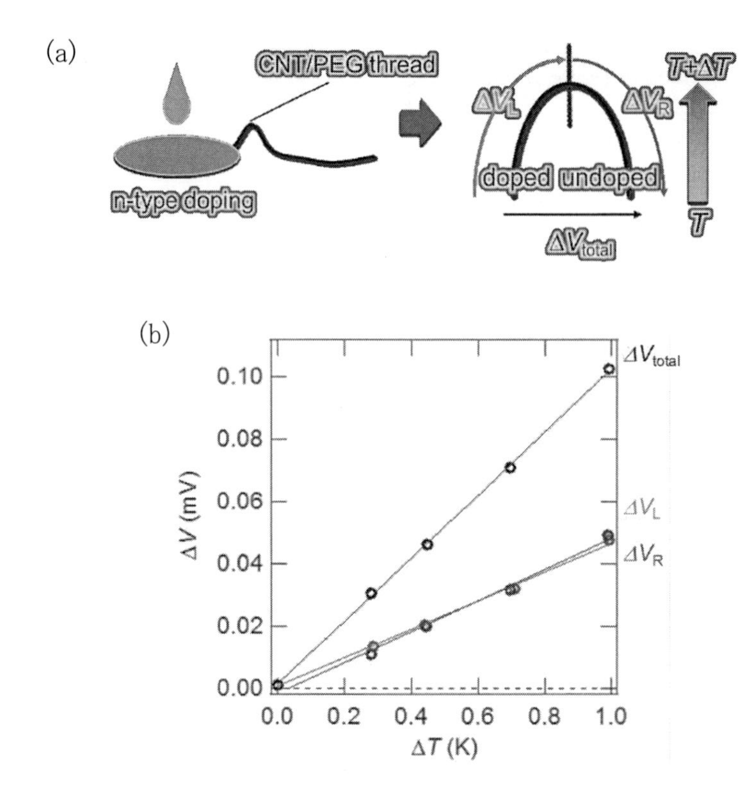

図5　(a) CNT 紡績糸の部分ドーピングと熱起電力測定法の概略図，および，(b) [BMIM]PF_6 により部分ドーピングを施した CNT 紡績糸の熱起電力測定結果

7　CNT 紡績糸への縞状ドーピングによる布状熱電変換素子の試作と評価

素子作製のためには π 型構造を周期的に必要なセル数だけ作成する必要がある。そこで図6のように CNT 紡績糸をプラスチック小片に巻きつけ，片側のみをドーピングすることで周期的に p/n の縞状ドーピングを行った。治具の大きさにより自在にドーピングピッチ調節でき，一度に複数の π 型構造を容易に作成することができる。このように縞状ドーピングされた CNT 紡績糸をドーピングピッチに合わせて約 3 mm 厚の布に縫い込み，布状熱電変換素子を作製した。図7は，作製した布状熱電変換素子の曲げ耐性の実験結果である。図中の写真のように布状熱電変換素子を折りたたむ動作を 160 回繰り返したが，素子抵抗の変化は 2%以下である。これは既報のフレキシブル熱電素子による結果[7,8]と比べ，十分高い曲げ耐性である。このような高い曲げ耐性が得られる理由としては，活性材料である CNT 紡績糸が基材に強く固定されていないため，活性材料が曲げ応力を受けにくいためである。これは，ウェアラブル用途において非常に有利な点であると言える。

実使用環境を想定し，この試作素子に対して，図8(a)のように大気中（24℃）で布状熱電変換素子の片面を指で軽く触れ，もう一方の面を自然空冷して発電する実験を行った。漏電を防ぐ

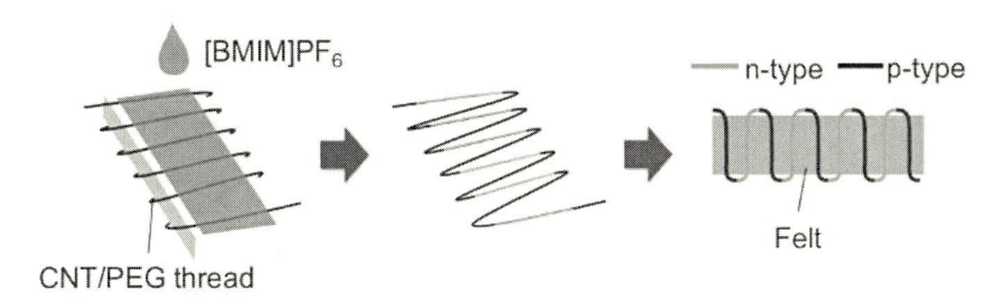

図6　縞状ドーピングによる布状熱電変換素子

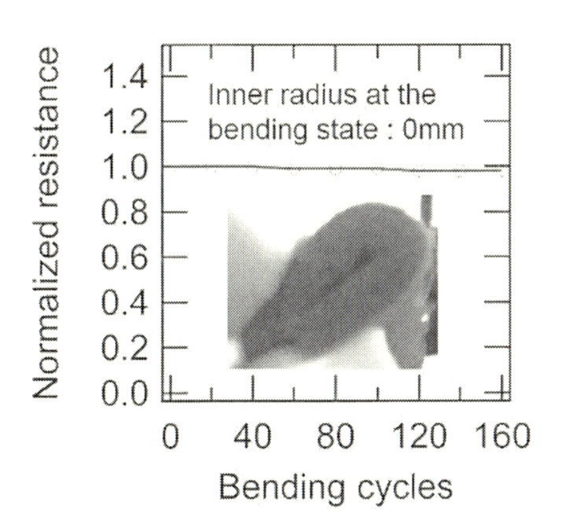

図7　布状熱電変換素子の折り曲げ耐久性試験結果

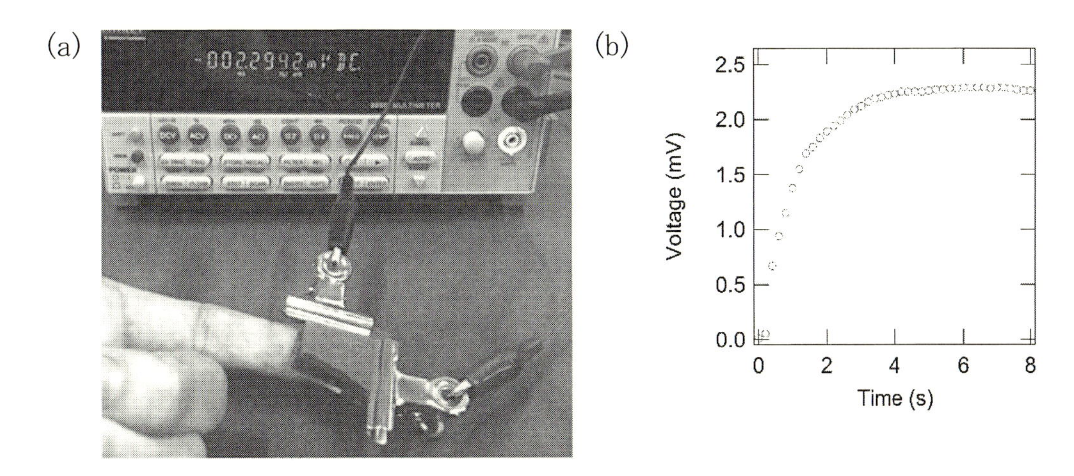

図8　布状熱電変換素子による発電デモンストレーション
(a) 指で素子の裏面に軽く触れている様子，(b) 出力電圧の指が触れた時点からの時間経過。

ために触れる側にはカプトンフィルムを挟んでいる。図8(b)に示されるように，触れた瞬間から熱起電力が立ち上がり，4秒後には安定して約2.3 mVの電圧が出力されている。この電圧からCNT紡績糸に生じている温度差を見積もると，およそ5℃となった。市販の熱電素子（Thermal Electronics，TEC1-03104，31セル，材料：Bi_2Te_3）を用いた対象実験では，温度差は約0.6℃と見積もられた。従来型の熱電素子では，ウェアラブル素子への応用を考えると熱抵抗が小さすぎることがわかる。

8 おわりに

本章では，筆者らのグループの最近の成果から，十分な素子厚みと柔軟性，さらには，低い熱伝導率を兼ね備えた熱電変換素子の作製法の一例として，縞状ドーピングされたCNT紡績糸による布状熱電変換素子の試作例を紹介した。このように，これまでにない用途のための要求性能を満たすフレキシブル熱電変換素子を開発するためには，材料～作製プロセス～素子構造までをトータルで技術開発することが重要である。本稿が，その一例として役立つことを願っている。

文　　献

1） M. Ito, T. Koizumi, H. Kojima, T. Saito, and M. Nakamura, *J. Mater. Chem. A*, **5**, 12068 (2017)
2） B. Vigolo, *Science*, **290**, 1311 (2000)
3） N. Behabtu, M. J. Green, and M. Pasquali, *Nano today*, **3**, 24 (2008)
4） T. Saito, S. Ohshima, T. Okazaki, S. Ohmori, M. Yumura, and S. Iijima, *J. Nanosci. Nanotechnol.*, **8**, 6153 (2008)
5） P. Vichchulada, M. A. Cauble, E. A. Abdi, E. I. Obi, Q. Zhang, and M. D. Lay, *J. Phys. Chem.*, **114**, 12490 (2010)
6） J. Wang, H. Chu, and Y. Li, *ACS Nano*, **2**, 2540, (2008)
7） S. J. Kim, J. H. We, and B. J. Cho, *Energy Environ. Sci.*, **7**, 1959 (2014)
8） K. Suemori, S. Hoshino, and T. Kamata, *Appl. Phys. Lett.*, **103**, 153902 (2013)

第17章　繊維/布帛型太陽電池

杉野和義*

1　はじめに

近年，生体情報を衣服で感知するウェアラブルセンサや寒冷地向けに電熱線を内蔵した衣服などのいわゆるスマートファブリックの開発が盛んに行われている。特に衣服内に内蔵されたセンサによって着用者の健康状態を管理する衣服型ウェアラブルデバイス開発が多くの企業や研究機関で実施されており，国内外で広く発表されている。このようなウェアラブルデバイスが実現されれば，着用者の健康管理やトレーニング中のアスリートの身体負荷の測定に役立つことが期待されている。また，病院や介護現場にも応用可能であり，広範な分野への展開が見込める。プレス発表を行っているコンソーシアムも多数あり，一部では市販が開始されているが，一般に普及しているとは言い難いのが現状である。この原因の一端は衣服型ウェアラブルデバイスに内蔵したセンサを駆動させるための電源にある。

現在発表されている衣服型ウェアラブルデバイスには，生体情報あるいは位置情報を読み取るセンサや温度調節のための電熱線が搭載されている。これらの電子部材用電源として用いられているバッテリーは，携帯型ではあるが重く，また取り付け位置も腰部などに限定されてしまうため，着用者に与える違和感が大きいという欠点がある。そのため，ウェアラブルデバイス分野，特に衣服型においては着用者に違和感を与えないような柔軟かつ軽量な電源の開発が求められている。

ここで，柔軟な発電デバイスとしての活用が期待されている有機薄膜太陽電池について解説する。この方式は発電を行う材料となる半導体に有機系物質を用いているのが特徴である。有機半導体をシリコン代替の材料として使用することで，大量合成による原料コストの削減や分子設計による波長依存性の制御が期待できるという利点がある。構成は，電極となる導体の上にp型およびn型有機半導体を数十～数百nmオーダーの膜厚で製膜することにより活性層を形成させ，その上に対極となる電極層を積層するものである。なお，いずれかの電極層に透明導電材料を用いることによって活性層に光エネルギーを取りいれる必要がある。図1に一般的な有機薄膜太陽電池の発電メカニズムを図示する。図下側の透明電極側から活性層に光が入射すると，主にp型半導体内部で励起子が発生する。この励起子は内部の＋と－の電荷が活性化された状態となっているため，n型半導体界面まで励起子が到達すると電子（－）とホール（＋）に電荷分離し，電子はn型半導体を通って陰極つまり金属電極に流れ，ホールはp型半導体を通って陽極すなわち

＊　Kazuyoshi Sugino　住江織物㈱　技術・生産本部　テクニカルセンター

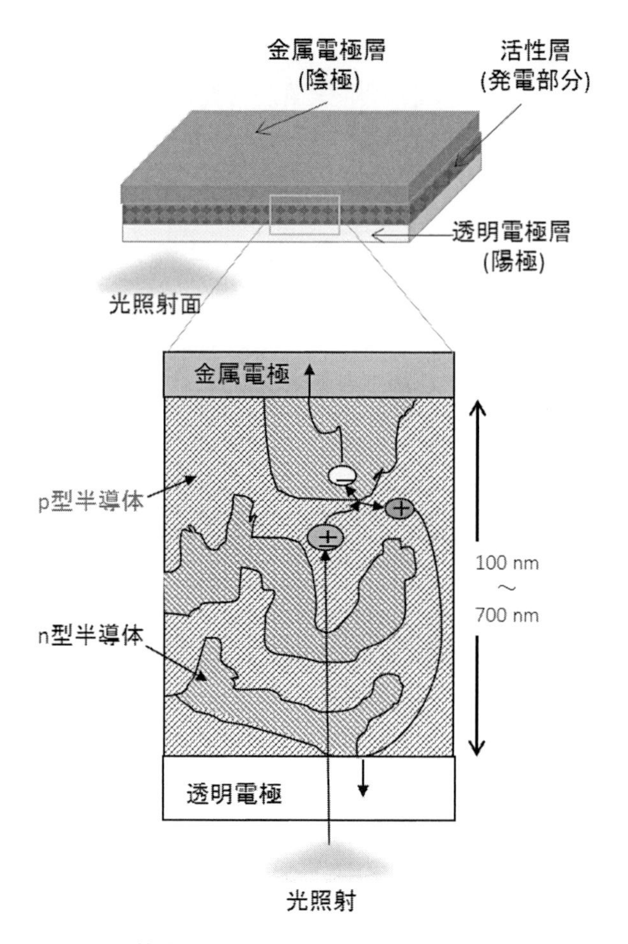

図1　有機薄膜太陽電池の一般的構成と発電メカニズム

透明電極に流れていき，外部回路に電流が流れる。励起子は活性化された不安定な状態のため，拡散長が限られており活性層が厚いとp-n接合界面まで到達できずに内部で失活してしまう。活性層膜厚については，現行の材料では100から700 nmが適している[1~3]といわれており，あまりに薄すぎると励起子の発生量が少なく十分な発電量が得られないという特徴を持っている。

ここでは，筆者らが取り組んでいる有機薄膜太陽電池の繊維化技術およびその繊維型太陽電池を織り込んだ布帛型太陽電池について報告する。

2　繊維型太陽電池開発

2. 1　電池構成について

広く報告されている有機薄膜太陽電池は，酸化インジウムスズ（ITO）などの陽極となる透明電極材料が配置された透明基材上に作製され，活性層などの太陽電池材料を製膜したのち陰極となる金属を真空蒸着で取り付ける構成となっている。繊維型太陽電池の場合，その形状から繊維外周層を透明電極とする必要があり，加えて繊維という三次元形状をもつ基材への製膜となるため金属の真空蒸着は適していないと判断し，電池材料の積層工程はすべて溶液塗布によって行うこととした。

繊維型基材への溶液塗布手法は引き上げ法（メニスカス法）によって行った[4)]。この手法は，塗布する材料液と基材との親和性を利用し，塗布速度によって膜厚を制御する方法である。原理としては，フィルムへの薄膜コーティングに用いられているキャピラリーコーターと通じるところがある。図2にメニスカス法でコーティングを行っている際の液面拡大写真を示す。また，次式はメニスカス法コーティングにおける膜厚とコーティング速度および粘度の関係理論式である。

$$h = a(\eta u / dg)^{\frac{1}{2}}$$

乾燥後の膜厚 x は乾燥前の材料膜厚 h に比例する。膜厚に影響を及ぼす製膜パラメータとしては，塗布溶液の密度 d および粘度 η，ならびに引き上げ速度（コーティング速度）u がある。a は係数，g は重力加速度である[5)]。係数 a は材料液と基材の親和性を表す係数であり，材質の組み合わせのほか基材表面の粗さや材料液の温度によっても変動するため，基材の表面状態とそのばらつき，および塗布加工時の環境条件設定は慎重に行う必要がある。

上述のとおり，繊維型太陽電池においては透明電極層を繊維外周に配置する必要がある。そのため，塗布製膜が可能かつ電極として利用できる導電性を有した透明材料として，ポリ(3,4-エチレンジオキシチオフェン)：ポリ(スチレンスルホン酸)（PEDOT：PSS）の水分散液を採用

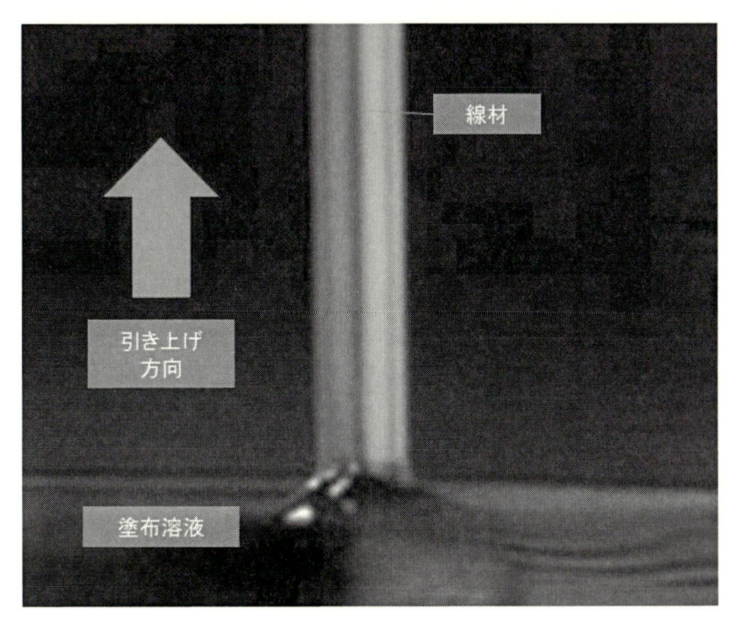

図2　メニスカス法による塗布の様子

した。PEDOT：PSSはp型半導体的性質を備えた材料であるため，基材とする電極材料は陰極的性質を備えているほうが望ましい。このような陰極基材上に材料を積層していき，最終的に配置する電極が陽極となる構成の有機薄膜太陽電池は逆層型とよばれており，大気に対して不安定な表面物性を有することの多い陰極材料を最下層に配置することで有機薄膜太陽電池の長寿命化を図ることができるとされている[6]。図3に一般的な有機薄膜太陽電池構成と逆層型構成および繊維型太陽電池の電池構成を示す。

図3(c)の繊維型太陽電池構成図中に記載のある補助電極は，透明電極層から効率良く電荷を補修するための導電線材である。透明電極層として使用するPEDOT：PSS層は有機物かつ薄膜のため端子を接続する際に破壊される恐れがあり，また長繊維化に際して長手方向での

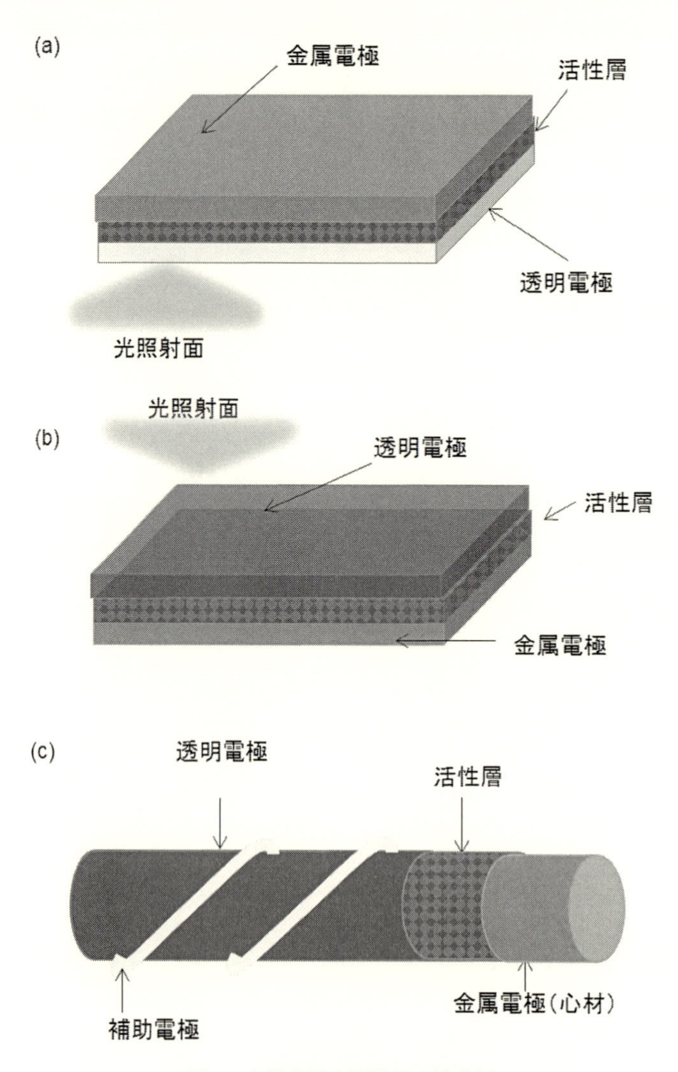

図3　有機薄膜太陽電池の構成例

(a) 一般的な構成，(b) 逆層型構成，(c) 繊維型太陽電池の構成

PEDOT：PSS の電気抵抗増加により電荷捕集効率が低下する要因となる。そのため，一定間隔で透明電極層から電気を取り出すことのできる本構成を採用している。

また，補助電極のさらに外側，最外層にあたる部分には有機薄膜材の物理的保護および大気中の水分や酸素からのバリア層として封止層を形成している。繊維型太陽電池の封止層としての条件には，①最外層に配置するため内部に光を取り入れられる光透過性を有していること，②高いガスバリア性を有していること，③フレキシブルであり割れないこと，が挙げられる。いずれの項目もトレードオフの関係にあるため，まだ最適化が済んでいない領域である。

2. 2　繊維型太陽電池特性評価

上記の逆層型構造の繊維型有機薄膜太陽電池を作製し，測定した。なお，有機活性層に関してはフィルムと繊維の形態上の違いを把握するため，フィルム形状にて既に多くの知見のあるポリ（3-ヘキシルチオフェン）：フェニル C_{61}-ブチル酸メチルエステル（P3HT：$PC_{60}BM$）を用いた

(a)

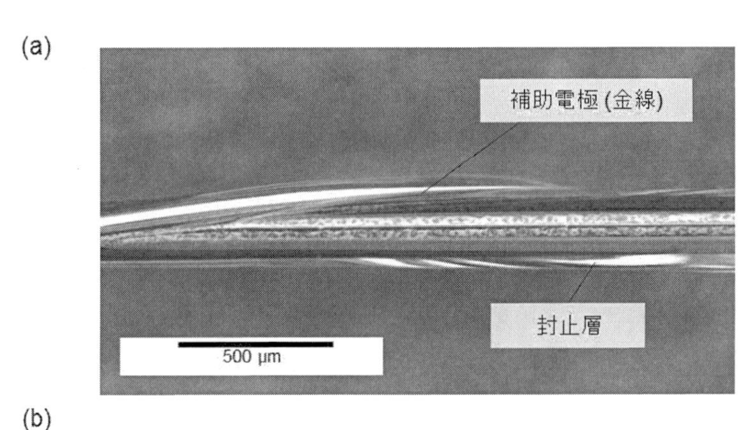

(b)

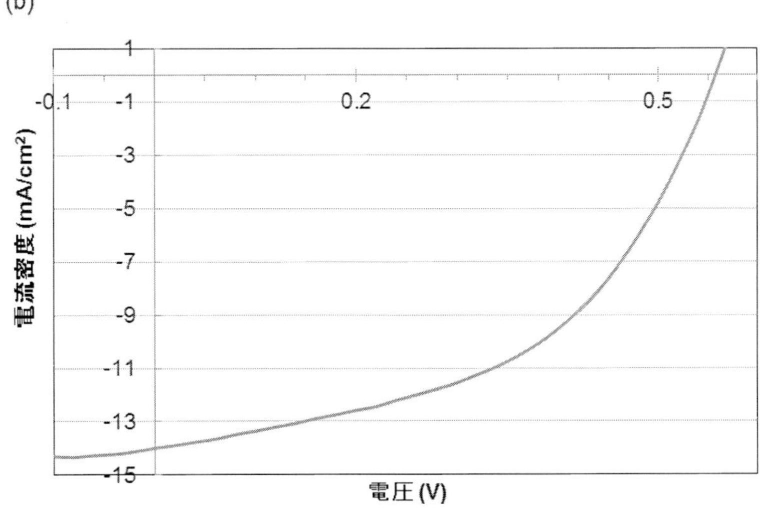

図 4　(a) 繊維型太陽電池の拡大写真，(b) 繊維型太陽電池の電流-電圧曲線

バルクヘテロジャンクション（BHJ）型を採用した[7,8]。また，エネルギーバランス調整のため，心材（－極）と活性層間に陰極側バッファ層を製膜している。図4に作製した繊維型太陽電池の光学顕微鏡像（a）および疑似太陽光照射下（AM1.5G）における電流-電圧曲線（b）を示す。変換効率は3.8％を確認しており，既報のフィルム形状P3HT：$PC_{60}BM$系有機薄膜太陽電池の変換効率と同程度であった[9]。また，同様の構成の繊維型太陽電池において4.6 mW/cm^2の出力密度を確認している[10]。電流-電圧曲線から，特に電流密度特性が優れていることが読み取れるが，これには繊維型太陽電池の封止層による集光効果が関係していると考えられる[11]。

3　布帛型太陽電池開発

3. 1　布帛型太陽電池の構成開発について

ここまでで繊維型太陽電池の出力特性について触れてきたが，実用化のためには繊維の集積化が必要である。これは，発電効率が高かったとしても繊維一本の表面積がごく限られたものであり，得られる電流値が小さくなってしまうためである。また，電圧に関してもデバイス駆動のためには一本で十分な値を賄えているとはいえない。そこで，繊維という形状を活かして布の中で繊維型太陽電池同士を接続する検討を行った。今回は特に，デバイスを駆動させることに重点をおいて電圧向上のための直列接続についての検討結果について述べていく。

まず，繊維型太陽電池の＋極・－極だが，それぞれ透明電極層と心材としている金属線となる。なお，透明電極層には先述の理由から補助電極を取り付けており，実質補助電極が＋極の役割を果たしている。電圧向上のための直列集積化のためには，ある繊維型太陽電池の補助電極を別の繊維型太陽電池の心材と接触させる必要があり，これを繰り返して一筆書きに繊維型太陽電池を繋げていけばよい。そして，図5のように繊維型太陽電池の場合は繊維径方向の内側と外側で－極と＋極が別れているため，作製方法によっては繊維長手方向の同じ側から＋極と－極を

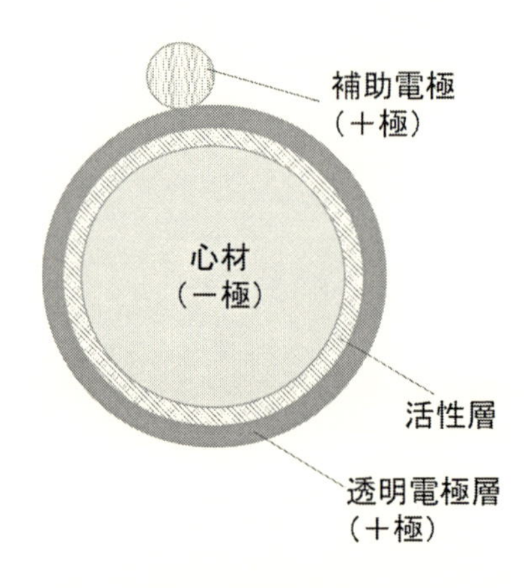

図5　繊維型太陽電池断面イメージ図

引き出すことも可能である。

我々は布帛型太陽電池試作のため，繊維型太陽電池を織物の緯糸として挿入できる専用織機を開発した。織機の特徴としては福井県工業技術センターにて開発されたICタグテキスタイル製造装置を参考にさせてもらい，繊維型太陽電池緯糸挿入レピアを備えていることにある。この織機を用いて作製した試作品を図 6 に示す。図 6(c)は裏面の直列結線部の拡大写真となっている。この試作品では，＋極と－極を繊維型太陽電池の同じ側から引き出しており，補助電極と心材の接続には基材となる FPC と銀ペーストを使用している。なお，経糸の一部に配置した導電糸に繊維型太陽電池の＋極・－極を接続することで外部への電極引き出しが可能となっている。この構成において直列接続による電圧向上は確認でき，外部のデバイスへ接続することも可能になったが，見栄えが悪いことや結線部分の部品による柔軟性の阻害など問題が残っていた。

この問題を解決するため，布帛型太陽電池の織り組織改良を行い，経糸に配置していた導電糸を外部への電極引き出しのためだけではなく繊維型太陽電池同士の接続にも応用することとし

(a)

(b)

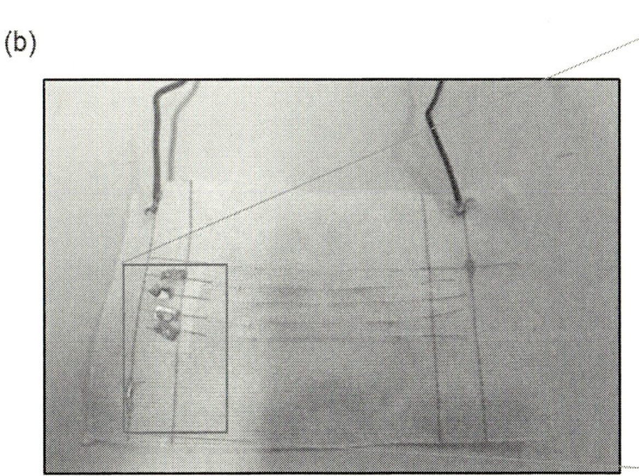

(c)

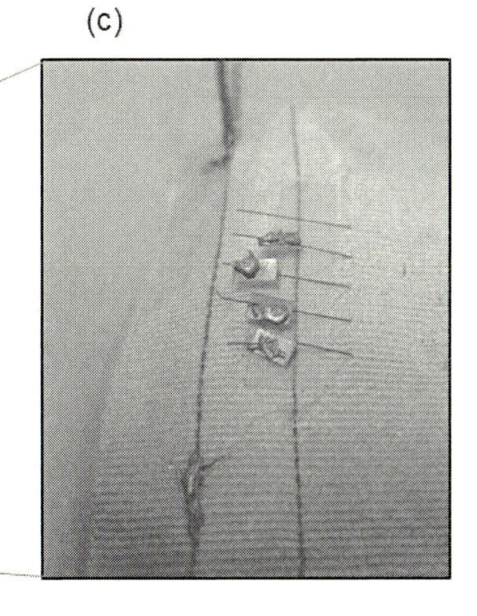

図 6　布帛型太陽電池試作品

(a) 表面，(b) 裏面，(c) 結線部分拡大

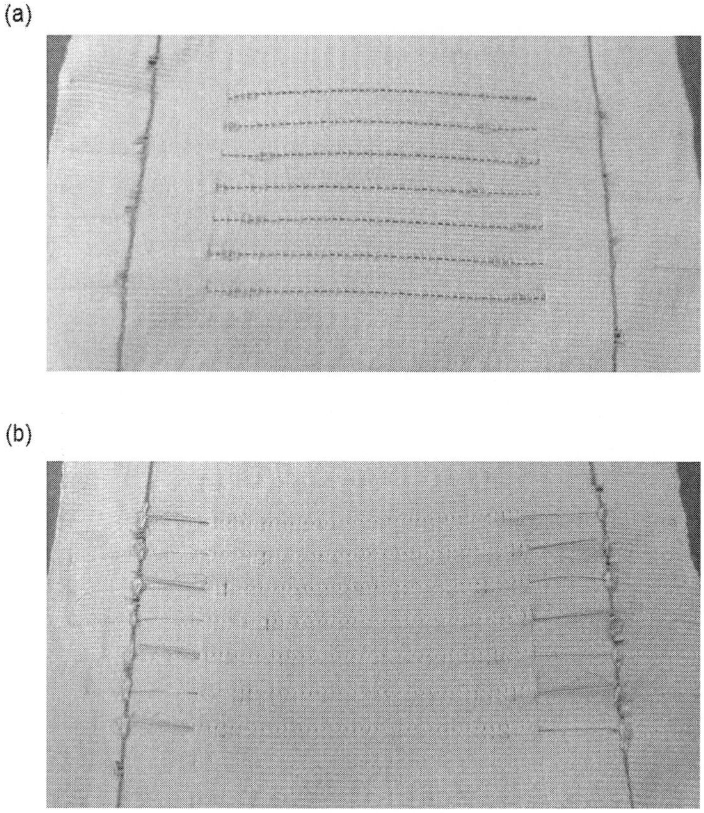

(a)

(b)

図７　布帛型太陽電池 第２次試作品
（a）表面，（b）裏面

た。図７に改良織り組織で作製した第２次試作品を示す。上記対策を講じたことで結線のための部品点数が減り，柔軟性および意匠面で改善が見られている。

この第２次試作品では繊維型太陽電池の＋極と－極は繊維長手方向のそれぞれ両端から取り出している。作製手順について述べると，一本目の繊維型太陽電池を緯糸として挿入し両端から伸びている電極部材を経糸に二本一組で配置した導電糸で挟み込むことで接点を作製する。続いて，次に挿入する繊維型太陽電池の向きを逆向きにすることで，先ほど＋極を接続した導電糸には次の太陽電池の－極が接触することになる。このようにして必要本数を織り込んでいくことで布帛型太陽電池の製織が可能となる。ただし，このままでは全ての＋極と－極が接触してショート状態になっているため，織機から降ろした後に繊維型太陽電池が一筆書きとなるように経糸導電糸を部分的に断線させることで直列接続布帛型太陽電池の完成となる。繊維型太陽電池挿入の際に太陽電池の向きを揃えて挿入し続けた場合は導電糸を断線させる必要はなく，並列接続仕様の布帛型太陽電池が得られる。

3. 2　布帛型太陽電池の発電性能について

第2次試作品の布帛型太陽電池の疑似太陽光照射下（AM1.5G）における出力特性を表1にまとめる。繊維型太陽電池の測定結果（Fiber 1～8）は布帛への織り込み前に測定したデータである。なお，布帛化後は出力値を重視した評価を行っている。結果として，7本の直列接続には成功しており，開路電圧の値およびFFの値は理にかなったものとなっていた。しかし，電流値に関しては，織り込み前の繊維型太陽電池と比較すると低下してしまっている。これには以下の原因が考えられる。①布帛表面に露出している太陽電池素子が通常経糸によって陰になってしまっている（開口率の低下），②経糸導電糸と繊維型太陽電池電極間の接触抵抗が高い，③経糸導電糸の内部抵抗による損失。これらの課題へは対応を進めている。

表1　繊維型太陽電池および7本直列仕様布帛型太陽電池の疑似太陽光下における出力性能

サンプル	開路電圧［V］	短絡電流［μA］	FF	最大出力［μW］
Fiber 1	0.60	297	0.39	70
Fiber 2	0.61	327	0.43	85
Fiber 3	0.61	381	0.41	96
Fiber 4	0.58	335	0.30	58
Fiber 5	0.61	412	0.42	104
Fiber 6	0.60	370	0.46	101
Fiber 7	0.56	402	0.41	91
Textile	4.0	117	0.38	177

4　まとめ

繊維/布帛型太陽電池の開発および出力特性について報告したが，先述の布帛型太陽電池第2次試作品は温湿度センサ搭載BLE無線モジュール，および低消費電力型マイコンを用いた液晶ディスプレイ表示切り替えの電源として使用できることを確認している。

繊維/布帛型太陽電池は，一般的な織物をベースにしていることから，軽量であり布帛としての柔軟性および通気性を維持したまま発電デバイスとして用いることができる。さらに，発電素子となる繊維型太陽電池には有機薄膜太陽電池を採用しているため，シリコン系太陽電池が苦手としている室内照明下でも十分な発電性能を発揮することができる。

本文中でも触れているが，耐久性や性能面に関わる部材開発が未だ完了しておらず最適化の余地は多々残されている。今後これらの課題解決に努め，繊維や布といったユニークな形状特性を活かした領域へと展開していきたい。

謝辞

本稿で紹介した研究開発は，平成23年度～平成26年度NEDO補助金事業「グリーンセンサ・ネットワークシステム技術開発プロジェクト（社会課題対応型センサーシステム開発プロジェクト）」および平成28年度～平成30年度近畿経済産業局「戦略的基盤技術高度化支援事業」の支援を受けて行われた。また，本研究開発は，東京工業大学 谷岡明彦名誉教授，同 松本英俊准教授，信州大学 木村睦教授，布川正史氏，鴻巣裕一氏，坪井一真氏，稲垣サナエ氏，滝澤純子氏，池田佳加氏および京都工芸繊維大学　武内俊次氏の協力のもと実施できたものであり，ここに感謝の意を表する。

文　　献

1) D. Liu *et al.*, *ACS Nano*, **6**(12), 11027-11034 (2012)
2) A. Bedeloglu *et al.*, *Textile Research Journal*, **80**(11), 1065-1074 (2010)
3) M. K. Singh, Leonid A. Kosyachenko (Ed.), "Flexible Photovoltaic Textiles for Smart Applications, Solar Cells - New Aspects and Solutions", InTech (2011)
4) 池田佳加ほか，光発電糸，特許第6482187号（2019）
5) 情報機構，最新透明導電膜動向：材料設計と製膜技術・応用展開，情報機構（2005）
6) M. S. White *et al.*, *Appl. Phys. Lett.*, **89**, 143517 (2006)
7) Satoshi Honda *et al.*, *ACS Appl. Mater.*, **1**(4), 804-810 (2009)
8) Martin Kaltenbrunner *et al.*, *Nat. Commun.*, **3**, 770 (2012)
9) Dan Chi *et al.*, *J. Mater. Chem. C*, **2**, 4383-4387 (2014)
10) Kazuyoshi Sugino *et al.*, *J. Fiber Sci. Technol.*, **73**(12), 336-342 (2017)
11) Kazuma Tsuboi *et al.*, *Sen'i Gakkaishi*, **71**(3), 121-126 (2015)

第18章　柔軟発電素材による海洋エネルギー・ハーベスティング技術

陸田秀実*

1　はじめに

四方海に囲まれた我が国では，海洋に関する安全保障，自然災害対策，環境モニタリングなどの観点から，高密度・高効率・安価・リアルタイムに海洋状況を把握・監視することが緊急課題となっている。このような背景から，独立電源確保の難しい海上において，海洋エネルギーを利用したエネルギー・ハーベスターの導入・需要[1)]が高まっており，国内外において，磁歪，圧電素子，誘電エラストマーなどを用いた様々な発電体の提案・開発が行われている。その中でも，圧電材を用いた海洋エネルギー・ハーベスターの研究は，諸外国において活発に行われており，早期実用化に向けた検討がなされている[2)]。この他，近年では，Triboelectric nanogenerator (TENG) が提案・開発[3)]され，摩擦や剥離方式によるエネルギー・ハーベスティング技術が進展し，ナノテク発電材料として注目を集めてている。このTENGを海洋エネルギー利用技術に応用した研究事例も多数報告されている[4,5)]。

以上の背景から，著者らは，海洋エネルギー・ハーベスティング技術の一つとして，圧電素材を用いた柔軟発電素材（Flexible Piezoelectric Device, FPED）の研究・開発を行っている。これまでに，波，流れ，風などの自然エネルギーのみならず[6~9)]，各種の機械振動[10)]や人の動作などによる人工的な振動エネルギーから，電気エネルギーを創出することに成功している。本稿では，海洋エネルギー・ハーベスティングに焦点を絞り，研究開発の進捗状況および今後の展望について紹介する。

2　柔軟発電素材

著者らが開発している柔軟発電素材（FPED）は，図1に示す通り，薄型樹脂および電極シートから成る基材に，スプレーノズルを用いて樹脂系圧電塗料[11,12)]を塗膜し，弾性材（ゴム，樹脂など）および防水被覆材を薄型積層した発電体である。従来型の発電体に比べ，このFPEDは，耐久性および耐候性，応答性，柔軟性，加工性，防水性に優れている。特に，繰り返し荷重が作用する厳しい自然環境下であっても，このFPEDは大きな曲率を伴う大変形に対して層間剥離が生じないため，亀裂・破壊・疲労に極めて強いという特徴を有している。したがって，海象条

---

* Hidemi Mutsuda　広島大学　大学院工学研究科　准教授

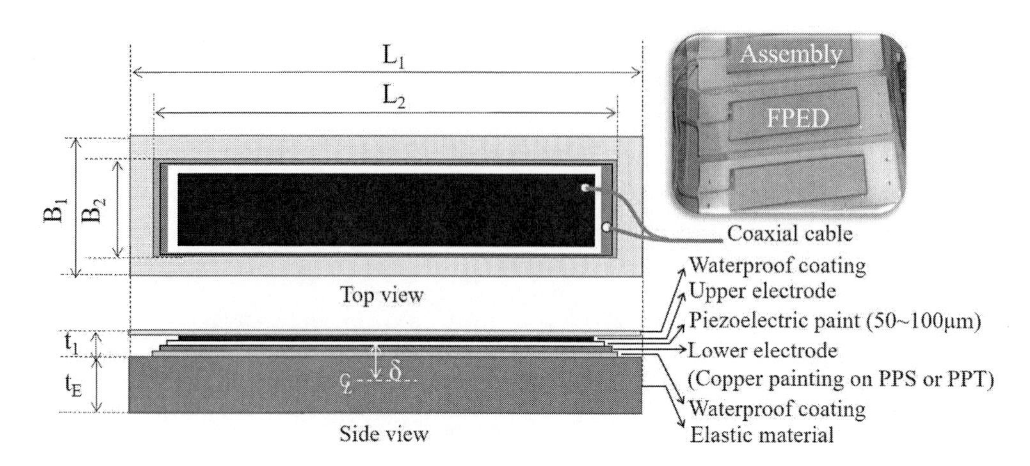

図1　柔軟発電素材 FPED の積層構造

件の厳しい海洋エネルギー・ハーベスターに適した薄型積層構造を有する FPED を開発することが可能となる。なお，この FPED は外力条件に応じて弾性体を適宜選定し最適化することが可能となるため，エネルギーの獲得レンジが幅広いだけでなく，必要となる発電量に応じて積層数 N を増加させることもできる。

3　発電理論計算法

著者らは，Patel *et al.*[13]が提案した発電理論計算法に基づいて，柔軟発電素材（FPED）の設計支援ツールを開発している。本理論は，図2に示す通り梁の振動理論と圧電方程式によって，FPED の変形と発電量を推定するものである。これらの方程式に対して，Transfer Matrix 法を適用し，固有振動数と振動モードを求め，空間依存項である各モードのモードシェイプを求める。その後，時間依存項であるモード振幅と起電力の両変数以外の項を求める。最後に，変位の非定常計算に Newmark β 法，起電力の計算に4次 Runge-kutta 法を用いる。

$$\ddot{\eta_q} + 2\gamma_q w_q \dot{\eta_q}(t) + w_q^2 \eta_q(t) + \varepsilon V(t)\left[W_q'(x_1 + x_2) - W_q'(x_1)\right] \tag{1}$$

$$= \int_0^L F_e(x)\, W_q(x)\, dx,$$

$$C_p \frac{\partial V(t)}{\partial t} + \frac{V(t)}{R_{\mathrm{load}}} = \sum_{q=1}^{\infty} - E_p d_{31} t_{pc} b_p \left[\frac{\partial W_q(x)}{\partial x}\right]_{x_1}^{x_1+x_2} \dot{\eta_q}(t) \tag{2}$$

ここで，q はモード番号，$w_q(x)$ は固有周波数，η_q はモード振幅，$V(t)$ は FPED の出力電圧，γ は減衰係数，L は FPED の長さ，F_e は外力，C_p は圧電素材の内部キャパシタンス，R_{load} は内部抵抗，E_p は FPED のヤング係数，d_{31} は圧電定数，t_{pc} は圧電材の中立軸からの距離，b_p は圧電

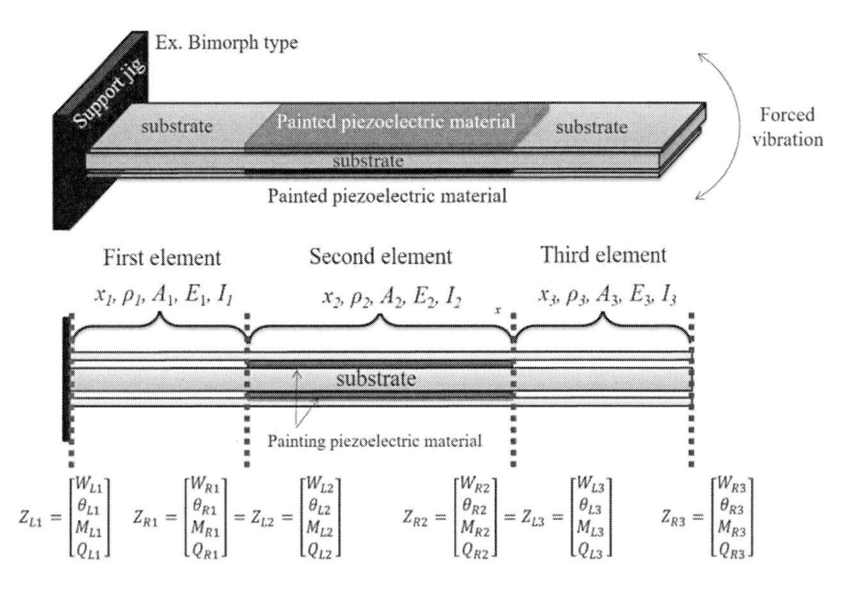

図2　柔軟性発電素材の理論計算法の概要

材の幅である。本理論計算法によって，FPEDの材料および構造様式の検討，さらにはFPEDの発電性能を予め評価できるため，上流設計の段階で，FPEDの最適設計が可能となる。

4　水中加振試験による基本的発電特性

柔軟発電素材FPEDを水中振動させた場合の変形状態と発電性能を検証するため，図3に示すような水中加振試験を実施した。加振条件は，実海域との相似則に基づいて，振動振幅 A_v = 10〜15 mm，振動周期 T_v = 0.5〜2.0 s とした。また，FPEDの諸元は表1に示す通りである。FPEDは片持ち支持され，固定端を加振することとした。FPEDからの出力電圧は，A/D変換

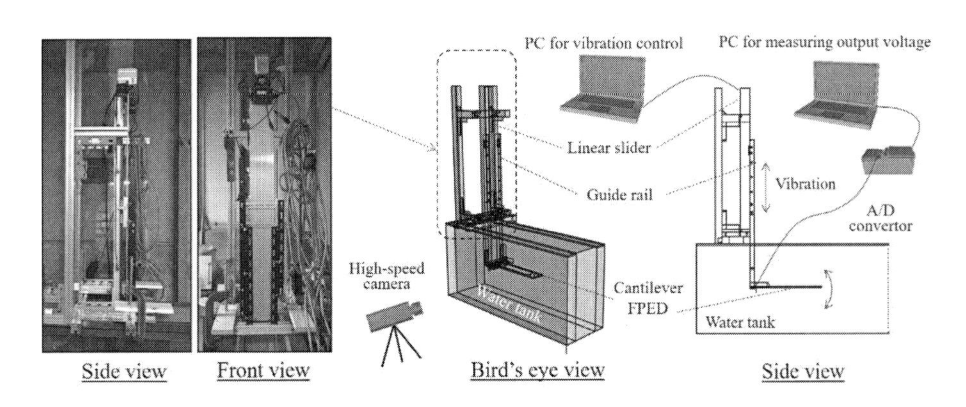

図3　水中加振試験の実験装置の概要

機（内部抵抗１MΩ）を介して記録した。また，FPEDの変形状態は，FPEDの自由端を高速ビデオカメラによって撮影し，画像追跡した。

図４は，水中加振によって発生する流体力によって，柔軟に変形するFPEDのスナップショットである。また，図５は，高速度ビデオカメラによって得られたFPEDの自由端における変形と速度の時系列変化を示したものである。さらに，図６は，各FPEDから出力された電圧の時系列変化を示したものである。これらの図から，本研究で開発したFPEDは，水中加振した際，振動振幅および周期に合わせて，高次モードの変形によって励起される振動波形は生じず，１次

表１　水中加振試験に使用したFPEDの諸元

	L (mm)	B (mm)	t_E (mm)	EI (N・m^2)	Young's Modulus (MPa)	ρ (kg/m^3)	Elastic Material
FPED-a	500	100	10	0.0962	3	2200	Silicon
FPED-b	500	100	15	0.2897	3	2200	Silicon
FPED-c	500	100	20	0.6549	3	2200	Silicon
FPED-d	500	100	12	2.4750	3140	1200	Acrylic

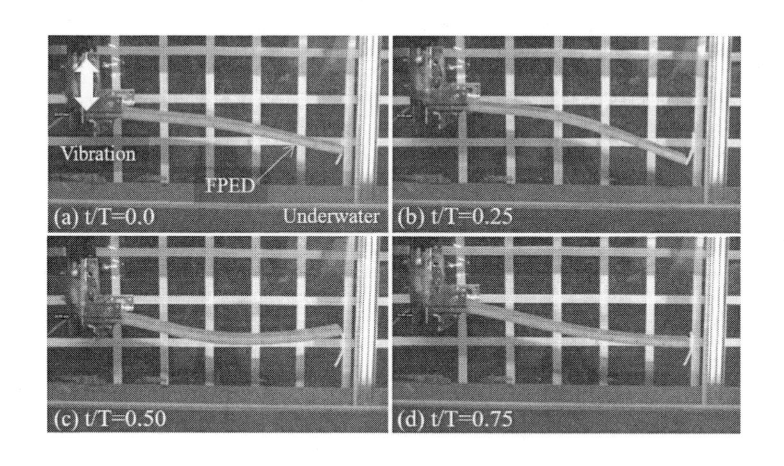

図４　水中加振によるFPEDの変形状態

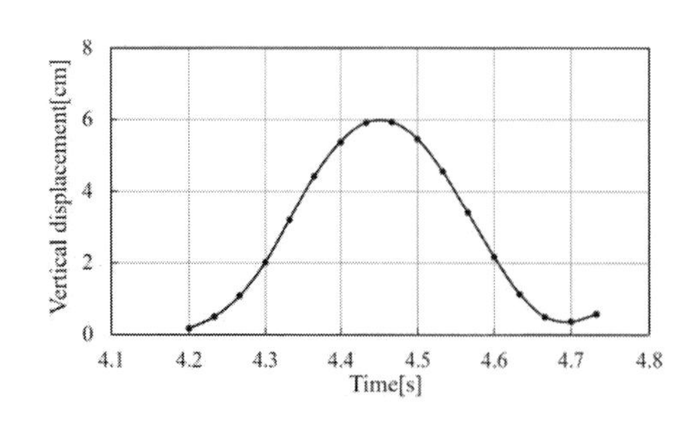

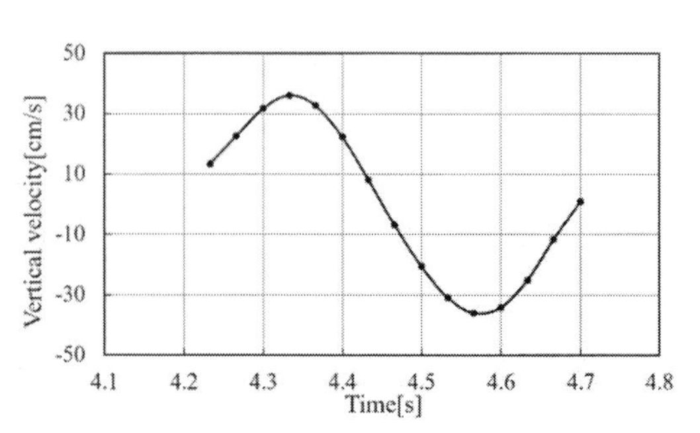

図５　FPEDの自由端における変形と移動速度の時系列変化

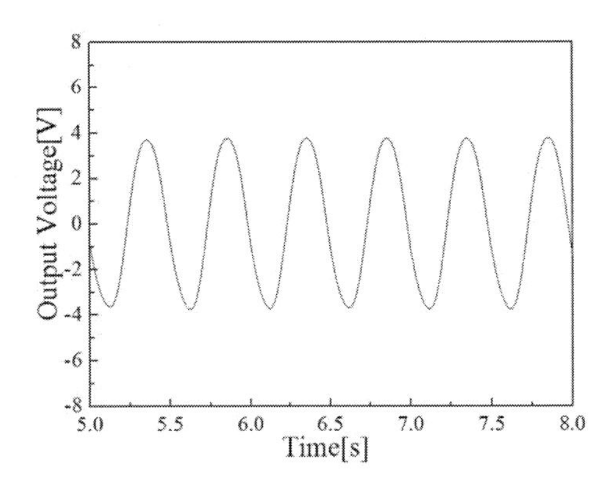

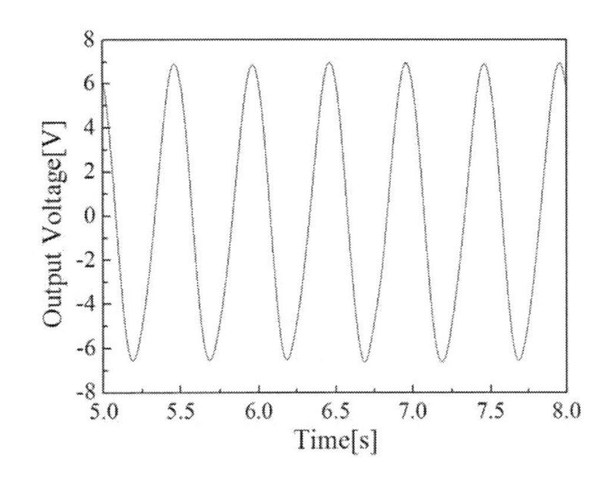

図6　FPEDの出力電圧の時系列変化
（左：FPED-a，右：FPED-d）

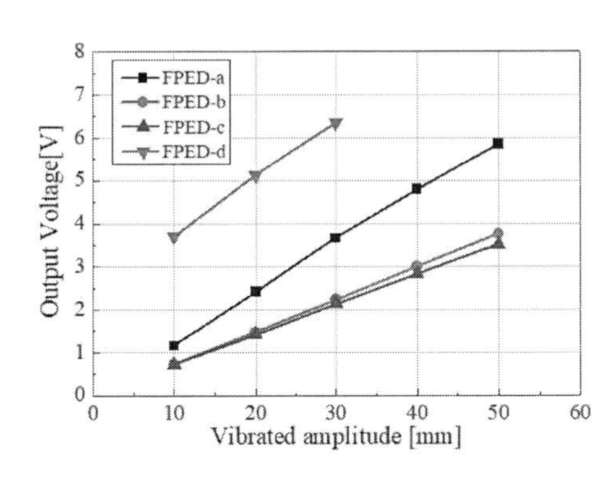

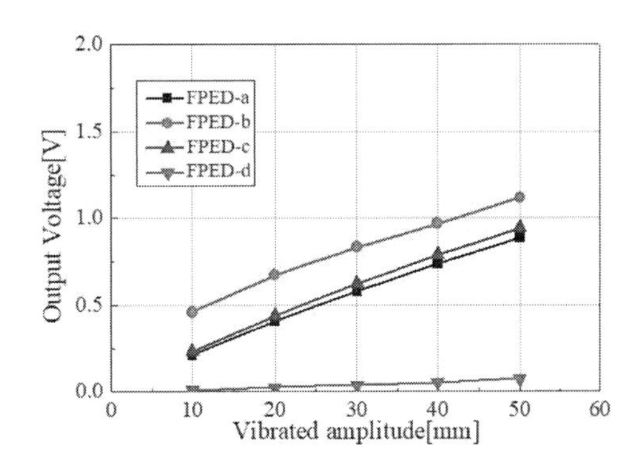

図7　FPEDの出力電圧と振動周期の関係
（左：T = 0.5 s，右：T = 1.5 s）

モードのみの出力電圧が獲得できていることが分かる。また，積層する弾性材の剛性EIが，出力電圧の振幅に大きな影響を及ぼしていることが分かる。したがって，第3節で示したように，適用分野の流体力の大きさと振動周期に応じたFPEDの理論設計が必要となる。また，FPEDは電気ノイズもなく耐水性も高い発電体であることが分かる。図7は，加振周期と出力電圧の関係を示したものである。いずれのFPEDも振動振幅が大きいほど出力電圧が高いことが分かる。すなわち，FPEDの高出力化には，適用分野の流体力に応じて1次モードの変形速度が最大となるよう弾性材を選定することが重要である。

5　波エネルギー利用への応用事例

次いで，実際の波外力による柔軟発電素材（FPED）の発電特性について紹介する。水槽試験は，図8に示す通り，広島大学所有の大型曳航水槽（長さ100 m× 幅8 m× 水深3.5 m）内に，半没水状態で片持ち支持されたFPEDを治具に固定し，様々な規則波（波高 H = 50〜150 mm，波長 T = 0.99〜3.51 s）を作用させた。本実験で作成したFPEDの諸元は表2に示す通りである。なお，FPEDのアスペクト比AR = B_2 : L_2 = 1 : 5，1 : 3および1 : 2とした。

図9は，波高 H = 0.15 m，波周期 T = 1.2 sの波条件下において，FPEDの電圧の時系列変化を示す。前節の水中加振実験同様に，目立った高周波成分も生じないことから，波外力に同調

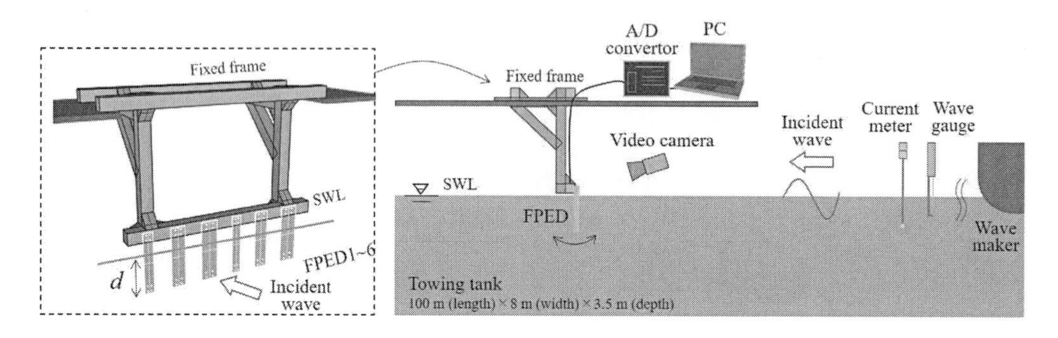

図8　波エネルギー利用実験の概要

（左：片持ち設置されたFPED，右：各種計測機器）

表2　波エネルギー利用実験に使用したFPEDの諸元

	L_1 (mm)	L_2 (mm)	B_1 (mm)	B_2 (mm)	t_1 (mm)	t_E (mm)	ρ (kg/m^3)	Young's modulus (MPa)
FPED1	420	300	80	60	50	50〜100	1600	4.17
FPED2	420	300	100	100	50	50〜100	1600	4.17
FPED3	420	300	170	150	50	50〜100	1600	4.17
FPED4	420	300	80	60	100	50〜100	1600	4.17
FPED5	420	300	100	100	100	50〜100	1600	4.17
FPED6	420	300	170	150	100	50〜100	1600	4.17

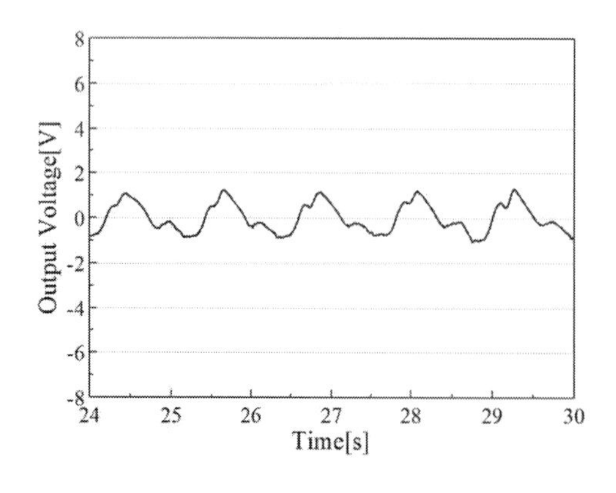

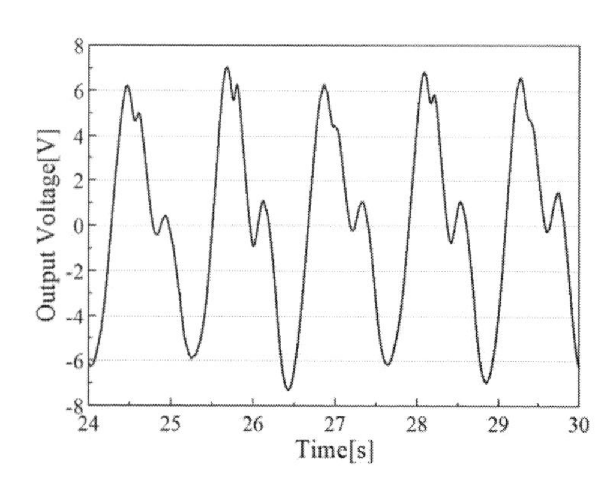

図9　波エネルギーによる出力電圧の時系列変化

（左：FPED1，右：FPED3）

した 1 次成分による出力電圧が顕著に発生していることが分かる。図 10 は，波高と出力電圧の関係を示したものであり，波高増加とアスペクト比が大きい場合に，出力電圧が増大することが分かる。これは，波外力と FPED の面積に比例した出力電圧が得られるという既往研究の結果を支持している。図 11 は，積層構造および塗布厚が出力電圧に及ぼす影響を示したものである。図より，Bimorph 型の場合に出力電圧が大きくなる傾向である。また，同一の波条件下においては，塗布厚 t_1 が薄いほど出力電圧が大きくなり，その傾向は，波形勾配が大きいほど顕著となっている。これは，塗布厚が小さいほど，FPED の剛性が小さいため，より柔軟に FPED が変形し，大きな出力電圧が発生するためである。したがって，塗布厚と弾性材の両者を加味した FPED の剛性を考慮しつつ，第 3 節で示した理論計算法に基づく上流設計が必要となる。図 12 は，FPED の出力電圧について，理論値と実験値を比較したものである。両者は良好な一致を示しており，本理論計算法が FPED の設計支援ツールとして有用である言えよう。

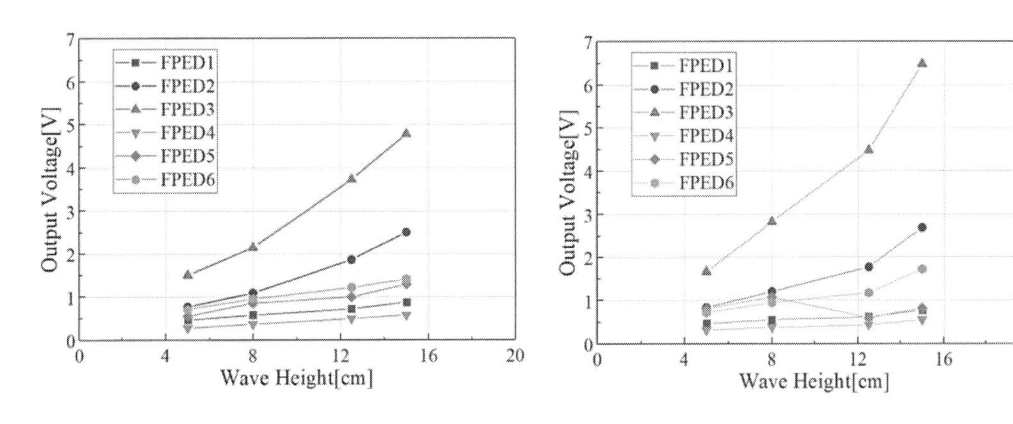

図 10　各種波条件と出力電圧の関係
(左：波周期 T = 1.5 s，右：波周期 T = 1.0 s)

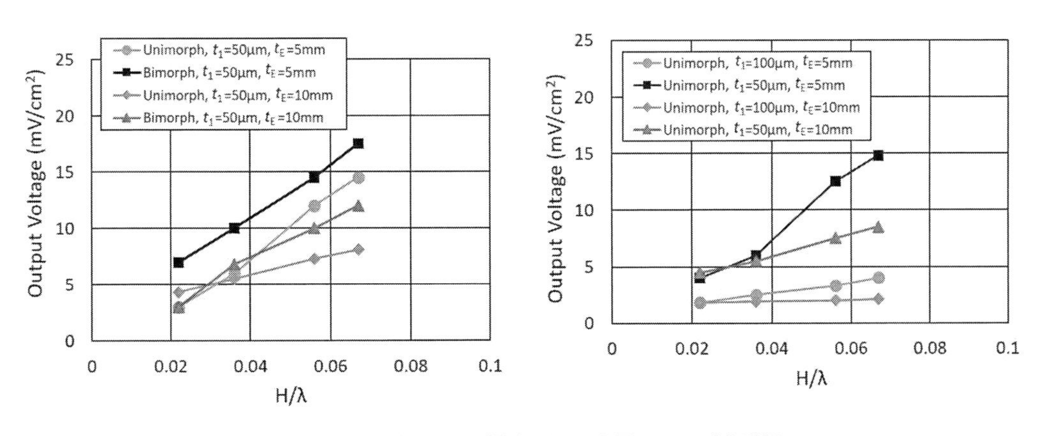

図 11　積層構造および塗布厚が出力電圧に及ぼす影響
(左：積層構造，右：塗布厚 t_1)

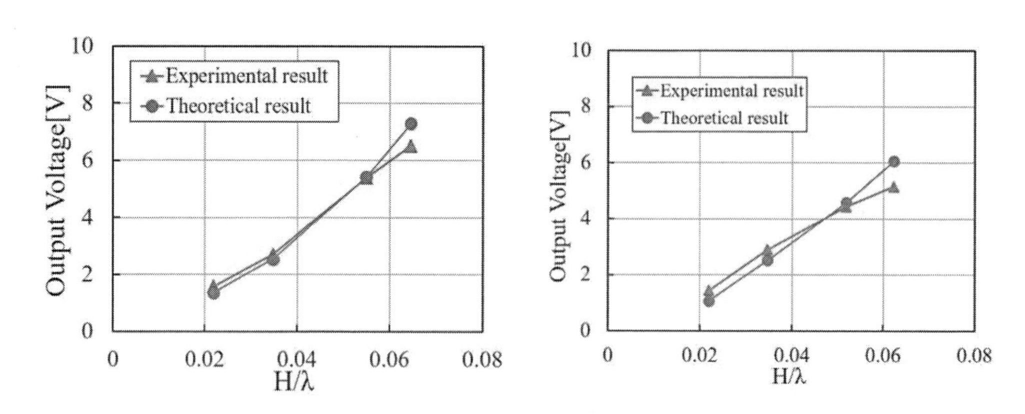

図12　FPEDの出力電圧に関する理論値と実験値の比較

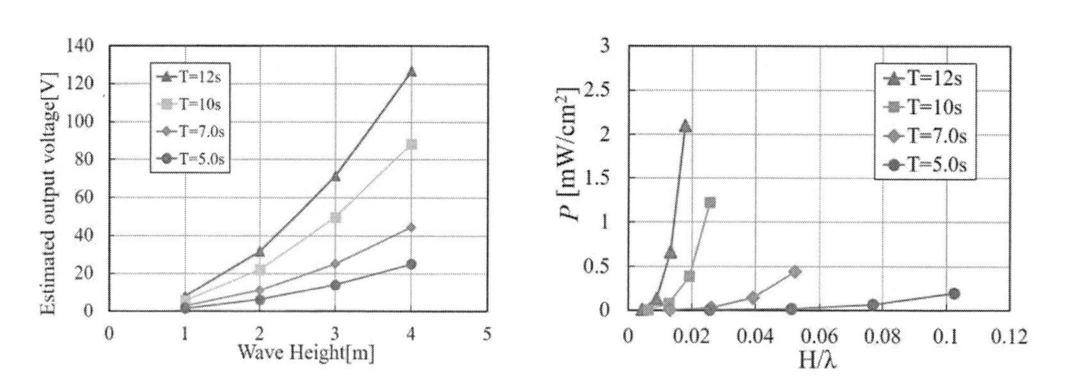

図13　実海域における発電性能の理論推定

図13は，本計算法と実験結果に基づいて，FPEDが実海域に設置された場合の出力電圧と発電性能を理論推定したものである。既往研究で報告されている圧電素材を用いた海洋エネルギー利用技術とほぼ同等の性能を有しているが分かった。

6　まとめ

本原稿では，理論計算，水槽試験によって，柔軟発電素材（FPED）の変形特性および発電特性について考究した。その結果，本デバイスは波外力に対して柔軟に変形するため，応答性・耐久性が極めて高いことが分かった。また，発電性能に関わる各種パラメータ（アスペクト比，塗布厚など）が発電性能に及ぼす影響を明らかにした。

現在は，中小規模分散型，かつ，安全・安心な独立型電源の一つとして，集魚目的の浮漁礁を有効活用しつつ，波浪・潮流・海流の海洋エネルギーを獲得することが可能な浮漁礁型海洋エネルギープラットフォーム（Fish-Aggregating Device, FAD），ならびに，FADに適合した

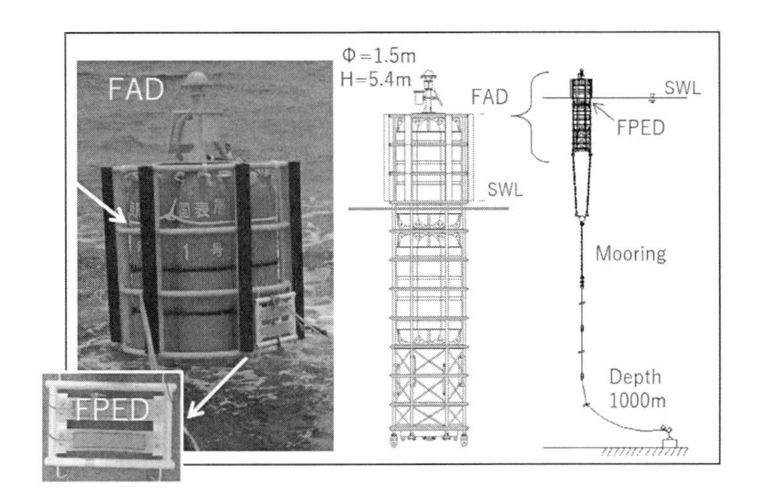

図14　浮漁礁型海洋エネルギープラットフォーム（Fish-Aggregating Device, FAD）の一例

FPEDを開発中である（例えば，図14）。このFADは，漁業活動との協調性が極めて高く，集魚灯・航路灯・海洋環境および防災情報の無線通信センサー機器への独立電源として利用可能となるだけでなく，遠隔無線データ通信システムを導入することにより長期間連続稼働・リアルタイムモニタリングも可能である。

謝辞

本研究を遂行するにあたり，実海域フィールド試験ではサカイオーベックス㈱森山様，FPED作成ではムネカタ㈱海野様および金澤様に多大なご尽力を頂きました。ここに記して，謝意を申し上げます。

文　　献

1）Falcao, A. *et al.*, *Sustain. Energy Rev.*, **14**, pp.899-918（2010）
2）Jbaily, A. *et al.*, *Ocean Eng. Mar. Energy*, **1**, pp.101-118（2015）
3）Feng-Ru Fan *et al.*, *Nano Energy*, **1**, pp.328-334（2012）
4）Dong Y. K. *et al.*, *Nano Energy*, **45**, pp.247-254（2018）
5）Liang Xu *et al.*, *ACS Nano*, **12**(2), pp.1849-1858（2018）
6）Mutsuda H. *et al.*, *Applied Ocean Research*, **68**, pp.39-52（2017a）
7）Mutsuda H. *et al.*, *Applied Ocean Research*, **68**, pp.182-193（2017b）
8）Mutsuda H. *et al.*, *Ocean Engineering*, **172**, pp.170-182（2019）
9）TOYOTA IRON WORKS Co., Ltd., US patent, number 10,075,103

10） Tanaka Y. *et al.*, *Int. J. Appl. Electromagn. Mech.*, **52**, pp.1377-1383 (2016)
11） MUNEKATA Co., Ltd., Japanese patent, number 2013-188667
12） MUNEKATA Co., Ltd., Japanese patent, number 4868475
13） Patel R. *et al.*, *Smart Material Structure*, **23**(8), pp.1-17 (2014)

第３編
スマートテキスタイルの実用化

第19章　人間情報に基づいた冷暖房制御による快適衣服の実現

板生　清*

1　安心・快適な“衣服空間”とは

人間が生活する空間を，居住空間→自動車空間→衣服空間に分類した（図1）。

まず，人間が生活する居住空間は，古代の洞窟はともかくとして，近代になってから人工物で囲まれた家屋である。家屋は木造から石，煉瓦，コンクリートへと強度・断熱性などの観点から，たゆまない進化を遂げてきた。特に欧米では，居住空間を外部環境から遮断するための，断熱材の研究に重点化した取り組みが行われており，快適冷暖房環境とエネルギー効率向上を実現している。2014年10月に行われた，フランス政府と日本政府との間のワークショップ『ADEME-NEDO Workshop Energy Efficiency in Building』においても，フランス側からこのことが発表されている。しかし，日本側は，省エネエアコンの開発に重点を置いた発表がされている。筆者はNEDOの省エネルギー革新技術開発事業の１つとして選ばれた『快適・省エネ

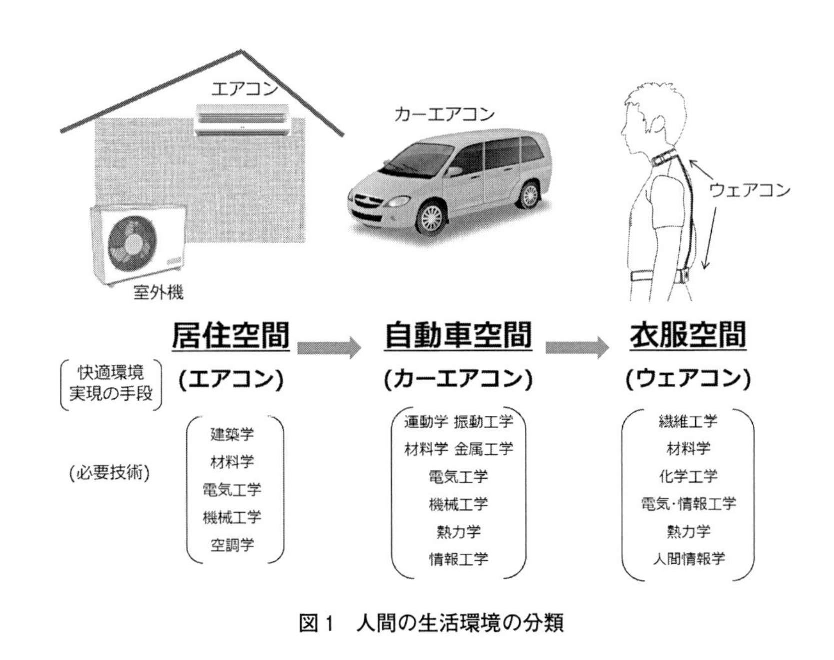

図1　人間の生活環境の分類

＊ Kiyoshi Itao　NPO法人ウェアラブル環境情報ネット推進機構　理事長；東京大学名誉教授；お茶の水女子大学学長特別招聘教授

ヒューマンファクターに基づく個別適合型冷暖房システムの研究開発』，すなわち携帯形エアコン（ウェアコン）について講演した。

一方，人間の活動をより広範囲に支援するために，乗り物が現れた。それは自転車，オートバイ，さらには四輪自動車へと進化してきた。やがてカーエアコンが登場し，車内を快適環境にすることで，運転者・同乗者ともにイライラすることなく，車の安全に寄与することになった。日本でのエアコン開発の先駆者である，元㈱デンソー社長の石丸典生さんは，2004年の筆者とのインタビューで，熱サイクル理論を始めとして実際の空気の流れを研究して，基礎的なデータに基づいた製品化を進めた点が，カーエアコンの普及につながったと述べている[1]。

さて，自動車空間がモバイル空間であるとしても，これを離れて外に出た途端，人間は暑さ寒さの自然空間に放り出されてしまう。そのとき，宇宙服のような衣服空間が，人間の快適性を提供することとなる。しかし，宇宙服は重量や経済性において，とても一般人が使用できるものではない。そこで登場するのがウェアラブル技術である。

2 ウェアラブル機器の現状

1996年に筆者が監修して，日本時計学会が『ウェアラブル情報機器の実際』を刊行した[2]。そもそもウェアラブル・コンピュータという言葉は，マサチューセッツ工科大学（MIT）のメディアラボで提唱された概念である。その後，ウェアラブル・コンピュータの開発者として，またウェアラブル・コンピュータの利用形態の概念特許をもち，その市場形成に努めてきたのが米ザイブナー（Xybernaut）社であった。

そのコンセプトは，「いつでも，どこでも」というもので，その特徴は，「ハンズフリー」を可能にした点である。HMD（Head Mounted Display）の採用や音声入力システムによって，従来のパソコンのイメージを大きく覆して，パソコンを「ながら」作業の中で可能にした。これがウェアラブル・コンピュータの最大の売りといっていい。

「IEEE Sensors 2007」では，筆者は招待された基調講演[3]で，そういった内容を語った。そのタイトルは「Wearable Sensor Network Connecting Artifacts, Nature and Human Being」である。

さて，その後8年ほど経って，再びウェアラブルブームが興ってきた。これはスマートフォンの普及が一段落して，次のターゲットとしての模索から始まった。2015年は米Apple社がアップルウォッチを発売，また大手通信・電子メーカーなどが各種のウェアラブル端末を発表し，急激にマスコミで話題となってきた。

これまでウェアラブル端末はネットワークとの接続に課題があった。しかし，スマートフォンを無線ルータとして使うことでインターネット接続が容易となり，低消費電力の技術と小型・軽量にできる部品・実装技術も著しく進歩したことが背景にある。

マクルーハン（Herbert Marshall McLuhan, 1911〜1980年）は，メディアとは，私たちの

身体，精神，存在そのもののあらゆる「拡張」（extension）を意味するものであるとし，「自転車や自動車は人間の足の拡張であり，服は皮膚の拡張であり，住居は体温機能メカニズムの拡張であり，コンピュータは私たちの中枢組織の拡張である」と定義した[4)]。

そこで，筆者らは身体を中心に私達の生活に使われているあらゆるメディア（機材）の分布を図2のように描いてみた。埋め込み型→密着型→携帯型→据置型→設備型へと拡張していく身の回りの機器を，一つの同心円に表す。ここで円周方向には，従来の情報を持ち歩くことに便利な「情報ウェアラブル」とともに，環境を持ち歩くことができる「環境ウェアラブル」の2つがあると考えた[5)]。

「情報ウェアラブル」は，身体における頭脳，目，耳，口，鼻などの五感に対応している。これに対して，「環境ウェアラブル」は主に皮膚からの拡張であり，足や手の拡張でもある。

情報ウェアラブルは脳や目，耳に情報を与えるもので，スポーツ用の活動量計や「Apple Watch」（米Apple社）などがこれに該当する。さらに人体に密着したものが次のステップになる。これは人間の健康状態を知る上で大事なツールになり得る。人体密着センサとスマートテキ

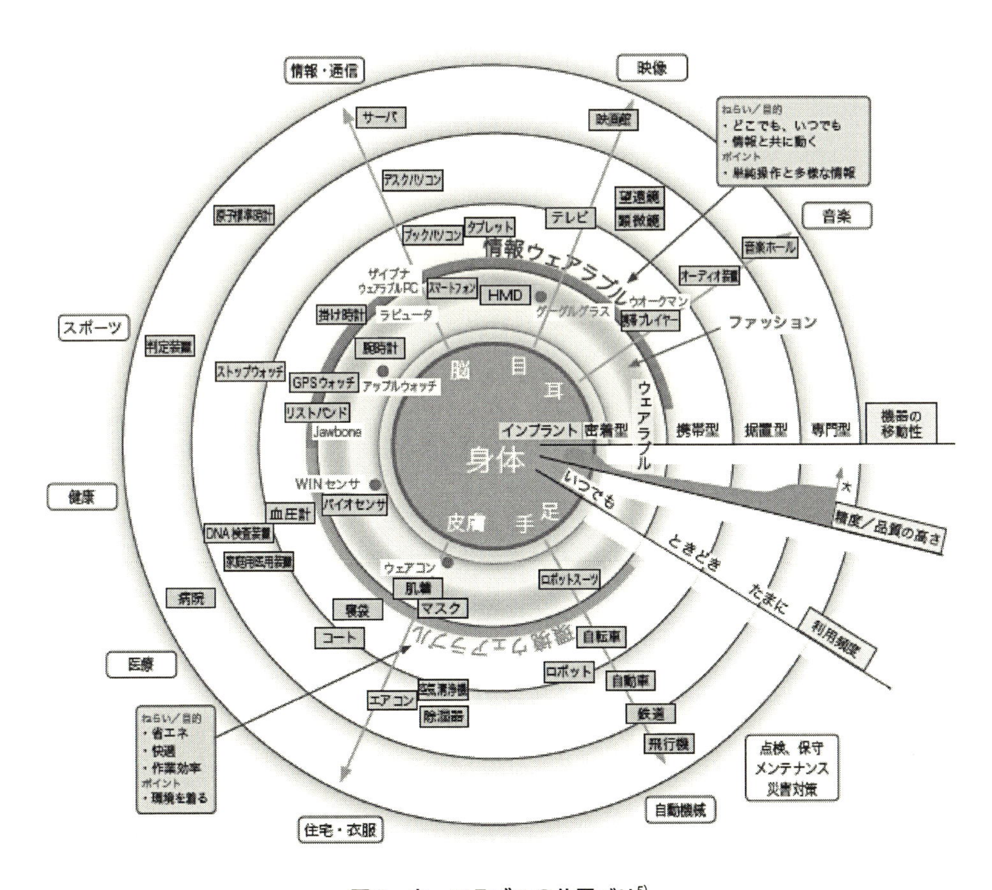

図2　ウェアラブルの位置づけ[5)]

スタイルの関係は発展途上にあり，繊維に潜り込むようなセンサは未開発なのが実情である。

環境ウェアラブルは，快適空間の持ち歩きが可能という新しい概念である。例えば，冷暖房機能と情報センシング機能を合わせもつデバイスである。

3 環境ウェアラブルの時代へ

ここでは人間のバイタルサイン（生体情報）に基づく暖かい，寒いなどの心地よさを含めて物理空間の持ち歩きまでがウェアラブルの範囲となる。

今後の情報社会では，インフラの整備は進んでいく。しかし，究極は個々人のニーズにきめ細かく合わせるためのパーソナルサービスが必要不可欠である。このときウェアラブル・コンピュータはさらに情報だけではなく，環境をも持ち歩くウェアラブル・マシンに進化するであろう[6]。図３は人間の生体情報をセンシングして，情報を処理し，さらに冷暖房などのアクションを興すというフィードバックループを示している。

このためには，生命活動の維持に必要な恒常性（ホメオスタシス）と，高い覚醒度が保たれた状態で表出される脳の認知機能の研究によって，快適・省エネを実現するヒューマンファクターの実現が重要である。

このような快適性は，個々の人に適合して身体を直接冷暖房する手段でこそ実現できる可能性が大である。そのうえ，家屋や事務室全体の温湿度を制御していた大消費電力空調システムの稼働率を大幅に低減することが可能となる。

これまで，快適環境は豊富な電力エネルギーを消費することで実現されていた。これが崩壊しようとしている。この結果，熱中症あるいは低体温症などの健康危機，また労働生産性低下などの問題が懸念される。こういったエネルギー危機に対する解決策が求められている。その有力な一つが「快適・省エネヒューマンファクターの研究」である。

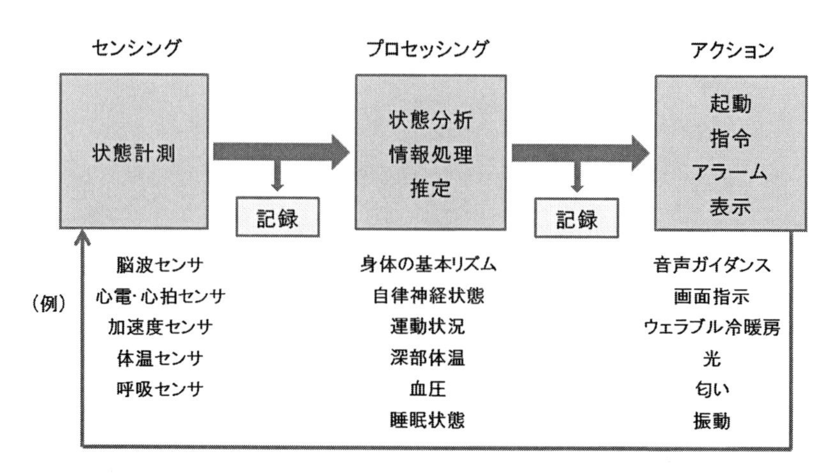

図３　健康を守る情報システムの基本構成

さらに，環境ウェアラブル技術の主要技術である「ウェアラブル局所冷暖房技術」が進んでいくならば，多くの範囲にその影響が及ぶものと考えられる。すなわち，家電製品レベルの酷暑環境での作業能率向上機器，家庭や事務所での省エネ機器や健康増進機器，さらには医療機器としての局所冷暖房応用など，さまざまな用途への実用化が待たれている。これを筆者は「e-ウェアコンの世界」と命名し，環境ウェアラブルの典型例と位置づけた。

最近華々しく発表されている時計型・眼鏡型の「情報ウェアラブル」が，スポーツ・健康・医療の一部で使われるのに対し，筆者が提唱する新たな概念である「環境ウェアラブル」は，健康・医療・作業効率向上・省エネ・快適に有用となろう。

すなわち寒暖・有害ガスなどの環境に支配される人間が，近い将来，環境ウェアラブルデバイスの装着によって解放されることになるであろう。「環境ウェアラブル」と「情報ウェアラブル」の統合によって，熱中症の回避や遠隔見守りを実現することが可能となり，高齢化社会に役立つウェアラブル技術が実現する日も近い（図4）。

また「情報ウェアラブル」は，人体密着型ウェアラブルとその進化としてのフレキシブルでディスポーザルな生体センサは，ウォッチ型やリストバンド型では対応できない，人間情報センシングという新たな市場を切り開く可能性がある。

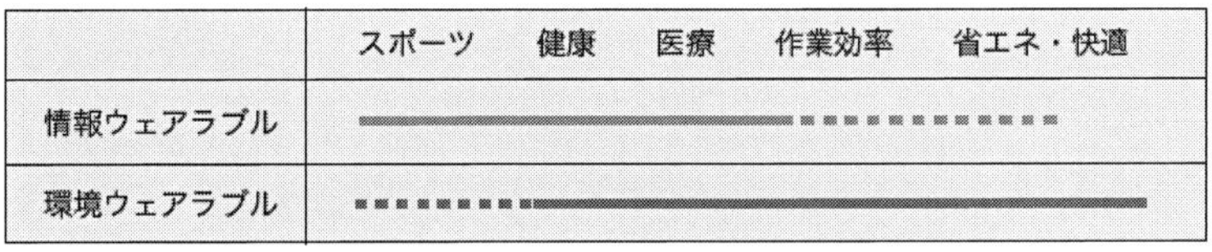

	スポーツ　健康　医療　作業効率　省エネ・快適
情報ウェアラブル	━━━━━━━━━━━━■■■■■■■■■■■
環境ウェアラブル	■■■■■■■■━━━━━━━━━━━━━━━━

図4　情報ウェアラブルと環境ウェアラブル[5)]

4　快適とは

「熱さ」が皮膚温で決まるのに対し，「暑さ」は深部温で決まる。生理的に最適な深部温は36.9℃である。人はこれを保つために，視床下部で，血流温と最適温度とを比較し，前者が高ければ交感神経が活発化して，発汗と血管の拡張が起こり，体表から熱を放出する。この結果，血流温が下がり，深部温および脳内温度が低下する。視床下部で最適温度と脳内温度の差が小さくなったと判断すれば発汗が止まる。このフィードバック機構によって，脳内温度は最適温度±0.1℃に保つことができる（図5）。

このことは，脳に近く，しかも動脈が体表近くを通る首（頸部）を冷却するのが最も効率のよい冷房方法となる。すなわち，動脈流を冷媒として，首から脳を冷やせばよい。

まず，頸部だけの冷却が快適性と作業能率に有効であるかどうかを確認した。頸部を冷却することで，室温32℃で16人中11人の快適性が増加した。作業能率の指標であるCPT（Continuous Performance Test：持続処理課題）反応時間は，平均で約10%短縮された。

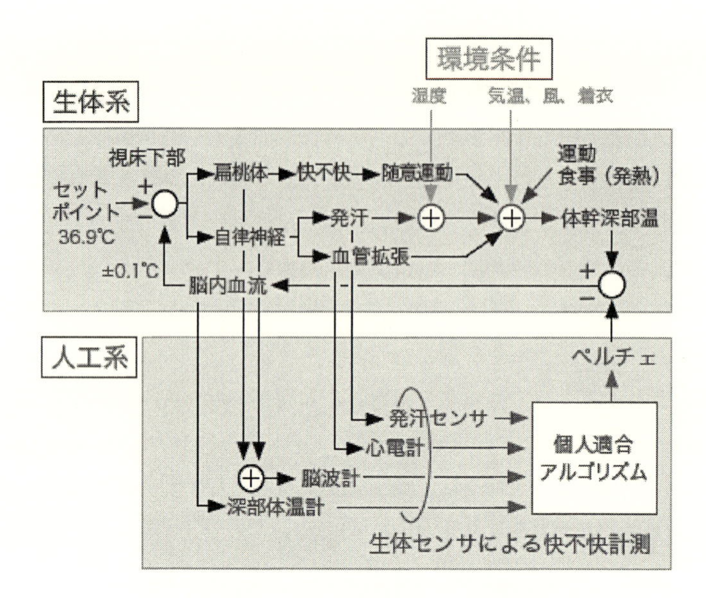

図 5　生体系と人工系の協調による体温制御[6)]

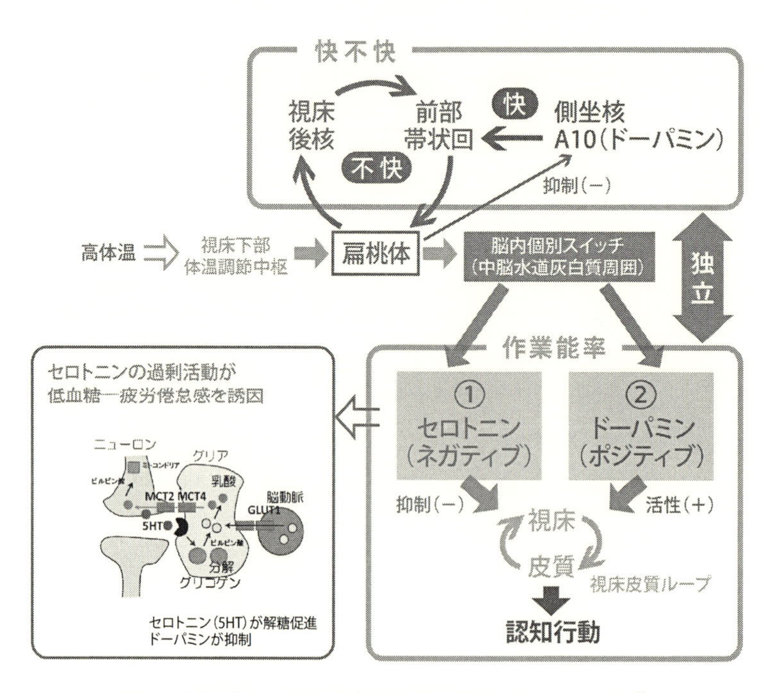

図 6　暑熱感による不快感と作業能率低下のメカニズム[6)]

暑熱空間（温度 31℃，相対湿度を 50%RH，風速 0.15 m/s）を模擬した環境制御室で実験した。被験者は，20 歳代から 40 歳代の健常な男性 9 名および 20 歳代の健常な女性 4 名である。衣服は軽装（シャツおよびズボン）とし，まず一般的な室温レベル（22℃程度）の居室で 30 分以上順応させた後，環境制御室に入室させた。

入室から約100分経過後の快不快度のVASによる主観評価の比較を行った。12人の被験者のうち，半数以上が頸部を冷却することで，快適度が高まったとの主観評価をした。頸部冷却の有無による快不快度の差に有意な差が認められた。

熱環境の変化やウェアコンの装着によって，どのように気分が変化するかを調べたところ，熱ストレスに対して，不快度と生理的覚醒度を上昇（高緊張覚醒）させる積極反応群と，不快度は上昇させるが生理的覚醒度は低下（低エネルギー覚醒）させる消極反応群の二つの存在が明らかとなった。

現在のところ，エネルギー覚醒と緊張覚醒の生理学的基盤は明らかではない。しかし，前者はドーパミン神経系，後者はノルアドレナリン神経系をそれぞれ基盤とするものと考えられる。したがって，熱ストレスに対して積極反応はノルアドレナリン神経系を亢進させ，消極反応はドーパミン神経系を抑制するものであることが推察できる（図6）。

5　快適服の展望

人間とICT（Information and Communication Technology：情報通信技術）のインタフェイスがウェアラブルデバイスである。新しい可能性の一つとして，2025年には世界の人口の10%がインターネットに接続した服を着るといわれている。着用者の生体情報を読み取り，情報処理し，スマートフォン経由でビッグデータ化して，AI（Artificial Intelligence：人工知能）で体調管理を指令し，自立的に冷暖房などのアクションをするという利用形態が広がると思われる。すなわち，ウェアラブルは技術から考えるのではなく，まずは市場から考え，つぎに利益を得るビジネスモデルからとらえるのが重要である。

人間の生活空間は，「居住」「自動車」「衣服」などに分類できるが，快適な環境を生み出す研究は「衣服」空間が最も遅れている。

先端快適衣服空間の実現には，ナノテクノロジーをベースにしたセンサや発電素材，熱制御素材などの高度化研究が鍵を握っており，電子デバイスの小型化だけでなく，先端繊維・材料側からの開発アプローチを期待している。

機械と人間の間に横たわる界面すなわちインタフェイスを，いかに滑らかに連続的にするかという努力がされてきた。代表的な技術がスマホでありこの方向を具象化してくれた。しかし，スマホといえども人間は指などを使ってそのインタフェイスを埋めている。最近音声だけで指令するAIスピーカが登場して，インタフェイスをさらに滑らかにする方向にある。今後は，超高齢社会なども見据えて，生活パターン（サービス・インフラ）を変えていく必要性もあるため，インタフェイスもさらに人間に近づくように改良され，人間の心を理解するサーバント・ロボットのような存在になるのではなかろうかと考えられる。

図7は，健康・快適ロボットシステムの構成図となる。WINが開発した心拍センサ，自律神

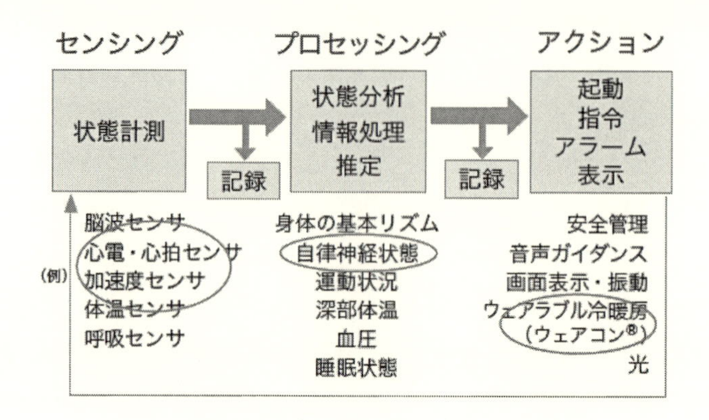

図7　環境・情報ウェアラブルシステムの構成

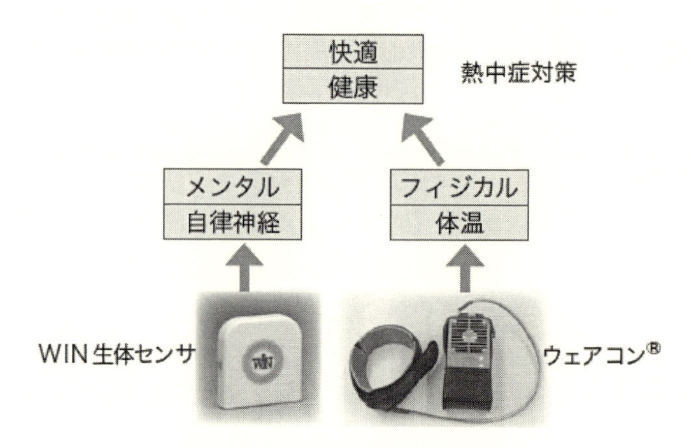

図8　健康・快適ロボットシステム

経状態の解析・表示ソフトウェア，およびウェアラブル冷暖房ウェアコン®を示す。これらを連結したフィードバックループにより，環境・情報ウェアラブルサービスの実現が可能である。図8に具体的な構成を示す。

さらに，WINで開発した衣服形式のシステムを示す。一例として，WIN生体センサからのメンタル対応と，ウェアコン®の冷却・加熱によるフィジカル対応に合わせて，熱中症などを防ぐ体温制御可能な衣服センサ体形のロボットシステムが実現できる（図9）。

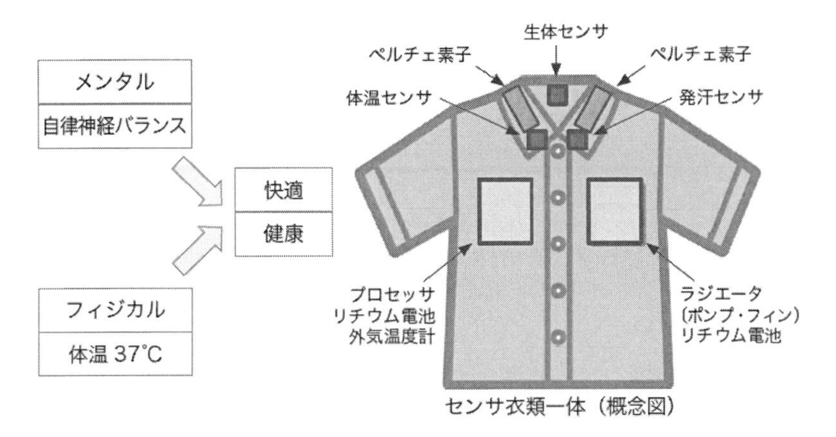

図9　健康・快適ロボットシステム

文　　献

1)　ネイチャーインタフェイス，No.23，2004年10月
2)　板生清，ウェアラブル情報機器の実際，オプトロニクス社（1999）
3)　Kiyoshi Itao, "Wearable Sensor Network Connecting Artifacts, Nature and Human Being", IEEE SENSORS2007 Conference, pp.1120-1123 (2007)
(http://ewh. ieee.org/conf/sensors2007/program/speakers.html)
4)　W. ゴードン著，宮沢訳，マクルーハン，筑摩書房（2004）
5)　ネイチャーインタフェイス，No.62，2014年12月
6)　ネイチャーインタフェイス，No.60，2014年4月

第20章　暑熱労働環境の安心・安全を守るスマート衣服の開発

清野　健*

1　はじめに

衣服には，第2の皮膚としての機能があり，我々の安心・安全を守る上で重要な役割がある[1]。ヒトにとっての極限環境に身を置けば，衣服が我々の命を守っていることを実感するだろう。1902年（明治35年）の八甲田雪中行軍遭難事故は，日本陸軍第8師団の歩兵第5連隊が雪中行軍の演習中に遭難し，210名中199名が死亡という，山岳遭難史の中でも最大級の悲惨な事故であった。この事故の原因については諸説あるが，雪中行軍のための服装が十分に検討されておらず，その重要性が軽視されたことが原因の一つとして指摘されている。氷点下の寒冷環境であっても，運動中は筋活動により体内で熱が産生されるため，防寒着を身につけていれば服内は真夏と同様の暑さになり，多量の汗をかくことになる。寒冷環境において肌着が汗を吸収して濡れてしまうと，外気に触れた水分の温度が急速に低下するため，肌着との接触面から体温が奪われ，低体温症を誘発する原因となる。そのため，寒冷環境では，無駄な発汗により衣服が過度に濡れないようにするため，服内の温度調節を心がけ，肌着素材については汗を外へ排出しやすく，乾きやすい素材を選ぶ必要がある。冬山登山や極寒地域での屋外活動を想定すれば，衣服はヒトの身体機能を拡張し，安全や命を守る上で不可欠な要素であることに気づく。また，労働環境においても，作業服は不意の怪我を防ぎ，外部環境から受ける負担を軽減するなど，着用者の安全・安心を守る上で重要な機能を有している。

近年，そのような衣服の機能をさらに拡張する試みとして，糸や布だけでなく，ウェアラブル生体センサや情報通信技術を導入した「スマート衣服（smart clothing, smart clothes）」が開発されている。1960年代に英文学者のマクルーハン（Herbert M. McLuhan）は，著書『メディア論―人間の拡張の諸相』の中で皮膚の拡張である衣服の機能について考察し，将来的な技術発展が衣服の機能を大きく拡張させることを示唆している[2]。近年のセンシングデバイスの小型化・軽量化は日常生活中の生体情報計測を可能にし[3]，インターネットなどの情報通信網の発展は，リアルタイムでの情報共有の境界を地球規模まで広げた。実際に，生体センシングや情報端末への接続を可能にしたスマート衣服が実用化されており[4]，マクルーハンが予言した未来は現実のものになった。

そのようなスマート衣服の代表例として，導電繊維や導電シートを肌着の内側に設置し，皮膚

＊　Ken Kiyono　大阪大学　大学院基礎工学研究科　教授

との接触面から心臓の電気的活動（心電位）の計測を可能にしたものがある[4)]。計測された心電信号は，肌着に補助的に装着された小型デバイス内で処理され，心拍数などのデータが情報端末へ無線送信される。そのようなスマート衣服以外にも，伸縮センサを用いて呼吸数や体の姿勢を計測できるもの，加速度センサ，温度センサなど複数のセンサを搭載し，複数の生体情報を同時計測できるものなども開発されている[4)]。

衣服型計測装置に限らず，これまでもウェアラブル生体センサは研究用や臨床検査用として利活用されてきた。例えば，不整脈診断に用いるホルター心電計は，小型軽量で日常生活中の心電図を長時間連続測定するものである[5)]。ホルター心電計の「ホルター」とは，最初の携帯型心電計を考案した米国の物理学者のホルター（Norman J. Holter）に由来する。ホルターが1949年に発表した無線式心電計は約40 kgもの重量があり，被験者が心電計と送信機を含む装置一式を背負って運ぶ重量物であった。その後，1961年に発表されたテープ記録方式の携帯型心電計では，1 kg程度の重さまで軽量化された。現在のホルター心電図検査では，24時間の心電図をデジタルメモリに記録することが一般的となっており，数十グラム程度の携帯型心電計が用いられている。ホルター心電図検査においてスマート衣服の活用を考えるならば，従来用いられてきた粘着性のあるディスポーザブル電極を肌着内側の電極に置き換えることになる。しかし，現在用いられている肌着内側の電極には粘着性がないため，心電図検査において標準とされる位置に電極を配置することが難しい。さらに，肌着内側の電極では皮膚との接触不良や体動にともなうノイズが生じやすいため，日常生活中の計測精度は通常のディスポーザブル電極を用いた測定に比べて劣る。したがって，ホルター心電図検査での使用を目的とすれば，スマート衣服には不利な点が多い。一方で，スマート衣服の利用には，従来のディスポーザブル電極の使用による皮膚かぶれ，多量の発汗による計測不良などの問題が軽減できる利点がある。加えて，衣服であれば電極の装着の手間がなく，誰もが容易に日常生活中の心拍数を計測できるという利点がある。

心拍数などの生体情報を計測可能なスマート衣服については，今後，市場が急速に拡大することが予想されている[6)]。そのような市場の拡大予想を現実のものにするためには，従来の臨床検査や研究用途の代替の発想だけでは不十分であると筆者らは考えている。スマート衣服と称するからには，計測装置としてではなく，衣服としての機能の拡張を追求するアプローチもあるはずである。スマート衣服の利活用が期待されている用途としては，遠隔診断，遠隔見守りサービス，健康・ウェルネス管理，スポーツトレーニング，職場の安全管理などがある。衣服を活用した生体センシングに加えて，モノのインターネット（Internet of Things：IoT），ビッグデータ解析，人工知能（artificial intelligence：AI）などの技術を導入することで，スマート衣服を用いて計測される生体情報のビッグデータ化による価値創出についても期待されている。

本稿では，衣服に課せられている日常の安心・安全を守る機能をさらに拡張したものとしてスマート衣服を捉え，その活用例として，労働環境の熱中症予防対策への応用を紹介する。筆者は，倉敷紡績㈱および(一財)日本気象協会との共同研究において，スマート衣服を用いた暑熱労働環境の評価法を開発してきた。その技術は，倉敷紡績㈱が事業化したスマート衣服smartfit for work に採用されており，国内の工事現場などで活用されている。ここでは，その成果を踏まえて，熱中症を予防し，暑熱労働環境の安心・安全を守るスマート衣服について考察する。熱中症とは，高温多湿環境や運動の影響により体温が上昇し，体内の水分や塩分のバランスが崩れたり，体内の調整機能が働かなくなったりすることで生じる症状の総称である[7,8]。近年，国内の熱中症による死傷者数は増加傾向にあり，異常な猛暑であった 2018 年は，熱中症による救急搬送者数が過去最多を記録した（総務省発表）。職場における熱中症については，平成 25 年から 29 年の業種別統計において，建設業の死傷者数が最も多く，次いで多い製造，運送業を含めると，これらの業種で職場の熱中症発症者全体の 6 割を占めている（厚生労働省発表）。熱中症による職場の死亡災害については，建設業が約半数を占めている。建設業などの屋外の労働環境では，猛暑の影響だけでなく，体温調節機能が低下した高齢従業員数の増加も熱中症の発生確率を上昇させるため，熱中症予防対策の重要性が増している。

2 熱中症予防のための暑熱労働環境のリスク評価

労働環境の安全衛生管理では，労働者に悪影響を与える要因を許容限度（安全基準）以下に抑えることが推奨される。許容限度とは，リスクが許容できる程度に低いと考えられる範囲であり，労働者の日常的な健康を守るためにその基準が定められている[9]。労働安全衛生における許容限度は，絶対的な安全を約束するものではなく，疾患の発症を予知したり，診断したりするものでもないことに注意していただきたい。暑熱労働環境の評価法とその基準については，国際標準化機構（International Organization for Standardization：ISO），米国産業衛生専門家会議（American Conference of Governmental Industrial Hygienists：ACGIH），米国国立労働安全衛生研究所（National Institute of Occupational Health：NIOSH）において検討されてきた。とはいえ，その評価に必要なパラメタの計測・推定については容易でないものが多く，実際の運用は簡単ではない。ここでは，まず，従来の暑熱労働環境の評価法について解説する。

熱中症の発生を防ぐためには，その引き金となる核心温の上昇を防ぐことが重要である[7,8]。核心温とは，体の内部の温度であり，脳や心臓といった重要な臓器の働きを保つためにほぼ一定（安静時では約 37℃）に維持されている[10]。生体の体温調節が十分に機能する範囲では，核心温は外気温などの環境因子が変化しても，ほぼ一定である。しかし，高温環境で高強度（高代謝率）の運動・作業をして，体内の熱収支のバランスが蓄熱傾向になれば，核心温は上昇しはじめる。したがって，熱中症を防ぐためには，暑い環境での運動を避ける必要がある[7,8]。労働環境での熱中症予防策も同様であるが，職務上，ある程度の暑さ，作業負荷は受け入れる必要がある。そのため，労働環境においては，安全に作業可能な許容限度の見極めが重要となる[7]。労働環境の安全を守るための基準は，安全側にある程度踏み込んだ領域に設定することが望ましく，すべての労働者が日常的に無理なく許容できる範囲として定める必要がある[9]。

核心温に近い値を測定する方法として，直腸温がある[10]。直腸温は，肛門から温度センサを挿

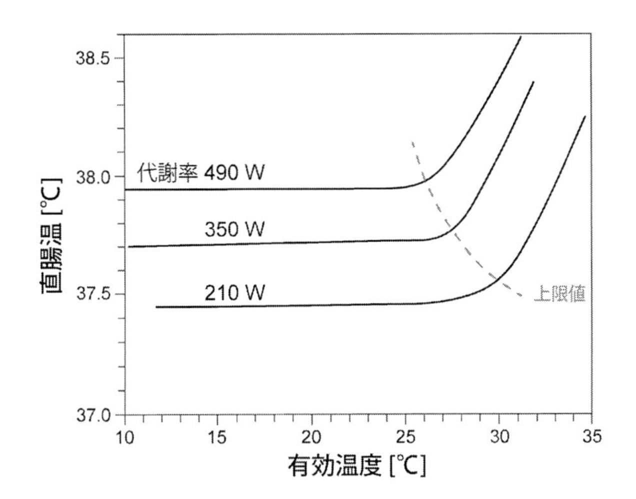

図1　直腸温，環境負荷，および運動代謝率の関係
（文献13，17を参考に作成）

入し，直腸内で測定される温度である。世界保健機関（World Health Organization：WHO）の報告書は，重作業の長期間連日曝露の条件で，直腸温が38℃を超えないことを勧告している[11]。直腸温38℃の条件は，ある程度の安全マージンをとった基準と考えられるため，この条件が暑熱労働環境における許容限度の目安となる。とはいえ，労働中の直腸温を常に測定することは難しいため，直腸温が38℃を超えることなく作業可能な環境条件と作業強度の範囲を守ることが現実的な方法となる。現在，採用されている暑熱労働環境の基準の多くは，Lind（1963）の報告を参考にしている[12]。Lindは，高温環境に順応（暑熱順化）しておらず上衣を着用していない被験者の直腸温の変化を測定し，図1のように，直腸温がほぼ一定に保たれる領域から上昇に転じる現象を報告した。現在の許容限度は，直腸温が38℃の境界と交わる点ではなく，一定値から上昇に転じる変化点（図1中の破線）を参考にしている。Lindの実験では暑熱負荷の指標として有効温度（effectivetemperature）[13]が用いられている。今日ではLindの結果に対して衣服の影響を加味し，有効温度をWBGT指数に換算した値が参考にされている[13~16]。

WBGT指数は，現在，暑熱負荷の評価法として最も広く採用されている。労働環境における，その使用法と許容限度は，ISO7243：2017（第3版）において規格化されている。国内規格としては，ISO7243：1989（第2版）の日本語訳版のJISZ 8504：1999がある。さらに，NIOSHの推奨暴露限度（Recommended ExposureLimit：REL）[15]，ACGIHの暑熱負荷の暴露限界閾値（Threshold Limit Value：TLV）[16]においても許容限度が提案されている。以下では，ISO7243：2017を参考にして暑熱負荷の評価法について解説する。

WBGT指数の計測には，自然湿球温度t_{nw}，黒球温度t_g，および気温t_aの測定が必要である。t_{nw}は，自然な気流中に設置された，濡れガーゼに覆われた温度センサが示す値である。一般的な相対湿度の計測に用いられる気象庁形やアスマン式通風乾湿計では，湿球温度は一定の通風条件で測定される。それらとは異なり，自然湿球温度計は環境中の風を直接受けるため，t_{nw} は相対湿度だけでなく，風速も反映する。また，t_g は，直径 150 mm の中空黒球の中心に位置する温度センサが示す値である。t_g は，気温だけでなく，太陽からの直接光，間接光，および風速の影響で変化する。WBGT 指数は，屋外の太陽照射のある環境では，

$$\mathrm{WBGT} = 0.7\,t_{nw} + 0.2\,t_g + 0.1\,t_a \tag{1}$$

屋内，および屋外の太陽照射のない環境では，

$$\mathrm{WBGT} = 0.7\,t_{nw} + 0.3\,t_g \tag{2}$$

により与えられる。暑熱負荷が時間的に変化する環境では，t_{nw}，t_g，および t_a の1時間の平均値を用いて WBGT 指数を計算する。WBGT 指数では，蒸汗放熱に影響を与える相対湿度と風速，さらには日射の影響が考慮されているため，環境が身体に与える暑熱負荷の評価に有効と考えられている。

暑熱負荷については，環境条件だけでなく着用している服装の性能にも依存するため，作業服の影響を考慮する必要がある。(1)および(2)式は，標準的作業服を着用した場合の値であり，断熱・保温性能を表す指数 clo 値が 0.6，暑熱環境での快適性を反映する Woodcock の水蒸気透過指数（moisture permeability index）i_m が 0.38 の場合に対応する。最新の ISO7243：2017 では，以前の ISO7243：1989 からの改良として，衣類調整値 CAV（Clothing Adjustment Value）が導入されており，実効 WBGT 指数（effective WBGT）

$$\mathrm{WBGT}_{eff} = \mathrm{WBGT} + \mathrm{CAV} \tag{3}$$

を用いて暑熱負荷を評価する。ISO7243：2017 において，代表的な作業服の CAV が例示されているが，実際の作業服の CAV を求めることは容易ではない[17]。実効 WBGT 指数の許容限度を決定するためには，さらに，作業強度を表す作業の代謝率を推定するとともに，暑熱順化の有無についても判定する必要がある。暑熱順化とは，体が暑熱環境に慣れ，発汗などの体温調節機能が暑さに順応することである[8]。

暑熱順化していない作業者が順化するためには，はじめは短時間の暑熱環境下の作業を行い，次第に暑熱環境下の作業時間を長くすることで自然に達成できる。暑熱順化は，7日以上かけてゆっくりと行う必要がある。屋外労働者の熱中症による死亡事例は，暑熱順化できていない場合に多く報告されている[18]。以上を考慮し，8時間連続の作業環境における，WBGT_{eff} の上限値の基準は，表1のようになる。最新規格である ISO7243：2017 では，以前と異なり，気流の有無の区別がない。

WBGT 指数を用いて暑熱負荷することが困難な状況では，生理的指標を用いた暑熱負担の評価法が利用できる。生理的指標の基準としては，ISO9886：2004「暑熱負担の評価―生理的測定による温熱負担の評価方法」が参考になる。暑熱負担の評価では，核心温と関連するパラメタ

表1　労働環境における暑熱負荷の上限値

代謝率区分	代謝率（W）	$WBGT_{eff}$の許容限度［℃］	
		熱順化している	熱順化していない
0（安静）	115	33	32
1（低代謝率）	180	30	29
2（中程度代謝率）	300	28	26
3（高代謝率）	415	26	23
4（極高代謝率）	520	25	20

（ISO7243：2017を参考にして作成）

として，食道温，直腸温，腹腔内温，舌下温，鼓膜温，耳道温，尿温，心拍数，体重減少量について，それぞれの計測法と許容限度が定められている。心拍数は，核心温と相関して上昇するため，暑熱負担の評価においても有用である。ISO7243：2017では，核心温1℃の増加あたり心拍数が平均で33 bpm増加すると記されている。労働環境を想定する場合は，ACGIHの暑熱負担の暴露限界閾値（TLV）が参考になる。ACGIHのTLVでは，以下の条件を一つでも満たせば，暑熱作業を中止することが推奨される[16)]：

・正常な心機能をもつ作業者の心拍数が，数分間持続して（180－年齢）bpmを超える。

・健康上の問題がない暑熱環境に順化した作業者の深部体温が38.5℃を超える；健康に不安がある，あるいは暑熱未順化の場合は深部体温が38℃を超える。

・最大作業努力の後，1分間経過時の心拍数の回復（低下）が120 bpm以下にならない。

・突然の激しい疲労感，吐き気，目まい，立ちくらみの症状がある。

暑熱労働環境の評価基準とその根拠となる実験的あるいは疫学的事実については，WHOの技術報告書[11)]，NIOSHの報告書[15)]が参考になる。

3　生体情報の活用

近年，リストバンド型，シャツ型，耳たぶクリップ型など，装着の負担が少ない小型軽量のウェアラブル生体センサが開発・販売され，心拍数，身体活動量などの生体情報を日常の活動中に連続的に計測可能になった（図2）。暑熱負担の評価についての規格であるISO9886：2004がまとめられた当時には，労働環境において生理的指標を連続計測することは現実的な方法ではなかった。しかし今日では，心拍数を計測可能なウェアラブルデバイスについて多くの選択肢があり，そのようなデバイスを活用した暑熱労働環境の評価装置が実用化されている[19, 20)]。前節で触れたように，ACGIHのTLVにおいて心拍数の基準が示されており，心拍数を計測可能なスマート衣服を用いて作業者の状態を評価することができる。

暑熱労働環境の安全を守る目的において，ウェアラブル生体センサの活用は有望な技術である。しかし，ウェアラブル生体センサの装着の煩わしさや導入コストなどの課題があり，現在でもWBGT指数に基づく暑熱負荷の評価法が広く採用されている。WBGT指数の計測装置につ

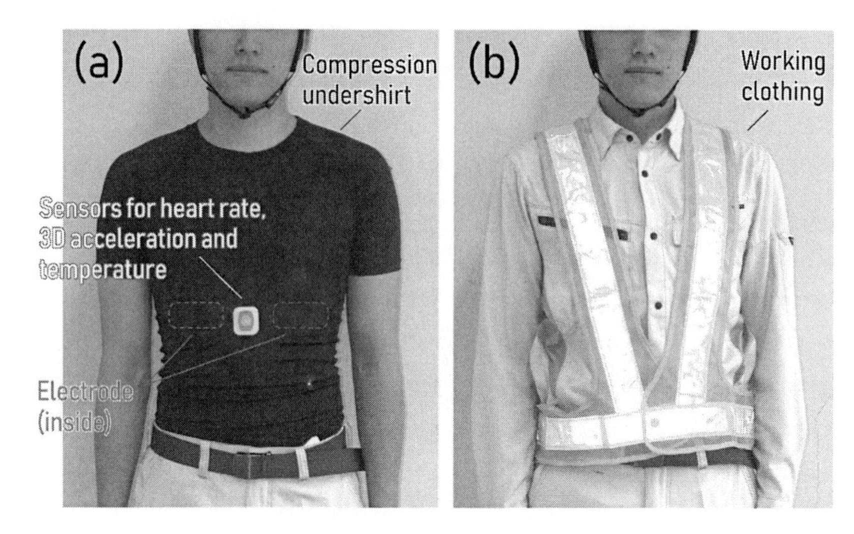

図2　シャツ型生体センサ（スマート衣服）の例

肌着（左）として作業服（左）の下に着用することで，心拍数，加速度，服内温度が計測可能。心拍数は下着内側の導電繊維を電極として用いることで計測される。計測された生体情報はスマートフォンに送信される。

いては，2000年以前の規格において，直径150 mmの黒球温度センサや，濡らしたガーゼを用いた自然湿球温度センサを標準とするなど，古めかしい装置が想定されていた。しかし，最近，ISO7243：2017において，小型の黒球温度計の換算式，および自然湿球温度の代替評価法が導入されたこと，さらに，国内のJIS B 7922：2017において電子WBGT計の規格が定められたことがあり，小型のデバイスを用いてWBGT指数が容易に計測できるようになっている。現在市販されている小型のWBGT計では，腰やヘルメットに装着できるものがあり，個人ごとの作業環境のWBGT指数を計測可能になっている。

とはいえ，規格に従った方法で暑熱負荷を評価するためには，作業服の熱性能および作業負担の定量化，暑熱順化の有無を判定する必要があるため，WBGT指数計だけでは正しい評価はできない。そこで，それらの困難を解決するために，筆者らはスマート衣服を援用した方法を開発した[19]。ここでは詳細を省略するが，作業服の熱性能の評価については，衣服内の温度情報を用い，作業負担の評価については，加速度と心拍数の情報を併用する独自アルゴリズムを導入した。先行研究においても作業負荷あるいは負担の評価が提案されており，加速度センサ[21]と心拍センサ[22]のいずれかを単独，あるいは併用した方法がある[23]。労働環境では，重量物の保持・運搬，道具の使用などが想定されるため，加速度情報のみでそのような作業の負荷を推定することは不可能である。その点を改善するために，スマート衣服を用いて計測可能な心拍数情報は非常に有用である。また，ウェアラブル生体センサを活用した核心温の推定法についても提案されている。心拍数の経時的変化を計測し，カルマンフィルタを応用した方法[24]，生体温熱モデルを仮定した方法[27]，皮膚温と環境温を組み合わせた推定式[26]などが提案されている。作業者個人ごとの暑熱作業リスクを，より高精度に評価するためには，スマート衣服の計測性能と生体情報の分析アルゴリズムがともに発展する必要がある。

4　サイバーフィジカルシステムの活用

前節で紹介したアプローチの利点は，心拍数や加速度を計測可能なスマート衣服を用いることで，個人ごとの暑熱作業リスクが簡便かつ高精度に評価できる点である。本節では，少し視点を変えて，複数の労働者の生体情報や，労働環境の気象情報などをサイバーフィジカルシステム（Cyber-Physical System：CPS）として統合することを考える（図3）。CPSとは，現実世界（フィジカル空間）でのセンサーネットワークが生みだす観測データなどの情報を，クラウドなどのサイバー空間に統合し，分析することで，これまでは経験や勘に頼っていた事象を見える化し，システムの効率化や生産性の向上を実現するシステムである[27]。データの収集，蓄積，解析を通じてえられた知識を実世界へ即座にフィードバックすることで，従来のアプローチでは解決が困難であった社会的課題を解決することが期待されている。

CPSについては，「部分最適」を超えた「全体最適」を実現できる利点があると言われている。暑熱労働環境においては，ウェアラブル生体センサを活用し，作業者ごとの暑熱負荷・負担を推定するといった，個人に対するアプローチだけでなく，職場環境の課題や改善点を発見し，対策を施すことで，職場全体の安全性を高めるアプローチも重要である。後者のように，職場環境全体を最適化するアプローチとして，ここでは，人の集団特性を活用した暑熱労働環境の評価

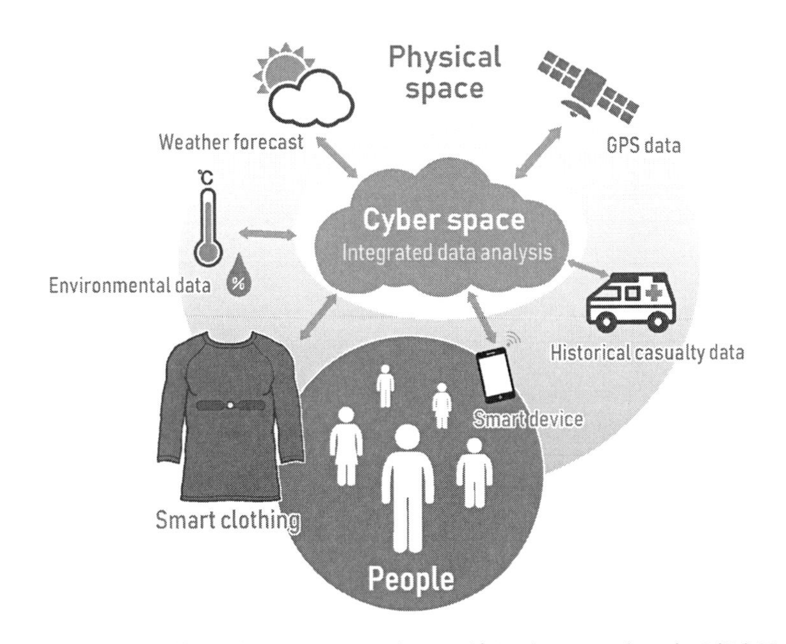

図3　暑熱労働環境の評価のためのサイバーフィジカルシステム（CPS）の概念図

法を導入する。

既に述べた通り，暑熱負担の評価では核心温の計測，あるいは推定が基本となる。多くの場合，核心温を直接計測することは困難であるため，心拍数などの代替指標が用いられる。とはいえ，心拍数と核心温の関係については，個人差が大きい。加えて，心拍数は作業強度，情動，体調など，様々な要因によって変化するため，心拍数のみに基づき個人の核心温を高い精度で推定することは困難である。それに対し，同じ環境で同様の作業を行う複数の作業者の平均心拍数に注目すれば，その値の大小は，核心温の集団平均と強く相関しているはずである。したがって，同時点，同地域にいる集団の平均心拍数（集団平均心拍数）は，その環境の平均的な暑熱負担を表す有力な指標になることが期待できる。ただし，集団平均心拍数のみでは相対的な比較しかできないため，絶対的な評価を実現するためには核心温の予測モデルを援用する必要がある。

ここでは簡単な応用例として，工事現場で働く労働者の集団平均心拍数の経時的変化を分析し，送風ファン付き作業服の効果を評価した結果を紹介する。労働中の心拍数データは，2018年の夏季に肌着型の心拍計を用いて計測され，スマートフォンを通じて，クラウド上に集積されたものである[19]。近年，屋外労働環境での暑熱負荷を軽減するため，図4(a)のような送風ファン付き作業服を着用する労働者が増えている。そのような送風ファン付き作業服については，体感上の暑さ（皮膚温）を軽減する効果はあるが，核心温の低下といった負担軽減の効果は弱いという報告がある[28]。送風ファン付き作業服の有効性を検証するために，環境省発表のWBGT指数が31℃以上であった日に，送風ファン付き作業服を着用していた労働者と着用していなかった労働者を比較した結果が図4(b)である。この図に見られるように，15：00の休憩の直前に

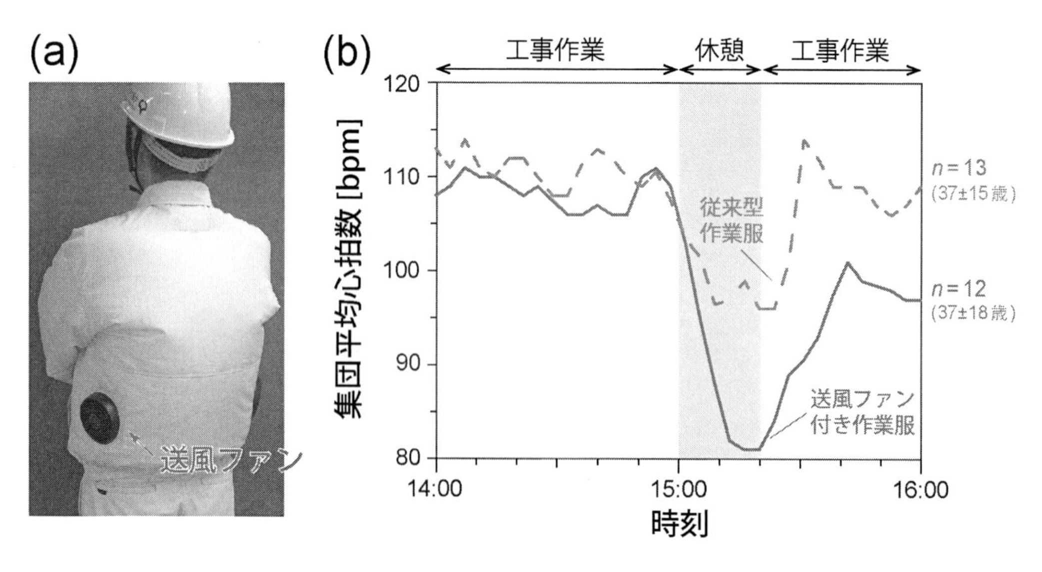

図4　集団平均心拍数を活用した暑熱負担の評価

(a) 送風ファン付き作業服の着用例，(b) 送風ファン付き作業服の着用者（実線）と非着用者（破線）の比較。

は，両群の集団平均心拍数はほぼ同じであり，有意差はなかった。加えて，年齢，および加速度情報から推定される身体活動量についても群間に有意差はなかった。したがって，この時点で，送風ファン付き作業服（実線）の効果は確認できなかった。しかし，15：00 からの休憩（図 4 (b)）に注目すると，送風ファン付き作業服を着用していた作業者（実線）については，非着用者（破線）と比較し，集団平均心拍数が急激に減少しており，15：20 時点では，15 bpm 程度の差が見られた。生理的測定に基づく温熱負荷の評価についての国際規格である ISO9886：2004 を参考にすれば，この心拍数の減少は，核心温に換算して 0.5℃ 程度の減少に対応すると考えられる。このことから，休憩時に上半身に風を当てる対策には，核心温の低下を加速する効果があることが確認できた。このような対策効果の見える化は，効果的な熱中症予防対策の導入を可能にし，労働環境の改善を加速させる有用な知見となる。ここで紹介したアプローチについては，人集団の生体情報を統合する CPS（図 3）を活用すれば，リアルタイムで評価することが可能である。このようなアプローチでは，職場で働く全員がスマート衣服を着用する必要はなく，典型的な作業を行っている 5〜10 人程度の着用者のデータを用いて職場環境を分析することで，職場のリスク評価に役立てることができる。

5　おわりに

本稿では，着用者の安全と命を守る衣服の機能を拡張する試みとして，糸や布だけでなく，生体センサ，生体情報解析技術，情報通信技術，サイバーフィジカルシステムを導入したモノとして，スマート衣服を定義し，そのようなスマート衣服の応用例として暑熱労働環境での熱中症予防を紹介した。本稿の導入部では，寒冷環境について触れたが，国内では，暑熱環境で発生する熱中症による死亡者数よりも，寒冷環境を原因とする死亡者数の方が多いことを指摘しておきたい[29)]。低温環境では，着用する衣服全体の性能とその制御が重要であるため，低温環境での安心・安全を守るスマート衣服の開発には大きな可能性がある。筆者らは，極寒環境で活動する極地冒険家をサポートするスマート衣服の開発にも取り組んでおり，そのような極寒環境で得られた知見を新たなスマート衣服の開発に活かしたいと考えている。

近年，企業において従業員のウェルネス管理を通じた「健康経営」の実現が注目されるようになっている。健康経営とは，企業が従業員の健康維持・向上に積極的に取り組むことであり，その実現の結果として，生産性の向上，組織の活性化，離職率の低下，さらには企業のイメージアップにつながる効果が期待されている[30)]。さらに，国内においては，女性や高年齢労働者が活躍できる職場環境の実現が目指されている。そのような社会の実現に向けては，従来の経験則が役に立たず，新たな課題の発生が予想される。そのような課題の解決と健康経営の実現のために，スマート衣服を活用できると我々は考えている。今後，スマート衣服の機能と用途が，我々の想像を超えてさらに拡大することを期待したい。スマート衣服が社会に広く浸透するためには，着用の煩わしさや不快感といった根本的課題の解決も重要であることを最後に強調しておきたい。

本稿で紹介した研究成果の一部は倉敷紡績㈱および(一財)日本気象協会との共同研究として実施したものである。

文　　献

1) Pedersen E (1923). "The Psychology of Clothing". *The Iowa Homemaker*, **3**, 11
2) McLuhan M (1964) "Understanding Media : The Extensions of Man" (McGraw-Hill) ; 栗原裕, 河本仲聖訳 (1987)「メディア論 — 人間の拡張の諸相」, みすず書房, pp. 120-123
3) Heikenfeld J, *et al.* (2018) "Wearable sensors : modalities, challenges, and prospects". *Lab on a Chip*, **18**, 217-248
4) Stoppa M and Chiolerio A (2014) "Wearable electronics and smart textiles : a critical review". *Sensors*, **14**, 11957-11992
5) Kennedy HL (2006) "The history, science, and innovation of Holter technology". *Annals of Noninvasive Electrocardiology*, **11**, 85-94
6) IDC report (2017) "Worldwide quarterly wearable device tracker"
7) 堀江正知 (2016)「熱中症の発生 — 熱中症を防ごう」, 中央労働災害防止協会
8) 日本救急医学会編 (2017)「熱中症 — 日本を襲う熱波の恐怖」(改訂第 2 版), へるす出版
9) 向殿政男 (2017)「よくわかるリスクアセスメント — グローバルスタンダードの安全を構築する」, 中災防ブックス
10) 大地陸男 (2017)「生理学テキスト」(第 8 版), 文光堂, pp. 504-510
11) World Health Organization (WHO) (1969) "Health factors involved in working under conditions of heat stress" report of a WHO scientific group [meeting held in Geneva from 29 August to 4 September 1967]
12) Lind AR (1963) "A physiological criterion for setting thermal environmental limits for everyday work". *Journal of Applied Physiology*, **18**, 51-56
13) Budd GM (2008) "Wet-bulb globe temperature (WBGT) — its history and its limitations". *Journal of Science and Medicine in Sport*, **11**, 20-32
14) d'Ambrosio Alfano FR, Malchaire J, Palella BI, Riccio G (2014) "WBGT index revisited after 60 years of use". *Annals of occupational Hygiene*, **58**, 955-970
15) Jacklitsch B, Williams WJ, Musolin K, Coca A, Kim J-H, Turner N (2016) "Occupational Exposure to Heat and Hot Environments". Department of Health and Human Services. National Institute for Occupational Safety and Health (NIOSH)
16) American Conference of Governmental Industrial Hygienists (ACGIH) (2017) "Heat Stress and Strain : TLV Physical Agents" 7th Edition Documentation
17) Bernard TE, Caravello V, Schwartz SW, Ashley CD (2007) "WBGT clothing

adjustment factors for four clothing ensembles and the effects of metabolic demands". *Journal of occupational and environmental hygiene*, **5**, 1-5
18) Tustin AW, Lamson GE, Jacklitsch BL, *et al.* (2018) "Evaluation of Occupational Exposure Limits for Heat Stress in Outdoor Workers — United States, 2011-2016". *Morbidity and Mortality Weekly Report*, **67**, 733-737
19) 金井博幸，清野健，野村泰伸，田口晶彦，川瀬善一郎，藤尾宜範，小林末呉（2017）「高機能インナーウェアと熱中症リスク管理システムの開発」，繊維製品消費科学，**58**, 639-644
20) 吉田由起子，竹林知善（2017）「ウェアラブルセンサーデータを用いた状態推定に基づく作業者の熱ストレスレベル推定システム」，2017年度（第31回）人工知能学会全国大会論文集，pp. 1K34-1K34
21) Jeran S, Steinbrecher A, Pischon T (2016) "Prediction of activity-related energy expenditure using accelerometer-derived physical activity under free-living conditions : a systematic review". *International journal of obesity*, **40**, 1187-1197
22) Keytel LR, Goedecke JH, Noakes TD, Hiiloskorpi H, Laukkanen R, van der Merwe L, Lambert EV (2005) "Prediction of energy expenditure from heart rate monitoring duringsubmaximalexercise". *Journal of sports sciences*, **23**, 289-297
23) Cvetkovic B, Milic R, Lustrek M (2016) "Estimating energy expenditure with multiple models using different wearable sensors". *IEEE journal of biomedical and health informatics*, **20**, 1081-1087
24) Morrison S, Reifman J (2018) "Individualized estimation of human core body temperature using noninvasive measurements". *Journal of Applied Physiology*, **124**, 1387-1402
25) 濱谷尚志，内山彰，東野輝夫（2015）「ウェアラブルセンサと生体温熱モデルを用いた暑熱環境下での深部体温推定の一手法」，情報処理学会論文誌，**56**, pp. 2033-2043
26) Richmond VL, Davey S, Griggs K, Havenith G (2015) "Prediction of core body temperature from multiple variables". *Annals of occupational hygiene*, **59**, 1168-1178
27) Serpanos D (2018) "The Cyber-Physical Systems Revolution". *Computer*, **51**, 70-73
28) 時澤健（2017）「熱中症対策の新技術 — 実用志向と未来志向 —」，労働安全衛生研究，**10**, 63-67
29) 藤部文昭（2016）「低温による国内死者数と冬季気温の長期変動」，天気，**63**, 469-476
30) Baicker K, Cutler D, Song Z (2010) "Workplace wellness programs can generate savings". *Health affairs*, **29**, 304-311

第21章　シルク電極による医療機器開発

鳥光慶一*

1　はじめに

近年の技術発展に伴い，医療機器の多くは治療を受ける際の負担や影響が可能な限り少なくなるように工夫されてきた。CTやMRIはその良い例である。その一方で，一般的に心電図をはじめとするバイタル計測に用いられる電極は銀塩化銀などの金属が主流であり，計測時の冷たさや金属アレルギーなどの心配もある。短時間での計測や計測の正確性を考えると優れた計測法であるものの，可能であればこれらの心配は避けたいものである。

体に接触する医療機器の場合，生体適合性は重要な課題であり，アレルギーなどの炎症反応を低減または，生じない素材を用いることが求められる。また，特に脳組織のようにデリケートな組織に対しては，できるだけ傷つけないような工夫，例えばフレキシビリティの高い素材であることも重要な点の一つである。

一例を挙げると，脳機能測定におけるECoG（Electrocorticogram，硬膜下皮質表面電位）測定は，今までの電極刺入による計測から脳表面へ電極を貼付することで，鬱病をはじめとする症例に対して有効であることが示されており，注目が集まっている。パーキンソン病の治療に用いられ，劇的な成果をあげている脳深部刺激（Deep Brain Stimulation, DBS）に代わり得る治療法としても注目されている。DBSは脳深部に電極を刺入し，電気刺激をすることで，それまでの胎児脳移植に比べ負担も少なく，効果的な手法である。侵襲の度合いは少ないとは言え，電極を脳深部まで刺入する必要があるといった敷居が高いものであったが，ECoG電極による刺激は，開頭は必要であるものの脳表面に貼付するだけの患者の負担がより少ない手法である。また，近年では，tDCS（transcranial direct current stimulation，経頭蓋直流電気刺激法）のように体表からの刺激も治療効果を上げていることが話題になっている。

生体計測の観点からは，できる限り影響を与えない非接触による計測が望ましいが，接触計測が必要な場合でも対象を傷つけることなく計測できることが望まれる。アレルギーなどの炎症反応を低減または，生じない素材を用いることは必須である。生体計測において生体適合性は，避けては通れない課題である。

近年，生体に対する影響の少ない素材として，フィルムタイプの電極を中心とする計測手法が注目されてきた。フレキシブル素材は軽量で，様々な変形にも対応できるため，優れた材料では

---

* Keiichi Torimitsu　東北大学　大学院工学研究科　ファインメカニクス専攻　特任教授

あるものの，蒸れに伴う，あるいは貼付のための粘着剤による掻痒感などのアレルギー反応などの低減化が望まれている。一方，生体内に留置する医療機器として代表的なものに，シルクなどの手術糸がある。これらの手術糸は，外科手術の際に抜糸を要しない手術糸として用いられている。比較的アレルギー反応が少ない器材として長年使用されてきた。通常は電気を通さないが，その生体適合性の高さから，電気を通すための工夫をすることで，生体電極としての可能性を追求した。その工夫は，導電性高分子を利用することである。シルクに対し，導電性高分子であるPoly(3,4-ethylenedioxythiophene)-poly(styrenesulfonate)（PEDOT-PSS）などのPEDOT化合物を修飾することで導電性を付与し，シルク電極を作製した。ここでは，その作製の詳細は省略するが，作製したシルク電極は抵抗値が数百から1 kΩ/cm程度であり，生体信号を取得するのには十分なものであった。

我々はこれまで，脳機能の解析を目標として研究を進める中でシルク電極を活用することで，デリケートな組織である脳や神経細胞に対する生体適合性を高め，長期間に渡る計測を可能としたばかりでなく，その素材特性を生かした様々な応用技術を開発してきた。本稿においてその一部を取り上げるとともに，シルク電極の多面的可能性について紹介する。

2　医療機器としてのシルク電極

我々は今まで，脳神経機能の解明を目標に，ラット，マウスの初代培養神経細胞を用いて*in vitro*研究を進めてきた。主として大脳皮質や海馬の神経細胞である。これらの細胞を人工的環境下で育成し，神経回路を形成させて生理的機能を解析することでシナプス可塑性などについて研究してきた。この研究において，神経細胞の電気信号を連続的に長期間計測することは重要な点であった。細胞の活動を解析する手法として従来，ガラス電極や，パッチ電極が用いられており，これらの電極は細胞レベルの解析を行う上では極めて有効であったが，同時に数個の神経細胞を調べるのが限界であるという問題があった。一方，神経回路解析においては，多数個の神経細胞の機能を調べる必要があり，多点電極からなる電極アレイを用いたフィールド計測を行うことが一般的である。

電極アレイは，シリコン基板をベースに微細加工によりパターン作成したものや，金を蒸着してパターン化したものなどがあるが，これらの材料は光を透過しないため細胞の観察には不向きで，細胞観察を行う場合にはITO電極をベースにした電極アレイを用いることが必須である。ITO電極は，透明であるため細胞の形態変化や回路形成過程，蛍光色素を用いた蛍光測定を必要とする場合には，極めて有効な計測法である。しかしながら，インピーダンスが高く，神経細胞が電極を避けるなど細胞との相性もあまり良くないという欠点があり，白金黒などで表面を処理する必要があった。ただ，白金黒は，はがれやすく，作成上のコントロールが難しいため，取り扱いが容易で生体適合性の高い修飾物質が求められていた。当時，リンショーピン大学との共同研究で，まだあまり一般的ではなかった導電性高分子PEDOT-PSSを導入する機会があり，

ITO電極の修飾に使用したところ，神経細胞の成長も良く，電極とのコンタクト性も良いことが判明したことから，白金黒に代わる材料としてPEDOTを選択した。結果として，インピーダンス低減によるシグナル感度の増加と安定した記録が長期間可能であることが明らかとなり，生体適合性の高さから，数カ月に渡り培養神経細胞の維持ができた。

図1は，ITO電極を導電性高分子で半分ほど修飾したもの（細胞生育前）を示しており，拡大した蛍光写真は，神経細胞を生育させた後，選択的に神経細胞のみを緑色に蛍光染色したものである。電極上に良く成長している様子がわかる。計測された電気活動は，導電性物質が修飾されていないITO電極に比べシグナルも大きく，2カ月間以上安定して計測することができた。

一方，細胞をターゲットにした外部電極のほかに，脳組織のような*in vivo*に近い系の機能解析のためには，電極を刺入したり，脳表面に電極を貼り付けて計測する必要がある。しかしながら，金属電極を電極として使用した場合にはグリア細胞など神経以外の細胞が電極を異物として取り囲み，次第にシグナルが計測できなくなってしまう現象が生じる。これを避けるためにこれまで，生体適合性を高めるなどの様々な取り組みが試みられてきている。

我々は導電性高分子の生体適合性が高いことに着目し，金属を使用せず複雑な脳表面形状にフィットするフレキシビリティの高い電極の開発に取り組んだ。材料として当初は，ポリイミドなどの比較的フレキシビリティの高い素材をベースに電極を作製したが，素材の硬さゆえ変形が十分でなく，逆に組織を傷つけてしまう結果となった。柔軟性に富んださらにフレキシビリティの高い素材が必要であった。そこで着目したのがシルクである。シルクは，セリシンとフィブロインというタンパク質からなり，生体適合性が高いことが知られている。これに生体適合性の高い導電性高分子を組み合わせることで，フレキシビリティの高い電極が作製できると考え，導電性化に取り組んだ。結果として，シルクの質感や肌触りを失うことなく，しなやかで生体適合性

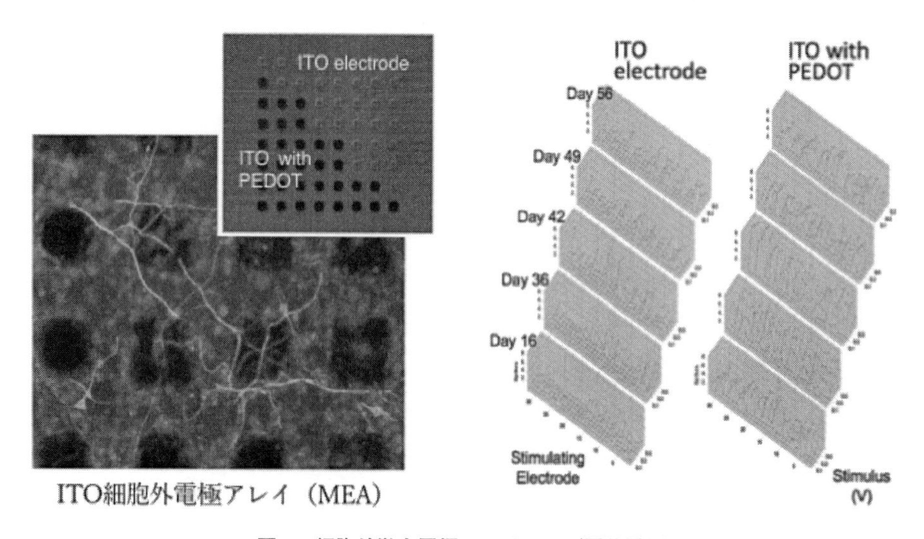

図1　細胞外微小電極アレイおよび電位計測

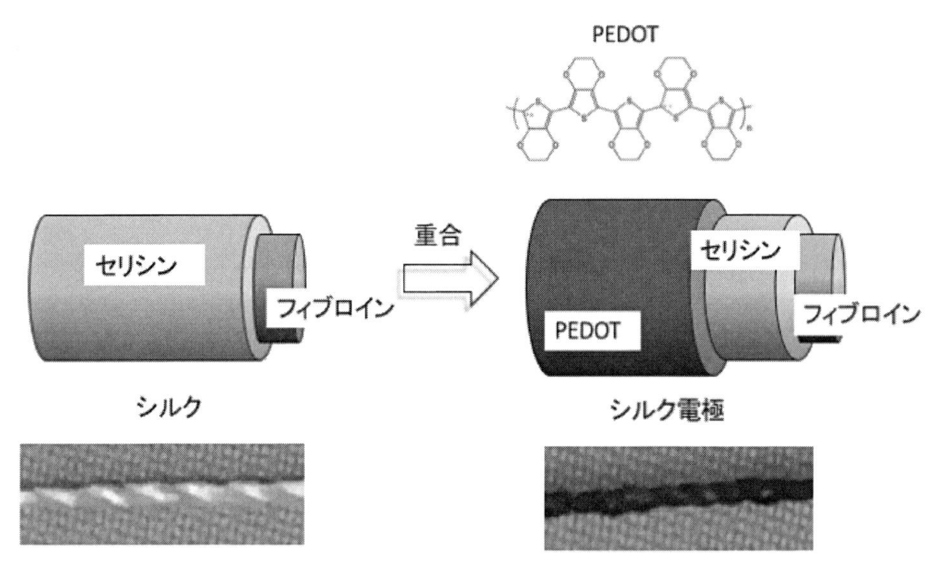

図2　導電性高分子を用いたシルク電極作製

の高い導電性電極，導電性シルクが出来上がり，素材の特性を生かした炎症反応が生じにくい生体計測用電極を確立することができた（図2）。現在，このシルクを用いて様々な計測に応用している。

3　シルク電極の特徴，バイタル計測

前述したように，導電性シルクは，導電性化しても失われないシルクそのものの素材の良さと肌触りから優れた生体電極材料であると言える。我々は，このシルク電極を心電や筋電，脳波計測などのバイタル計測に活用している。糸状のシルク電極は，その適度な硬さ故，ニワトリ胚の脳組織に刺入・留置することが可能であり，脳波を長時間に渡り計測し，ガンマ波の頻度や周波数が胚の成長に伴って変化することを明らかにした。図3左では，2本のシルク電極を利用して，片方の電極を基準電極，もう一方の電極で脳波計測を行った様子を示した。シルク電極の抵抗値は，およそ百Ω～1kΩ/cmであり，脳内の複数箇所からの自発的な神経活動が計測できている。また，LED光刺激により誘起される脳の誘発反応を計測することができる程十分な感度があり，実際，受精後の早い段階では反応が全くなく，受精後17日目あたりで顕著な反応が観測されるといった結果が得られている。

さらに，糸状の電極をクロスさせて1mm程度の十字を複数構成し脳表面に貼付することで複数箇所からの脳波が検出できており（図3右），シルク電極の検出感度の高さを示している。ここでは，脳から生じる信号を検出するための計測用の電極としての活用であるが，電極抵抗がそれほど高くないことから，電極に電流や電圧を印加することで刺激用の電極としても利用する

ことが可能であり，今後 ECoG 電極として，鬱病やパーキンソン病治療のための活用が期待される。

一方，バイタル計測分野における活用としては，心電や筋電などの計測が挙げられる。これまでに体表にシルク電極を貼付することで，心電および筋電の計測に成功している。一例を挙げると，心臓近傍の胸部体表に電極を留置することで心電を検出，腕部分に電極を多点留置することで，手指の動きに伴い変化する筋電の計測ができている。図 4 にシャツに縫い付けた電極の配置と計測の結果得られた心電の波形を示す。図 5 には複数箇所からの筋電を計測し，ロボットアー

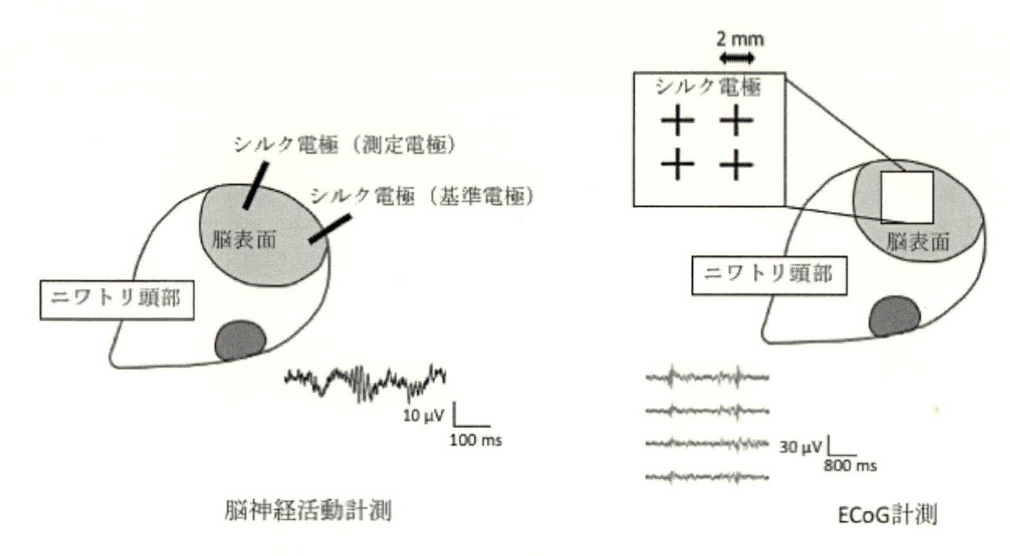

図 3　ニワトリ胚からの脳神経活動計測および ECoG

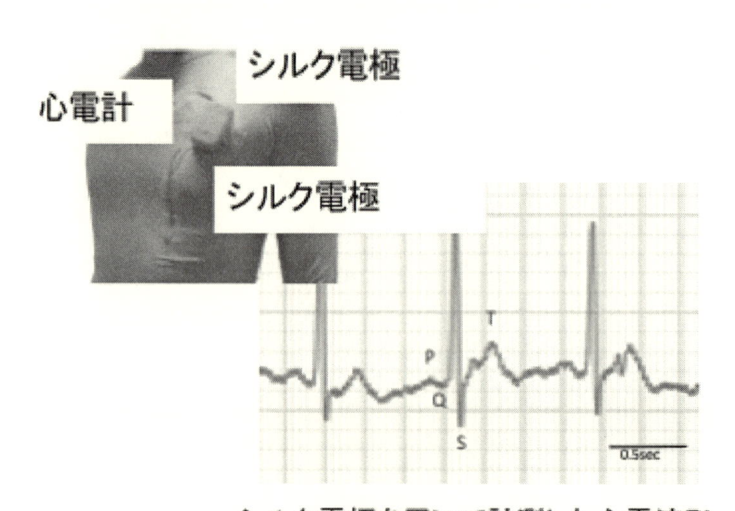

図 4　シルク電極による心電計測

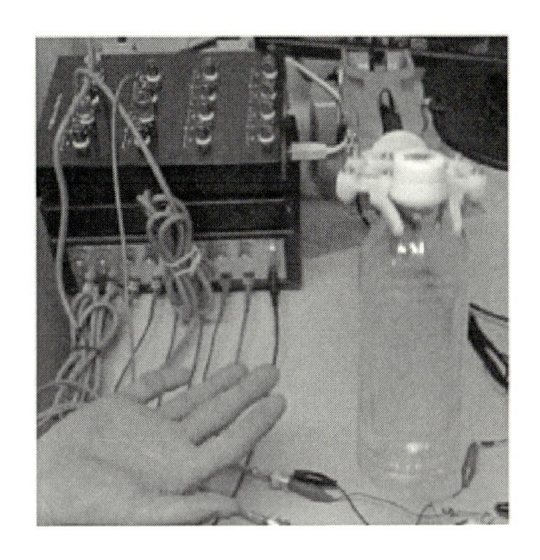

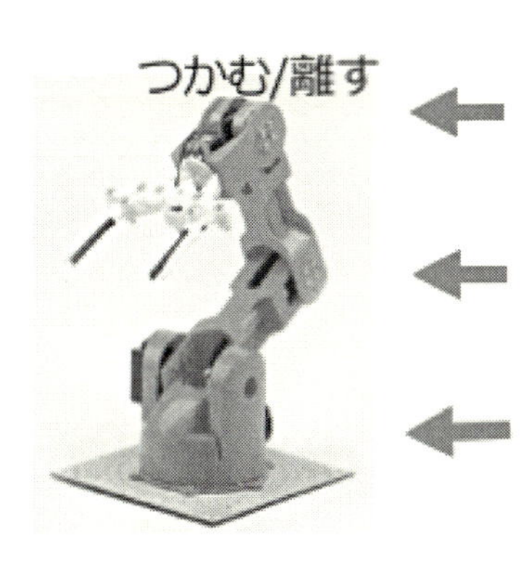

図5　シルク電極を用いたロボットアームの筋電制御

ム（市販）の動きを制御してペットボトルをつかみ取る動作を写した写真を示した。実験では，あらかじめ各指の筋肉活動に合わせてロボットアームの特定の動きを指定しておき，各指を動かすことで生じた筋電を基にその動作に基づきロボットアームを操作する，いわゆるスイッチ動作のほか，手指の動きと連動させてアームを動かす，いわゆるハプティック動作を実現している。

このようにシルク電極は，肌に直接触れることで心電や筋電を計測することができる接触型の電極であり，その素材の優しさと柔軟性から，優しく触れるだけでバイタル測定ができるさりげない生体電極としての可能性を有している。この電極を用いることで，着用していることをあまり意識せずバイタル情報を取得し，さりげなく自身の健康管理に生かすことが可能となることが期待される。

4　今後の展開

これまで，肌に触れることで，バイタル情報を取得し，ヘルスケア管理に有用なシルク電極を中心に説明してきた。接触型は，微小な変化が計測できる利点があるものの，体表につけ，常に触れていることが必須であり，着脱の不便さなど，例えシルク電極を利用した場合でもさりげなさにも限界があり，全く意識しないことは難しい。一般的に使用される粘着パッドやゴムなどの締め付けは長時間の計測には向かないが，シルク電極は，このような極端な締め付けは必要ないものの，接触は必須であり，ズレなど，接触型故避けて通れない問題は無視できない。衣類や家具のような肌の接触を伴わない非接触でバイタルが測定できれば，活用度はさらに増すものと考えられる。

現在，シルクや和紙などの導電性繊維を用いた非接触型の計測系を開発しており，これらの繊維電極の特性を利用することで，座るだけで荷重や体の歪みが計測できる椅子や寝姿をリアルタイムで計測できるベッドなどのシステム構築を進めている。IoTを活用してクラウドへデータを送信，蓄積し様々な情報をフィードバックすることで，未病につながるヘルスケア分野への活用を模索中である。

今後，この特性を生かした様々な計測系への展開を目指すとともに，臨床系への研究開発を進めることで，さりげないバイタル計測とそのフィードバックによる未病・治療への取り組みにつながればと考えている。

文　　献

1) H.P.C. Robinson, M. Kawahara, Y. Jimbo, K. Torimitsu, Y. Kuroda, A. Kawana, Periodic synchronized bursting and intracellular calcium transients elicited by low magnesium in cultured cortical neurons, *J. Neurophysiol.*, **70**, 1606-1616 (1993)
2) G. Heywang & F. Jonas, Poly(alkylenedioxythiophene)s—new, very stable conducting polymers. *Adv Mater.*, **4**, 116-118 (1992)
3) S. Ghosh, O. Inganas, Conducting polymer hydrogels as 3D electrodes: applications for supercapacitors. *Adv Mater.*, **11**, 1214-1218 (1999)
4) T. Nyberg, A. Shimada, K. Torimitsu, Ion conducting polymer microelectrodes for interfacing with neural networks, *J. Neurosci. Methods*, **160**, 16-25 (2007)
5) 鳥光慶一，島田明佳，古川由里子，バイオ評価技術，分子エレクトロニクスの基板技術と将来展望，シーエムシー出版，53-79 (2009)
6) Y. Furukawa, A. Shimada, K. Kato, H. Iwata, K. Torimitsu, Monitoring neural stem cell differentiation using PEDOT-PSS based MEA, *BBA Gen. Sub.*, **1830**, 4329-4333 (2013)
7) S. Tsukada, H. Nakashima, and K. Torimitsu, *PLoS ONE*, **7**, e33689 (2012)
8) K. Torimitsu, H. Takahashi, T. Sonobe, Y. Furukawa, PEDOT-PSS modified silk electrode for neural activity measurement, E. *J. Neurology*, **21**, 190 (2014)
9) K. Torimitsu, H. Takahashi, T. Sonobe, Y. Furukawa, Activity measurement using conductive polymer flexible electrode, *Proc. ISBS 2014 St Petersburg_Russia, Stress, Brain and Behavior*, **1**, 23 (2014)
10) S.Watanabe, H. Takahashi and K. Torimitsu, Electroconductive polymer-coated silk fiber electrodes for neural recording and stimulation in vivo, *Jpn. J. Appl. Phys.*, **56** (2017), in press
11) D. T. Simon, S. Kurup, K. C. Larsson, R. Hori, K. Tybrandt, M. Goiny, E. W. H. Jager,

M. Berggren, B. Canlon & A. Richter–Dahlfors, Organic electronics for precise delivery of neurotransmitters to modulate mammalian sensory function, *Nature Materials*, **8**, 742–746 (2009)

12) 鳥光慶一，医療に向けたフレキシブルウェットデバイス，*Nature Interface*, **61**, 12–13 (2014)

第22章　布圧力センサを用いた衣類型褥瘡予防介護補助システム

榎堀　優[*1]，小野瀬良佑[*2]，間瀬健二[*3]

1　はじめに

本節では，布圧力センサを用いた衣類型褥瘡予防介護補助システムについて紹介する。本システムに用いた布圧力センサは第2編第9章における「導電性織物による布センサの開発」にて紹介されている物である。詳細はそちらをご参照頂きたい。

本システムは褥瘡（いわゆる床ずれ）の予防介護補助を目的としている。褥瘡は一定以上の圧が長時間にわたり同一箇所へ継続して掛かることにより発生するとされている[1)]。一般的に70～100 mmhg以上の圧が2時間以上とされるが，より低圧で発生した事例もあり，実際の所は被介護者の状況によって異なる。そのため，原因となる「高圧・長時間・同一箇所への圧力」を早期発見することが予防に繋がると言われている。

褥瘡予防の早期発見目的にはマット型/シーツ型圧力センサがよく利用される。我々も当初は布圧力センサを用いたシーツ型センサも開発していた。例を図1に示す。図1左部のシーツ下に敷かれている灰色チェック柄のセンサがシーツ型布圧力センサである。シーツ型布圧力センサは，他のフィルムやゴムを利用したマット型/シーツ型圧力センサと比べて通気性や吸湿性があり，布の利点を損なわずに被介護者の体圧分布を計測できる。図1右部に示したのが計測例で

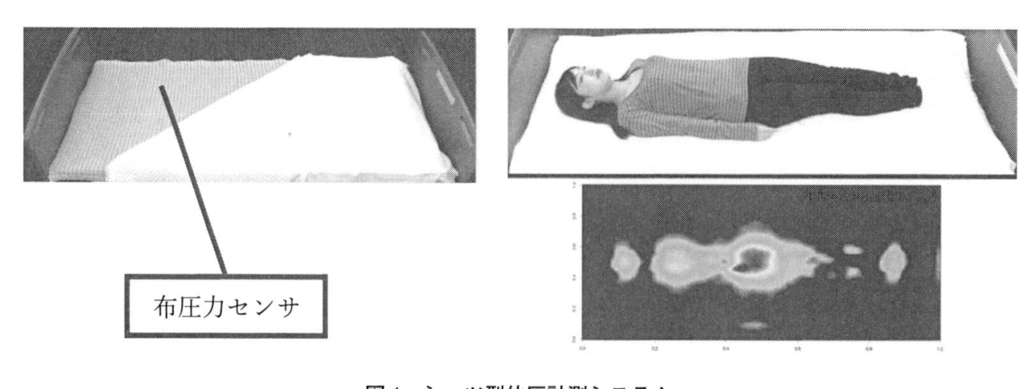

図1　シーツ型体圧計測システム

＊1　Yu Enokibori　名古屋大学　大学院情報学研究科　知能システム学専攻　助教
＊2　Ryosuke Onose　名古屋大学　大学院情報学研究科　知能システム学専攻　D2
＊3　Kenji Mase　名古屋大学　大学院情報学研究科　知能システム学専攻　教授

ある。女性の被験者の寝姿体圧分布が表示されており，臀部に高めの圧が掛かっていることが分かる。本システムで提示するような寝姿体圧分布は多数の既存研究で使われており，それらで提案された多数の医療・介護基準を適用できる利点がある。

しかしながら，実際の介護現場では前述のような綺麗な寝姿体圧分布が得られることは極まれである。特に，体圧分散クッションなどが被介護者とシーツの間に挿入される場合，人体表面に加わる実際の圧力値が計測できず，研究室環境で計測した寝姿体圧分布からは大きく外れることが多い。例えば，クッションを通した圧力値となるため実際の皮膚に当たる圧力値より低い値を示したり，クッション形状が可視化されて人体のどの部位に圧力が掛かっているのかが不明になったりする。図2に円形クッションを用いたときにクッション形状がシーツ型布圧力センサのデータ上に表出し，人体形状が不鮮明になった例を示す。図2の条件では，図2左部に示す円形クッションを図2中部に示すように腰部下に挿入している。これによって，本来は図1右部のように表示されるべき仰臥位の寝姿体圧分布が，図2右部に示すように拡張された形に見え，人体形状が不鮮明となっている。なお，分かり易さのために図2では腰部直下にクッションを配置しているが，実際の介護現場でこのような挿入方法は実施されない。しかし，通常の利用方法でも同様の問題は発生する。

これらの問題に対し我々は，布圧力センサで作成した衣類型圧力センサを用いることで，体表に加わる圧力を直接計測可能とすることを試みた。図3に2017年時のプロトタイプ（パジャマ型）を示す。パジャマ型布圧力センサは，その全面を布圧力センサで構築している。その為，電極を取り付けさえすれば，その全域で体表に加わる圧力を計測できる。このように人体の広域にわたって圧力センサを配置する場合，ポイントセンサは取り付け数が膨大となり加工難易度が高くなる問題があり，フィルムやゴムを利用したセンサでは通気性や吸湿性が問題となる。しかし，布圧力センサであれば，通気性や吸湿性といった布の利点を損なわずに被介護者の体圧分布を計測できる。

本稿では，図3に示したパジャマ型布圧力センサの詳細と評価について第2節で述べる。続く第3節では，計測領域を拡大した次期プロトタイプである甚平型布圧力センサについて述べ，最後に第4節にてまとめる。

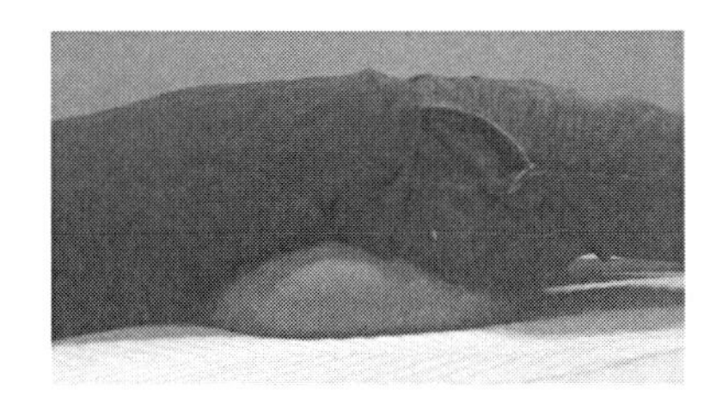
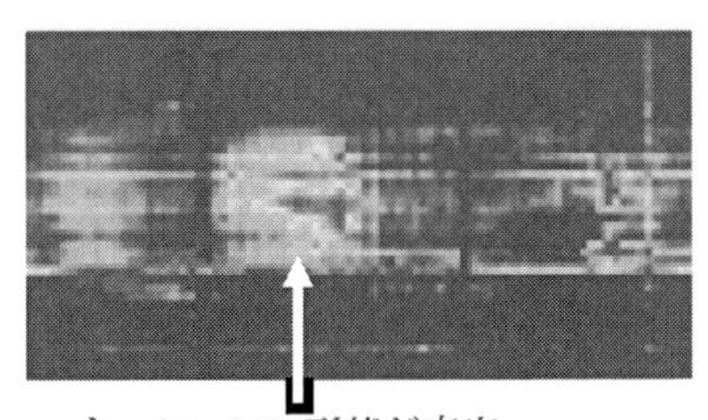

図2　クッション形状が可視化されて人体形状が不鮮明となった例

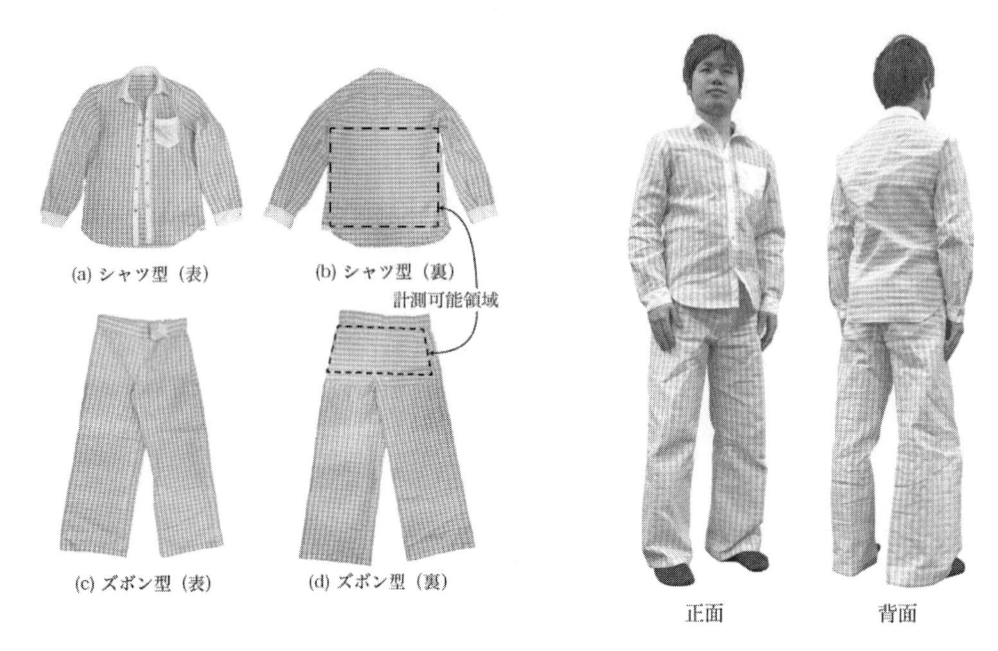

図3　パジャマ型圧力センサ

2　パジャマ型布圧力センサ

本節では，図3に示したパジャマ型布圧力センサの構成および特徴について述べる。また，20名の被験者を対象とし，シーツ型布圧力センサとパジャマ型布圧力センサの体表圧力検出力について比較評価した結果についても述べる。睡眠時姿勢分類を通じた比較評価の結果，パジャマ型布圧力センサの方がシーツ型布圧力センサよりも睡眠時姿勢分類精度が高く，体表圧力検出力の有効性も高いと言える傾向があった。これは，我々の提案している衣類型圧力センサの方が，マット型/シーツ型圧力センサよりも，体表に加わる圧力値の変化をより明確に検出できていることを示唆している。なお，本節の説明は文献2を部分引用しつつ加筆したものである。より詳しい細部については文献2をご参照頂きたい。

2. 1　パジャマ型布圧力センサの詳細

図3に示したパジャマ型布圧力センサは，シャツとズボンの2部位から成る。各部位のサイズを表1に示す。端的に言えば，一般的な男性用着衣のMサイズとほぼ同じである。これらの衣類の素材には，襟，袖，前たて，ポケットを除き，布圧力センサを用いている。そのため，電極を設置することで，どの部位でも圧力を計測できる。ただし，研究開発時点においては，配線の量や取り回しの関係から，褥瘡好発部位である仙骨付近や脇腹を覆う図の破線で示す箇所だけを計測できるように配線していた。最終的な計測範囲は，シャツとズボンのそれぞれで18×31個，12 × 23個のマトリクス状の計測範囲となった。感圧部が約7.5 mm平方であり中心点間距

表1　パジャマ型布圧力センサの寸法

シャツ部		ズボン部	
着丈	610 mm	腰回り	410 mm
肩幅	415 mm	股上	300 mm
身幅	525 mm	股下	700 mm
袖丈	580 mm	裾まわり	290 mm
		腿まわり	290 mm
		臀部まわり	490 mm

離が約10 mmの布圧力センサを，隣接4点を1計測点としてまとめる構成としたため，感圧点の計測粒度は17.5 mm平方であり感圧部中心間距離は約20 mmとなっている。したがって，計測可能範囲はシャツとズボンのそれぞれで約360×620 mm，240×460 mmである。通常の着衣と同様に装着し，静電容量計測デバイスをシャツは胸部ポケット，ズボンは腰部の収納ボックスへ格納する。

2. 2　パジャマ型布圧力センサの性能評価

公募した被験者からデータを収集し，前項で示したパジャマ型布圧力センサについてシーツ型布圧力センサと体表圧力検出力について比較評価した。ただし，人体表面に加わる圧力を直接計測して真値を取得することは，真値を計測するセンサそのものが真値へ影響を与える問題などから，実施することが困難である。そこで実験では「より正しく計測できているなら，クッションなどの阻害要素がある場合でも睡眠時姿勢分類精度が高くなるはず」という観点から，各センサから得られたデータを用いた睡眠時姿勢分類の精度を持って，各センサの性能評価に代えた。

2. 2. 1　被験者および計測の詳細

集った被験者は衣類型圧力センサを着用可能な体型（身長＝163.0±6.6 cm，BMI ＝20.1±1.9）の20名（男4名，女16名，年齢＝34.7±7.2）である。評価に用いた体位は仰臥位と側臥位である。伏臥位を除外しているのは，パジャマ型布圧力センサの検知部が，褥瘡好発部位を想定して背面ならびに臀部に設置されているため，当該姿勢の加圧部が計測範囲外であるためである。ただし，パジャマ型布圧力センサは前面も布圧力センサで構築されているため，電極を配置すれば体前面に加わる圧力も計測可能ではある。なお，褥瘡好発部位は左右対称であることから，側臥位の左右は同値であると考え，右側臥位のみを調査対象とした。

各被験者は衣類型圧力センサを着用し，シーツ型圧力センサ敷いたベッド上で3種類のクッションA, B, Cを用いて以下の手順で体圧を計測した。

①　クッションを用いない睡眠時姿勢をとる（仰臥位・側臥位各10秒 ×5回）
②　クッションAを用いて①と同様の計測をする（以下，クッションB/Cも同様）

なお，クッションA，B，Cはそれぞれ長方形のスポンジ素材，正方形の低反発ウレタン素材，円型のビーズ素材である。それぞれ，人体形状を拡張してしまう，圧力を不鮮明にする，形状表出により輪郭が曖昧になる，などの影響がある。詳細は文献2をご参照頂きたい。

2. 2. 2 睡眠時姿勢分類結果

識別器としてRBFカーネルのSVMを用い，クッション非利用時のデータで学習を行った。SVMのパラメータは試行毎にGrid Searchで最適化した。特徴量にはセンサ出力値をそのまま用いた。これは，事前調査においてHoGやSHIFT特徴を利用したときと比べて，センサ出力値をそのまま用いた場合の方が，より良い精度が出たためである。

シーツ型布圧力センサと衣類型布圧力センサから得られた寝姿体圧分布を用いて仰臥位と側臥位の二値分類を実施し，分類精度を一人抜け交差検証により導出した結果を箱ひげ図として図4に示す。図4に示した結果は3種のクッションの結果を統合したものである。

図4の結果より，衣類型布圧力センサにおいて，中央値，第1四分位点，第3四分位点がシーツ型圧力センサよりも高い精度を示したことが分かる。また，ノンパラメトリック検定の一つであるBrunner-Munzel検定によれば，15%で第一種の過誤が起きる確率を含むが，衣類型圧力センサの方が分類精度の中央値が高い結果が得られている。

クッション別の識別結果の箱ひげ図を図5に示す。クッションを利用していない場合において，衣類型圧力センサの睡眠時姿勢分類精度が，シーツ型圧力センサを用いたものよりも明らかに高いことが分かる。また，クッションを利用していない場合における両センサそれぞれの睡眠時姿勢分類精度が，クッションを利用した場合よりも高い傾向を示しており，当初予想通りに体圧分散クッションの利用が各センサを用いた体表圧力検出力に悪影響を与えていることが見て取れる。

クッション利用時においては，クッションAおよびCの利用時において，衣類型圧力センサの睡眠時姿勢分類精度が，シーツ型圧力センサを用いたものより高い傾向を示した。クッション

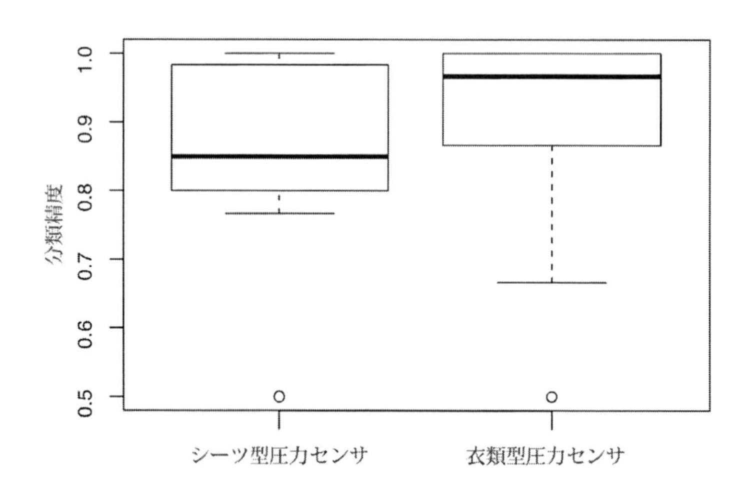

図4 シーツ型・衣類型圧力センサによる寝姿姿勢分類結果（統合）

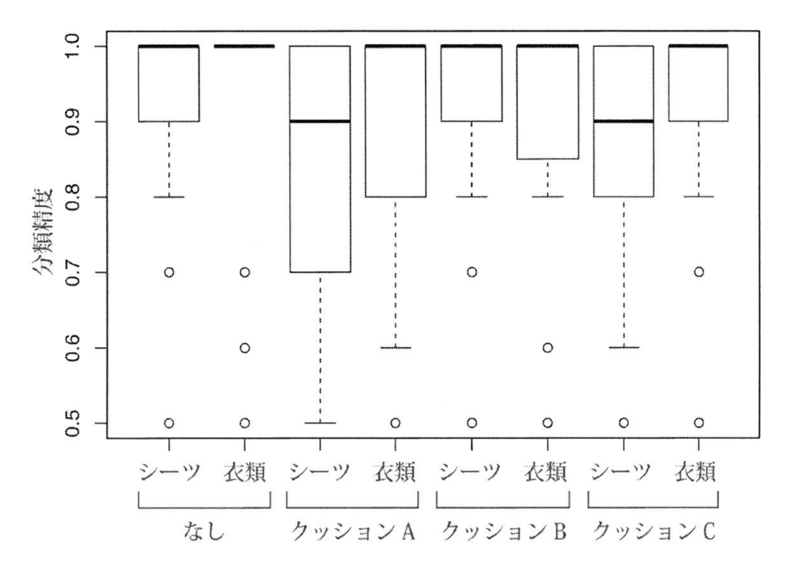

図5　シーツ型・衣類型圧力センサによる寝姿姿勢分類結果（クッション種類別）

A利用時は，図5に示すとおり衣類型圧力センサの箱ひげが，シーツ型圧力センサの箱ひげよりも高い位置にあり，衣類型圧力センサの方が全体的に高い性能を示している。Brunner-Munzel検定によれば，40％で第一種の過誤が起きる確率を含むが，シーツ型圧力センサと比較し，衣類型圧力センサの方が精度の中央値が高い。同様の傾向はクッションC利用時においても認められる。クッションC利用時は図5に示すとおり衣類型圧力センサの箱ひげが，シーツ型圧力センサの箱ひげよりも高い位置にあり，衣類型圧力センサの方が全体的に高い性能を示している。Brunner-Munzel検定によれば，5％で第一種の過誤が起きる確率を含むが，シーツ型圧力センサと比較し，衣類型圧力センサの方が精度の中央値が高い。一方で，クッションB利用時においては，両センサの識別結果の間に大きな差は見られなかった。図5に示した箱ひげもほぼ同じ位置にあり，Brunner-Munzel検定によっても顕著な差は認められなかった。

これらの結果から，シーツ型圧力センサよりも衣類型圧力センサの方が，クッションの影響を受けずに体表に加わる圧力値を捉えられていることが示唆された。ただし，クッションの素材や形状によって，その識別精度は影響を受けるようである。人体形状の拡張や，輪郭の不鮮明化が発生するクッションAやCを用いた場合に，衣類型センサはシーツ型センサよりも良い精度を示す傾向にある。一方で，それらが発生しづらい，小型かつ硬めのクッションBを利用したときは，その精度にあまり差が見られていない。また，本実験で用いたパジャマ型布圧力センサは，その計測範囲を褥瘡好発部位である背部と臀部に限定されており，その計測範囲外に大きな差が出ていた可能性もある。特に体側部の圧力検出が重要となる側臥位の識別において，その可能性が高い。そこで我々は，雑多な配線取り回しを不要としながらも，体側部などを含む広範囲な計測を可能とするため，次節に示す次期プロトタイプとして甚平型布圧力センサを設計した。

3　甚平型布圧力センサ

前節で，衣類型圧力センサはシーツ型圧力センサよりも身体下に置かれたクッションなどの影響を受けづらいことを示した。したがって，衣類型圧力センサの方が，体圧分散クッションなどが多用される実際の介護現場における利用に適していると考えられる。しかしながら，パジャマ型布圧力センサは，図3に示したとおり，全体が布圧力センサで構成されていながらも，その計測範囲が背部および臀部の一部に限定されており，体に加わる圧力全体を捉えられているとは言いがたい状況であった。計測範囲が限定されている原因は，マトリックス型計測と洋服構造との相性の悪さである。

洋服は，通常，複数の部位に分かれて裁断され，組み合わせることで立体的な構造を構築する。例えば，図3に示したパジャマ型布圧力センサのシャツ部の場合，脇の部分で裁断されており，胴体部分だけでも背部と左右2つの前身頃の3つのパーツで構成されている。そのため，単純に縫製しただけでは，この3つのパーツで電気的に分割されてしまい，マトリックス型の計測ができない状況になってしまう。縫製部分で各パーツの配線を電気的に結合することも考えられるが，布の収差や裁断の誤差によって接合部にズレが生じたり，縫製部前後で電気的特性が変わってしまったりといった問題が散見された。そこで我々は，できる限り裁断を不要とし，全体を連続的な一枚布で構成する新型衣類型布圧力センサを設計した。なお，パジャマ型布圧力センサのズボン部は，通常のパターンを用いると臀部の中央で左右に分割されることとなり上記問題が発生してしまう。そのため，パジャマ型布圧力センサの構成においても，ズボン部は臀部と脚部で切り離した特殊パターンとなっている。これにより立体縫製構造を維持しながら，臀部全体の計測を可能としていた。しかしながら，大腿部に発生する褥瘡も多いため，より広範囲を計測可能なパターンの構築が求められていた。

図6に全体を連続的な一枚布で構成する新型衣類型布圧力センサである甚平型布圧力センサを示す。本センサは全体をできる限り1枚の布で構成するようにパターンを作成した結果であり，上衣・下衣共に一枚の布で構成可能となっている。計測可能領域は図7左部に示すとおりであり，上衣は背部全体と両脇の前部まで，下衣は臀部や太ももを含む背面部全体と側面前方部までが計測範囲となっている。電極配置は図7右部に示すとおりである。

上衣は，脇部分で左右に分割されており，横方向の導電糸は切断されているが，縦方向の導電糸は上衣下部から一元的にアクセスできる構造となっている。その為，横方向の導電糸に対する電極を背部に構築し，縦方向の導電糸に対する電極を下裾部に構築することで，前身頃胸部以外の範囲を計測可能となっている。なお，今回は計測回路の対応電極数の関係から配置していないが，前身頃胸部も前の合わせの襟部分に電極を配置することで計測可能である。この電極分割配置構成は下衣で用いている。

下衣は，縦方向の導電糸は下衣上部から一元的にアクセスできる構造となっている。一方で，横方向の導電糸は股の部分で左右に分割されているため，単一方向から一元的にアクセスできない。そこで，図6右部に示すように，まず左側面部全体に電極を配置し，左脚部ならびに電気的に繋がっている右臀部およびその延長上にある右脚側面前方部までを計測可能としている。残る右足股下部分ならびに右股下側面前方部については，右側面の下部に別途電極を配置することで計測を実現している。電極が左右に分散されているが，布圧力センサとしては一枚で構成されているため，分割された計測箇所毎に電気的特性が異なるといったこともない。

この他，本来は裁断・縫製することで実現する人体構造に沿わせるための立体構造は，図7に示すようにタック構造とすることで，全体を一面の布としながら実現している。図6に示し

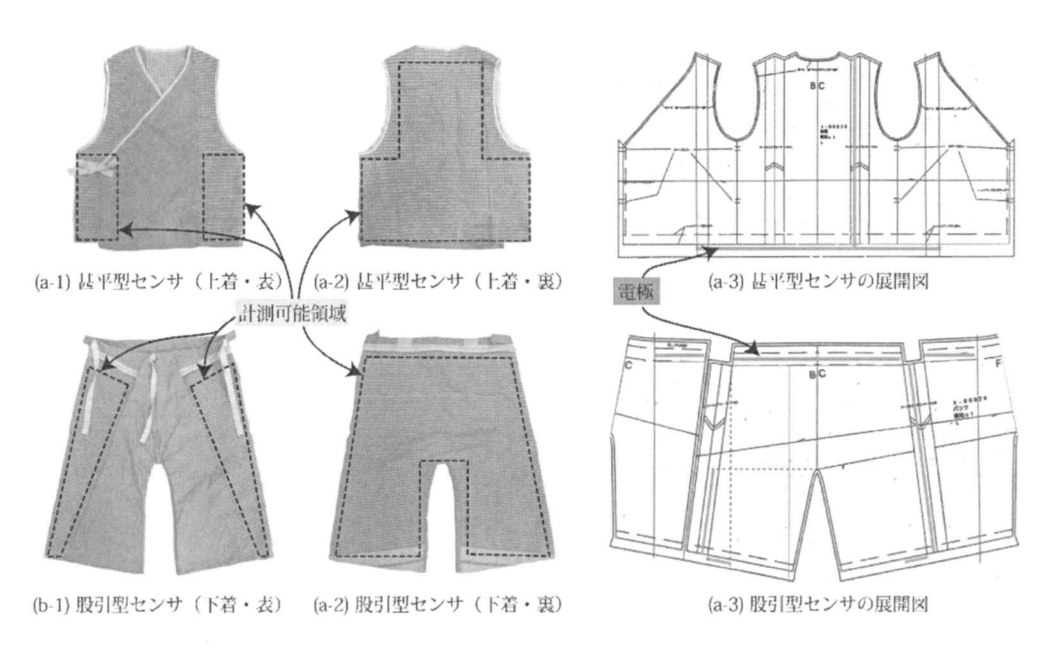

図6　甚平型圧力センサ

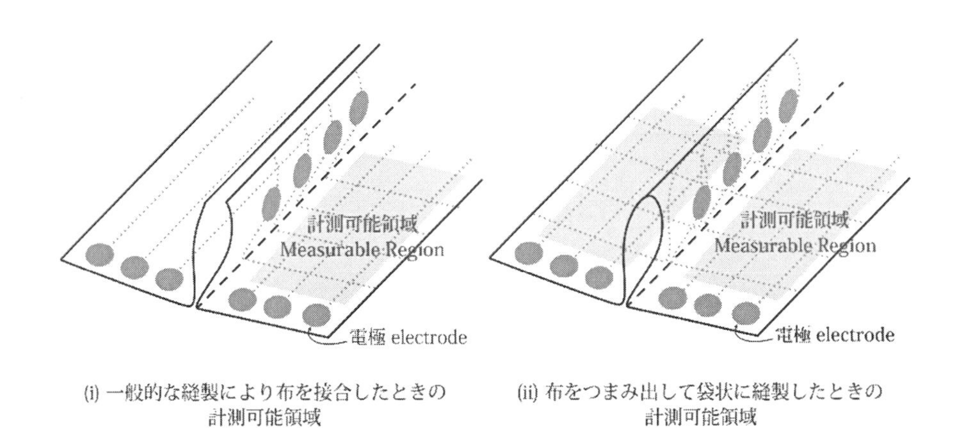

図7　つまみ構造による計画可能範囲拡張

た甚平型布圧力センサでは上衣背部の電極取出し部の隠蔽部分，下衣の左右切り返し部分で利用している。

これらの工夫の結果，甚平型布圧力センサでは，全体を一枚の布圧力センサで構成しながらも，人体構図に沿った立体構造を維持しつつ，広域にわたる計測範囲を実現した。ただし，本設計においても電極取出し部分が褥瘡好発部位である背部や腰部を横断していることが懸念事項としてあげられている。看護的観点からは，織り構造の工夫などで，計測範囲を維持しながらも電極取出し部分を体前面に持ってくるなどの工夫が必要となり，今後の課題となっている。

4 まとめ

本章では，布圧力センサを用いた衣類型褥瘡予防介護補助システムとして，パジャマ型布圧力センサと甚平型布圧力センサについて述べた。第2節に示したとおり，睡眠時姿勢分類を通じた比較評価の結果，パジャマ型布圧力センサの方がシーツ型布圧力センサよりも睡眠時姿勢分類精度が高く，体表圧力検出力の有効性も高いと言える傾向があった。これは，我々の提案している衣類型圧力センサの方が，マット型/シーツ型圧力センサよりも，体表に加わる圧力値の変化をより明確に検出できていることを示唆している。甚平型布圧力センサでは，パジャマ型布圧力センサの構造を見直し，広域にわたる計測範囲を実現した。これにより将来的には全身における体表圧力検出を一元的に可能とする。この他，織り構造の工夫などで，計測範囲を維持しながらも電極取出し部分を体前面に持ってくるなどの看護的懸念事項の払拭などを計画している。

文　　献

1）（一社）日本褥瘡学会，褥瘡ガイドブック第2版 褥瘡予防・管理ガイドライン（第4版）準拠．照林社（2015）
2）小野瀬良佑ほか，情報処理学会論文誌，59（10），pp. 1827-1836（2018）

第23章　導電性織物の無線応用

島崎仁司*

1　無線端末としてのウェアラブル機器と導電性織物

折ったり曲げたりできるフィルムを基板として，その表面に金属配線パターンを構成した電子回路は色々な場面に応用されている。一方，布，織物というものは曲げられるという柔軟性だけでなく，伸縮という変形もでき，衣服などのように「身に着ける」素材として利用できる。導電性をもつ織物の一つの分類として，導電糸と通常の絶縁性の糸とを組み合わせて圧力などのセンサを構成するもの，布の一部にパターンとして導電性をもたせて回路配線として用いるもの，さらに配線・結線ではなく面として，つまり導電性シートとして用いるものがある。ここではその3番目に属する，通常の布に配線を付けたものではなく導電性をもった面としての応用，特にアンテナを紹介する。これはウェアラブル機器に付ける無線機のウェアラブルアンテナとしての応用である。他の応用例としては電磁シールド材があり，電磁波を遮蔽することができる柔らかいバッグが商品化されている[1)]。また別の例として，布の表裏両面に面状に広がる刺繍を設け，布の面上の任意の場所に取り付けたセンサモジュールの電力供給と通信とを同時に行うことのできるものも報告されている[2)]。なお，織物か不織布であるかにかかわらず，導電性をもつ布を本章では導電性織物と記述することにする。

ウェアラブル機器としてはリスト装着型，眼鏡型のものが先に普及してきているが，衣服に組み込むものも順次開発されている。センサを常時身に着けていて，バイタルデータを逐次取り続けるような応用が考えられているが，センサおよびデータをデータロガーやサーバに送るための無線モジュールは小型化が進み，ボタン大程度のものまで作られるようになった。一方でその無線送受信のためのアンテナは小型化すればするほど性能は劣化することが知られている。本来は使用する電磁波の波長の1/2程度は必要なものであり，BluetoothやWi-Fi，RFIDなどに使用される周波数帯で考えると，金属板や金属棒で作ったアンテナは身に着けるにしては邪魔である。そこで導電性織物を使ってアンテナを構成し，衣服に組み込んでしまうことが考えられる。

これまでに報告された導電性織物を用いたアンテナについていくつか紹介すると，まずマイクロストリップパッチアンテナのパッチ導体として導電性織物を用い，基板もフェルト生地や布を使ってGPSあるいはWLANのアンテナを作ったものが提案された[3~5)]。その後，Bow-tie形のアンテナでUHF帯TV受信用のもの[6)]やスロットアンテナ[7)]などが報告されているが，最近は導

＊　Hitoshi Shimasaki　京都工芸繊維大学　大学院工芸科学研究科　電気電子工学系　准教授

電性織物をアンテナパターンに合わせて形取るものではなく，導電糸を刺繍することによってアンテナを構成するものの報告が多い[8~10]。これらは腕時計型端末内にあるような小型チップアンテナと比べて総じて利得が大きく，同じ電力を送信するための消費電力を抑えることができ，省エネルギーに役立つ。

次節より，具体例として筆者が報告してきたスロットアンテナ，およびそれに先立ち測定した導電性織物の高周波特性について紹介する。

2 導電性織物の高周波における表面抵抗率の測定

アンテナを作製する前にまず，アンテナを構成する導電性織物の高周波における表面抵抗率を測定した[11]。測定した導電性織物は導電性をもつ糸と絹糸とで織ったものであるが，この導電糸として我々の研究グループは西陣織など衣服などの装飾に金銀糸として数百年も前から使われてきた伝統工法による糸を使用した。装飾用として使われてきた金銀糸には2種類ある。一つは平箔糸と呼ばれるもので，絶縁フィルムと金属箔を重ね，細く（400 μm 程度）短冊状に切ったものである。もう一つは撚糸と呼ばれ，これは先に述べた平箔糸を通常の絶縁性の糸の周りに巻き付けるようにして作られる。これらの金属糸は細い金線／銀線のように見え，金銀糸として衣服の装飾に用いられてきた。近年，使用する金属箔の厚みは数十～数百 nm のものも作成することができるが，導電糸として使用する金属糸の金属箔は μm オーダーの厚みが必要である。今回の測定に用いたサンプル織物において，平箔糸の基材フィルムはポリエステルとし，撚糸の芯はレーヨンを用いている。

最初，サンプル織物の導電性シートとしての直流抵抗を測ることを試みたが，接触部分がうまくいかず，安定したデータを取ることができなかった。最終的には高周波特性を知りたいのであるから，ここではマイクロ波共振器を使った非接触による測定を行う。半波長マイクロストリップ線路共振器を作製し，ストリップ導体としてサンプル織物を用いた場合の共振特性を測定して

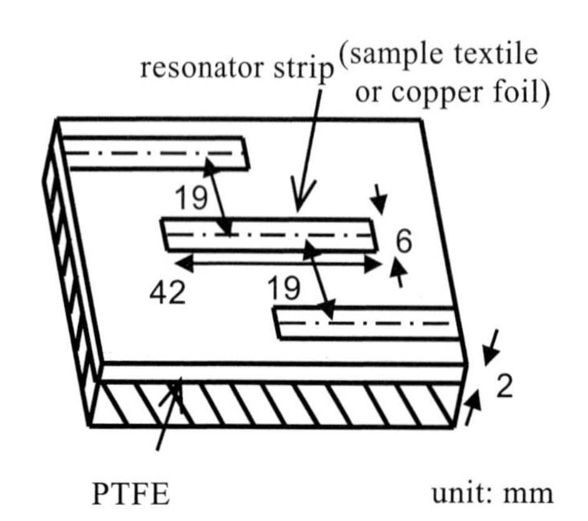

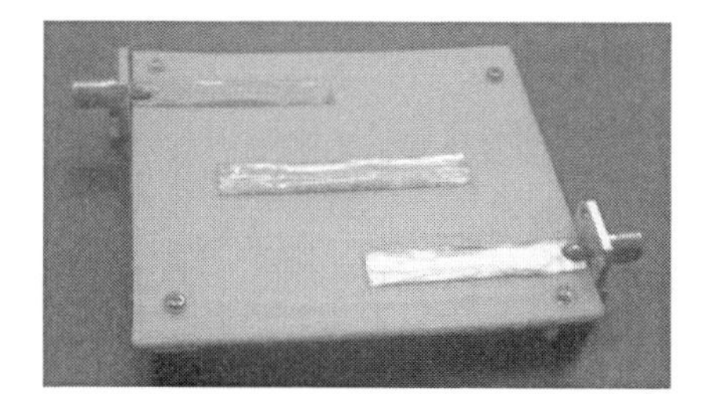

図1 マイクロストリップ共振器[11]

導電特性を導出する。作製した共振器を図1に示す。線路の基板は4フッ化エチレン樹脂(PTFE) を使い，厚みは2 mmとする。共振器ストリップ導体の長さは42 mmで両端開放とし，このとき共振周波数は約2.6 GHzとなる。入出力ポートとして一端を開放した線路を共振器ストリップの両側に配置してブロードサイド結合させる。これら入出力用の線路は銅箔ストリップである。共振器ストリップを銅箔スリップとした場合の写真も図1に示している。この共振器ストリップをサンプル織物に取り替えたものを測定する。

この線路の透過量の周波数特性はいわゆる釣り鐘状の共振特性を示し，その共振のQ値は線路の損失に依存する。マイクロストリップ線路共振器における損失はストリップ導体の損失，基板の誘電体損失，接地導体（銅）の損失，放射損，外部回路との結合による損失から成ると考えることができる。Q値の逆数を比較することにより誘電体損や放射損の影響を差し引く形でサンプルの導体損失を，そして抵抗率を算出できる。結果を示す際には銅の表面抵抗率を基準とする相対値 $R_{s,r}$ で表すことにする。その基準（$R_{s,r}=1$）となる抵抗率は2.6 GHzにおいて0.013 Ω/sqであった。

導電糸の金属種としては銅，ならびにアルミを用い，織は綾織のうちの三綾と呼ばれる型のものを使った。今回測定に使ったサンプル織物では緯糸は導電糸だけを使い，経糸は絹糸と導電糸または絹糸のみである。さらに撚糸を構成する平箔糸の機材フィルムの片面のみに金属箔があるものと，金属-フィルム-金属の層構造として両面にあるものとを準備した。図2に一部のサンプルの写真を示す。

この共振器の透過周波数特性の典型例としてサンプル#1の測定結果を図3示す。このサンプルは綾織りで，ここでは導電糸が多く見える面を基板側に向けた場合をface-down，絹糸が多く見える面を基板側に向けた場合をface-upとして両方の結果を示し，さらに比較対象の銅箔ストリップの応答も示している。表1は測定したQ値，およびそれから計算した表面抵抗率を示す。表面抵抗率は銅箔シートを基準とする相対値で表しており，また結果は全てface-downの場合である。

これらの結果を考察すると，まずサンプル#5は平箔糸であり，他と比べてかなり大きな抵抗値となっている。アルミが薄いこと，および撚糸ではなく平箔糸であることがその原因であると考えている。銅を使ったサンプル#1はアルミを使ったサンプルと比べて期待されるとおり抵抗

(a) サンプル#4

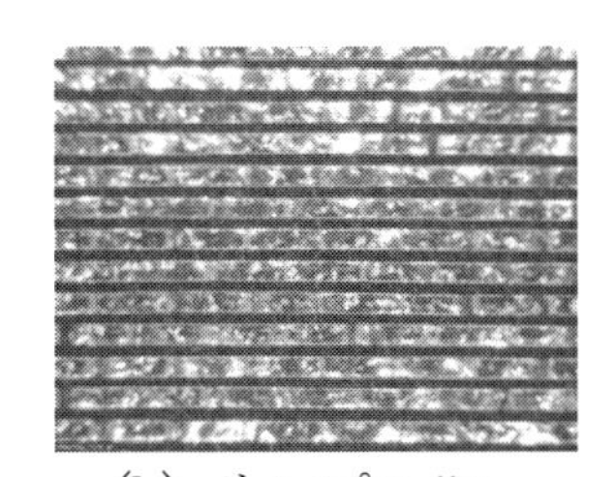
(b) サンプル#5

図2　測定した導電性織物[11)]

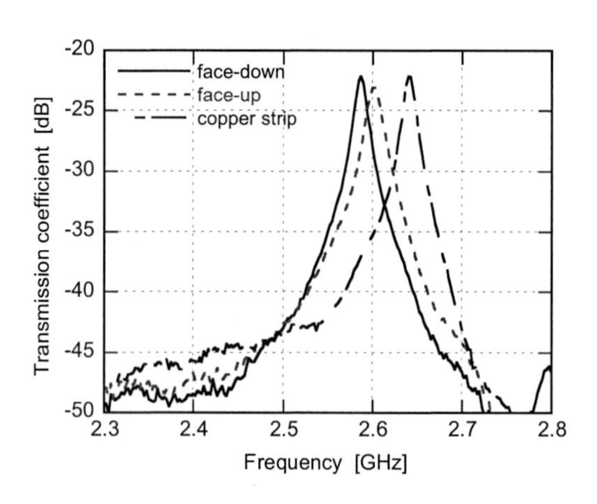

図3 共振周波数特性[11)]

表1 各サンプル織物のQ値および相対表面抵抗率[11)]

番号	金属	厚さ	備考	経糸 / 緯糸	Q	$R_{s,r}$
	Cu	35 μm	（基準の銅箔）	—	179	1
1	Cu	9 μm	片面	緯糸	173	1.2
2	Al	6 μm	両面	緯糸	137	3.2
3	Al	12 μm	片面	経糸と緯糸	134	3.3
4	Al	6 μm	両面	経糸と緯糸	108	5.6
5	Al	0.06 μm	片面，平箔糸	緯糸	36	29

が小さく，銅箔シートに近い。元となる平箔糸の金属箔の厚みは銅が9 μmで#3のアルミは12 μmではあるが，この厚みの差はあまり影響していないことになる。サンプル#3と#4とを比較すると，#3は元となる平箔糸の片面が金属で#4は両面であるが，#3のほうが抵抗が小さい。片面か両面かよりもその厚みの厚いほうが抵抗が小さくなると読める。

概してサンプルとして採り上げた導電性織物の抵抗率は通常の電気回路で使用される銅と比べて数倍から十倍以内に収まっていた。通常の銅板，銅線を使う場合と比べて電気回路としては劣っていることは予想通りでありやむを得ないことであるが，この程度の劣化であれば応用分野を選べば使用することはできると考えた。金属板にはない柔軟性があることとトレードオフを考えることになる。

3 導電性織物を用いたアンテナ

3. 1 キャビティ付きスロットアンテナ

本節では織物を用いた曲げられるアンテナを紹介する。前節，表1のサンプル#3にあたる導電糸と絹糸を綾織りで織った導電性織物を使用した。導電糸は緯糸の密度は3.7本/mm，経糸

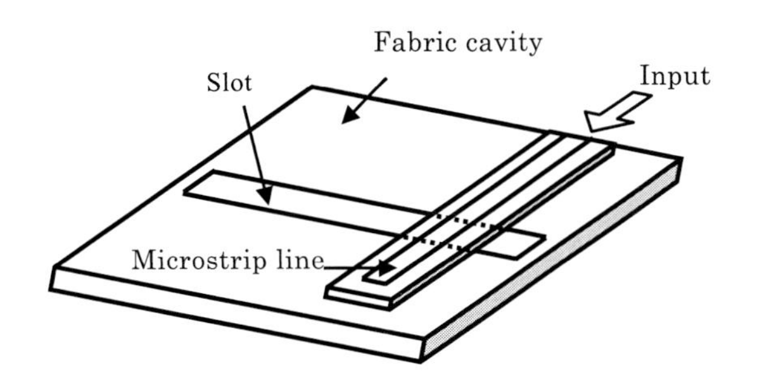

(a) キャビティ付きスロットアンテナ[12]

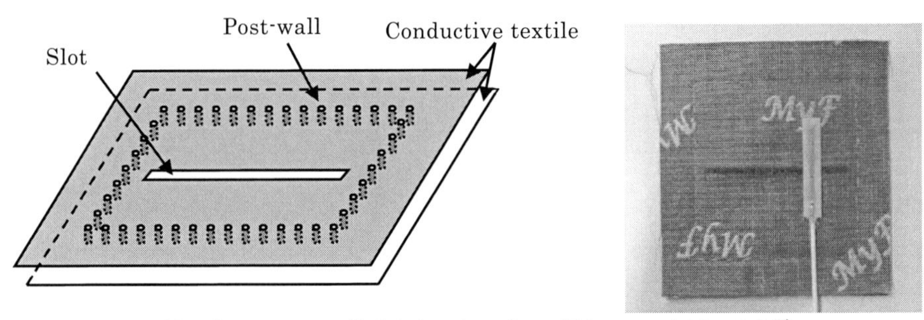

(b) ポストウォール構造をもつキャビティ付きスロットアンテナ[13]

図4　キャビティ付きスロットアンテナ

は0.78本/mmである。周波数として2.4 GHz帯を選んだ。この周波数帯では無線LAN，Bluetooth，ZigBeeなどの通信システムが使用されている。また，RFIDもこの帯域に割当の一部がある。

試作したアンテナはキャビティ付きスロットアンテナ（CBSA）と呼んでいるものである。最初に作製したアンテナの構造を図4(a)に示す。通常スロットアンテナはスロットの前方と後方の両側に電磁波を放射する。しかし，CBSAはキャビティ（空洞共振器）が付いている側の放射を抑えることができる。導電性織物を用いて95×90×2.5 mmの直方体を作り，長さ80 mm，幅3.6 mmのスロットを設けたものである。空洞部分を維持するため発泡ポリエチレンを導電性織物で袋状に包み，箱型を維持してある。また，布で作ったものなので直角の角は丸くなっており，厚みも一定とはならない。スロット部分は金属糸のみを長方形状に切り抜いてあるので，スロット部分は絹糸で覆われていることになる[12]。

次に，給電について述べる。ここではマイクロストリップ線路を用いて電磁結合による非接触給電を行った。非接触給電を行うことにより，給電線をはんだ付けや導電性粘着テープ，導電性ボンドなどで固定する必要がなく，スロット前面の任意の場所で容易に給電することが可能となる。マイクロストリップ線路は開放終端しインピーダンス同調スタブとしている。CBSAの表面で信号線がスロットと垂直に交差するようにマイクロストリップ線路を設置している。マイクロストリップ線路自体も曲げられるように，厚さ 0.5 mm の PTFE を基板として用いた。また，ストリップの線路幅は 1.8 mm である。

この構造のアンテナの反射特性，および放射特性を測定したところ，利得は 6.7 dBi が得られたが，曲率半径が 200 mm の球面に沿って曲げた場合に反射量が－10 dB 以下になる動作帯域が 100 MHz 程度低いほうへシフトしてしまった[12]。この原因の一つは，上下の広い面は織物の伸縮によって曲げに対応できたのに対し，共振器の側面，すなわち高さ 2.5 mm の横壁は曲げによって共振に対し大きな影響を及ぼしたからと考えた。

そこで次に，さらに柔軟な構造とするため，共振器部分にポストウォール構造を取り入れた。ポストウォール構造というのは，導波管において通常は金属面が囲む形になっているが，その側面の代わりに金属棒を狭い間隔で並べたものである。金属棒の間隔が波長に比べて十分に小さいと隙間の無い金属面でなくても電磁界を閉じ込めることができる。ここでは導波管を塞いで閉じた形の共振器（キャビティ）において，上下の面は導電性織物を使い，4 つの側面は導電糸を並べることで形成する。糸と糸の間に隙間はあるが共振器の形成に問題はなく，布が側面にあるよりも柔軟性がある。上面の織物の一部の導電糸をスロット状に抜くことによってアンテナとするのは先のスロットアンテナと同様である。図 4(b)にポストウォール構造をもつキャビティ付きスロットアンテナを示す[13]。2 枚の 135 × 130 mm の導電性織物で 2.5 mm の厚さの発泡ポリエチレンシートを挟み込み，2 本束ねた導電糸で縫い合わせている。その糸の直径は約 150 μm であり，縫い合わせた糸の間隔は約 2 mm である。空洞共振器部分の大きさ，およびスロットの大きさは先のアンテナと同じである。また，スロット部を励振するための給電線も先のものと同様のマイクロストリップ線路を用いた。

3. 2　曲げた場合の反射および放射特性

アンテナが平板状の場合と球面状に曲げた場合とで反射特性，および放射特性を測定した。曲げた場合というのは球面状の発泡ポリスチレン上にキャビティを置くことによって行う。球面の曲率半径は $r_c = 200$ mm である。

図 5 に測定した反射特性を示す。－10 dB の帯域幅は平板状の場合も曲げた場合も 149 MHz であった。キャビティの中は柔らかい発泡ポリエチレンであって，そのためキャビティは厳密には直方体になっておらず少し変形する部分もあり，厚さは 2.5 mm としているが曲げたり戻したりを繰り返すうちに部分的には平坦でなくなる。測定結果もそのためのゆらぎがあるが，動作中心周波数はおよそ 88 MHz 低い方へシフトした。この周波数シフトは先のアンテナを曲げた場合とあまり変わらないが，帯域幅の変化はポストウォール構造を取り入れることによって小さく抑えることができた。

放射特性の測定においてアンテナ間距離は 2.5 m とし，周波数は 2.33 GHz とした。アンテナを曲げた場合のパターンの変化を E 面パターンについて図 6(a)に，H 面パターンについて（b）に，後に述べるシミュレーション結果とともに示す。励振のためのマイクロストリップ線路給電

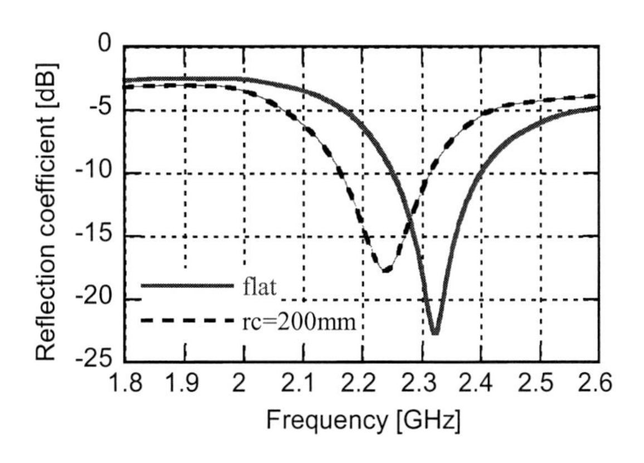

図 5　反射特性[13)]

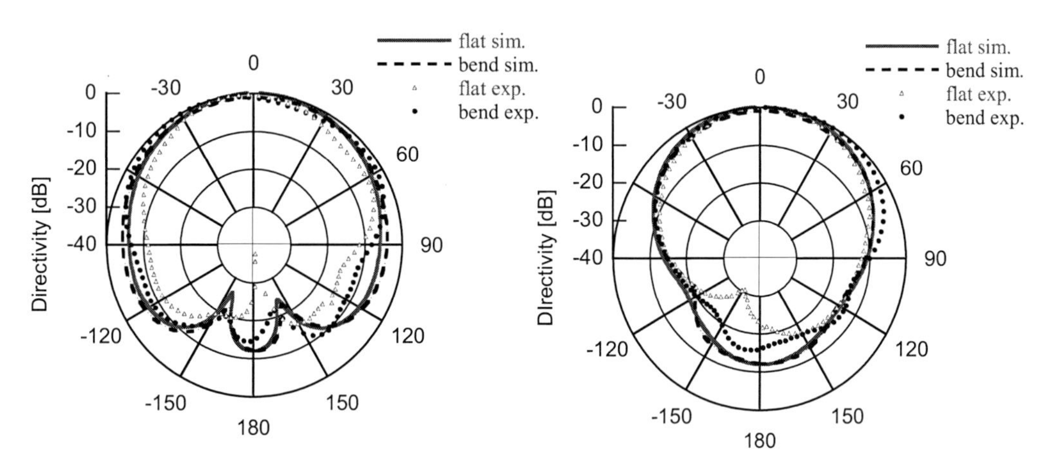

図 6　放射パターン；平板状（flat）および曲げた場合（bend），計算値（sim.）および測定値（exp.）[13)]
曲げの曲率半径は $r_c = 200$ mm

線によって，放射パターンの対称性が少し崩れていると考えられる。先のアンテナと比較すると，曲げた場合のパターンの変形が小さくなった。これは側面が織物でなくただの糸の並びであるために曲げた際のキャビティの変形が小さくなったためである。

図 6 には電磁界シミュレーションによる計算結果も示した。計算は有限要素法に基づく 3 次元電磁界解析シミュレータの ANSYS 社 HFSS（High Frequency Structure Simulator）を使った。計算モデルの寸法は測定に使ったものに合わせているが，導電性織物はアルミシートとしてモデル化した。後方への放射（−120°から 120°辺り）をみると測定値と計算結果との間に数 dB の差がみられる部分もあるが，前方への放射については総じて実験と計算結果とは一致している。

3. 3 ウェアラブルアンテナへの応用

導電糸によるポストウォール構造をもったキャビティ付きスロットアンテナを作製し，平板状の場合と球面に沿って曲げた場合との反射特性および放射特性を実験ならびにシミュレーション計算によって明らかにした。周波数は無線LAN，Bluetoothなどに使用される2.4 GHz帯であるが，他の周波数帯であってもスケーリングにより設計できる。身体の肩甲骨や臀部に装着すること，あるいは曲面をもつ物に設置することを念頭においている。無線送受信機からアンテナへの給電には織物へのはんだ付けを避けるため電磁結合による励振を用いている。本アンテナは曲げた場合でも特性に大きな劣化は見られず，また，裏側（身体側）への放射が抑えられており，ウェアラブル機器の構成に有用であることを明らかにできた。

4 むすび

前節で紹介したアンテナ，ならびに第1節で紹介した導電性織物，導電糸の刺繍によるアンテナは，チップアンテナのような小型なアンテナを無線端末に内蔵するよりも総じて利得は大きく，放射効率も高いものが得られる。このことはウェアラブル機器の省エネルギーやバッテリーの長寿命化に有効である。導電性織物を用いて柔らかいアンテナを構成することで，ウェアラブル機器のアンテナとしては金属板/棒を使ったアンテナと比べて大きさに関する制限が格段に減り，複数のアンテナを用いるダイバーシチやアレーアンテナを構成して，信号処理と組み合わせて種々の機能を持たせる応用なども可能であろう。

文　献

1） 電磁波シールド巾着，㈲中彦，http://www.nakahiko.jp/
2） A. Noda, H. Shinoda, "Frequency-division-multiplexed signal and power transfer for wearable devices networked via conductive embroideries on a cloth", 2017 IEEE MTT-S Int'l Microwave Symp. (2017), DOI：10.1109/MWSYM.2017.8058619.
3） P. Salonen, Y. Rahmat-Samii, H. Hurme, M. Kivikoski, "Effect of textile materials on wearable antenna performance," *Proc. IEEE Antennas Propagations Int'l Symp.*, vol. 1, pp.459-462 (2004)
4） Y. Ouyang, E. Karayianni, W. J. Chappell, "Effect of fabric patterns on electrotextile patch antennas," *Proc. IEEE Antennas Propagations Int'l Symp.*, vol.2B, pp.246-249 (2005)
5） M. Tanaka, J. H. Jang, "Wearable microstrip antenna for satellite communications," *IEICE Trans. Communications*, vol.E87-B, no.8, pp.2066-2071 (2006)

6) 倉本晶夫，髙橋良英，次世代端末用の広帯域ウエアラブルアンテナ，NEC技報，vol.62, no.4 (2009), http://www.nec.co.jp/techrep/ja/journal/g09/n04/090429.html
7) T. Yoshida, H. Shimasaki, M. Akiyama, "Wearable cavity-backed slot antenna using a conducting textile fabric," Proc. 2007 Int'l Symp. Antennas Propagation, POS1-2 (2007)
8) J. Roh, Y. Chi, J. Lee, Y. Tak, S. Nam, T. J. Kang, "Embroidered wearable multiresonant folded dipole antenna for FM reception," *IEEE Antennas Wireless Propagation Lett.*, vol.9, pp.803-806, (2010), DOI：10.1109/LAWP.2010.2064281
9) J. L. Volakis, L. Zhang, Z. Wang, Y. Bayram, "Embroidered flexible RF electronics," 2012 IEEE Int'l Workshop Antenna Technology (iWAT), (2012), DOI：10.1109/IWAT.2012.6178385
10) H. Nomura, T. Maeda, "Radiation efficiency measurements of embroidered textile radiating elements placed in the vicinity of a human equivalent phantom," 2016 Int'l Sym. Antennas Propagation (ISAP), (2016)
11) H. Shimasaki, T. Nakagawa, M. Akiyama, "Measurement of the surface resistance of conductive textiles at microwave frequency," Proc. 2009 Asia Pacific Microwave Conf., (2009), DOI：10.1109/APMC.2009.5385236.
12) H. Shimasaki, M. Tanaka, "Measurement of the roundly bending characteristics of a cavity-backed slot antenna made of a conductive textile," Proc. 2011 Asia-Pacific Microwave Conf., pp.1598-1605 (2011)
13) M. Komeya, K. Sato, H. Shimasaki, "Measurement of a Slot Antenna Backed by a Textile Cavity with Post-Walls of Conductive Threads," Proc. Int'l Conf. Microwave Photonics, (2013), DOI：10.1109/ICMAP.2013.6733468

第24章　「産後うつ」研究向け妊婦用スマートテキスタイルの開発

小野千晶[*1]，富田博秋[*2]

1　はじめに

女性にとって妊娠や出産は身体的にも精神的にも大きな影響を受けるライフイベントの一つである。

妊娠期～産後は周産期うつ，マタニティブルーや産後うつなどの精神面でのトラブルのリスクが高い時期であり，日本では10％前後の母親が産後うつになるとされ，大きな社会問題となっている。これまでに，心理的・生化学的・生理学的など様々な観点から産後うつのスクリーニングマーカーの探索が行われてきている。産後うつをはじめとする周産期の精神面での不調を引き起こす要因の一つとして精神的ストレスがあげられているが，自律神経活動はストレスによって影響を受ける生体現象として，これまでにうつや心的外傷後ストレス障害（PTSD）などの精神疾患においてその関与メカニズムの検証が行われている。自律神経活動を評価する代表的な方法には心拍変動より算出する方法があるが，心拍活動の計測にこれまでに使用されている多くの計測機器は，電極と計測機器がコードで接続されているため運動が制限された。また，運動可能なウェアラブル型の計測器であっても，電極に粘着性が高いものが用いられていることから，装着時の違和感や皮膚への負担が生じ，長期間の使用は難しかった。

そこで我々は，妊婦の日常生活における自律神経活動を計測し，産後うつ罹患につながる要因の特定や産後うつの予防やリスク予測を目的とした妊婦用スマートテキスタイルの開発をユニオンツール㈱，東洋紡㈱と共同で行った。

2　産後うつ対策の重要性

妊娠中および産後は女性の身体的および精神的健康，内分泌，生殖器などの状況が大きく変化するとともに，精神面での不調のリスクが高い時期である。出生後1週間以内に気分の変調を来たし，約3日以内に自然に寛解するマタニティブルーは，日本の母親の30～40％が経験するとされている[1)]。一方，生後3か月以内にうつ病の診断基準をみたすうつ状態を呈することは産後うつと定義され，我が国における産褥期1ヶ月時の産後うつの罹患率は10～15％と報告され

＊1　Chiaki Ono　東北大学病院　精神科　学術研究員

＊2　Hiroaki Tomita　東北大学　医学系研究科　精神神経学分野　教授

ている[2)]。日本での周産期医療は急速に発展・進歩し，妊産婦死亡率は出産10万人あたり2.7～4.8人を推移している[3)]。それにもかかわらず，産褥42日～1年の後発妊産婦死亡は14.2人と妊産婦死亡より多く，そのうち14%は自殺によるものである。竹田らによる東京都23区の妊産婦の異常死の実態調査では周産期における自殺率は10万出生あたり8.7人と極めて高く，産褥婦の自殺原因（無理心中を含む）のうち33%は産後うつとされている[4)]。さらに産後うつは本人だけでなく，児への愛着の低下[5)]，養育能力の低下による児の育児放棄や児童虐待，家族関係への影響など様々な社会問題と深く関わっている。

3 産後うつのスクリーニングおよび予測

産後うつのスクリーニングは，対象となる母親の自らの心身の状態について問う10項目の質問からなるエジンバラ産後うつ病自己評価票（EPDS）への回答に基づく総点数がそのカットオフ値を超すか否かに基づいてなされることが多い。新生児訪問，一ヶ月健診や乳幼児健診の際に新生児をつれて受診する母親がEPDSに回答することで産後うつの可能性が認識され，適宜，母子保健サービスや専門の医療機関につながることで産後うつの改善が進むことが期待されている。また，妊娠期におけるEPDS高得点者は低得点群に比べて，産後うつの疑いが17倍も高いとの報告がある[6)]。診療場面での診断は米国精神医学会精神疾患の診断・統計マニュアル（DSM-5：Diagnostic and Statistical Manual of Mental Disorders, Fifth Edition）などの診断基準に基づいてなされる。しかし，うつ病など他の精神疾患同様，産後うつのスクリーニングおよび診断に用いられるこれらの心理評価尺度や診断評価は各質問・問診に対する対象者の主観的な回答をもとに評価されるものである。対象者が故意・無自覚に実際と異なった回答をした場合，適切にスクリーニングや診断がされない可能性がある。

産後うつなどの要因の一つとして，精神的ストレスがあげられる。精神的ストレスは，大脳皮質や大脳辺縁系から視床下部に伝達され，2つのストレス反応系が賦活化させる。ストレスにより視床下部-交感神経-副腎髄質系（SAM系）が活性化されて心拍数の増加，血圧上昇，発汗，血糖上昇，覚醒，闘争反応などが起こる，一方，視床下部-下垂体前葉-副腎皮質系（HPA系）が活性化されて血液中にコルチゾールなどが放出され，血圧上昇，血糖上昇（糖新生の増加），心収縮力の上昇，心拍出量の上昇，免疫系（炎症抑制）などが起こることが知られている[7)]。

現在，上記の反応系などをターゲットとした客観的なスクリーニングマーカーの探索が多く行われ，唾液アミラーゼ，唾液/血清コルチゾール，血清エイコサペンタエン酸（EPA），炎症成分，栄養成分，microRNA，オキシトシン受容体遺伝子などの一塩基多型[8～10)]などが産後うつ，周産期うつのマーカー候補として挙げられている。

4　産後うつと自律神経活動

これまでにうつ状態やストレスの客観的な指標として，前述した生化学的な探索とともに，生理学的な自律神経活動の測定が行われてきている。ストレス反応に係る上述の2つの反応系（HPA系，SAM系）の元となる視床下部は自律神経活動をコントロールし，交感神経・副交感神経機能および内分泌機能を調節している。しかし，妊娠期～産後における産後うつ・マタニティブルーと自律神経活動との関連性を検討した報告は少ない。これまでに，EPDSスコアが高いまたはマタニティブルーを呈する母親は妊娠期および産後早期に交感神経活動が亢進する一方，副交感神経活動は産後早期に減弱するという報告がある[11]。しかし，この研究における心理検査および心拍測定は妊婦健診時や出産に係る入院時に5分間という限られた時間内に横たわった体勢で測定されたものである。妊娠期～産後の日常的な生活での自律神経活動を反映したものでは無く，非日常的な状態での計測指標であるといえる。

日常生活における自律神経活動を検証することが可能なデバイスが開発されることで，妊産婦のストレスの評価や産後うつの病態把握や対策のための技術開発が進むことが期待される。

5　妊婦用スマートテキスタイルの開発

上記の背景から，東北大学では，ユニオンツール㈱，東洋紡㈱と共同で妊婦を対象に心拍のバイタル情報を取得できる妊婦用のスマートテキスタイルを新たに開発した。心拍に基づいた産後うつの客観的な病態把握や発症・予後の予測のため，妊娠24～30週の妊婦を対象に日常生活の中での自律神経活動計測と産後うつを含む情動の評価を行う研究に着手した。

開発にあたり日常生活での心拍（自律神経）計測を行うため，研究協力者に少ない負担で，また長期間測定可能な測定系の選択，開発が必要となった。

心拍計測機にはユニオンツール㈱が開発したmyBeatウェアラブル心拍センサWHS-1を用いた（図1）。本機は大きさが40 mm × 35 mm，厚さが10 mm以下と小型であり，心拍センサに加え，3軸加速度・温度センサの機能を有している。本機により，体動，体表温（衣服内温度），心拍波形，心拍周期つまりR-R Interval（RRI）と，その時系列の変動に基づき算出される高周波変動成分（Hi Frequency；HF）と低周波成分（Low Frequency；LF）とその比（LF/HF）を出力することが可能であり，交感神経，副交感神経活動の評価をすることができる。さらに専用のソフト（心拍変動解析ソフトRRI Analyzer）により，HFやLFなどの周波数解析に加え，時間領域解析（CVRR, SDNN, RMSSD, NN50, pNN50, AC, DC）の解析も可能である。

また，データの記録方法は無線通信と本体記録の2種で，本体記録のメモリモードではパソコンから離れた環境下でもデータを取得することができ，電池が切れるまでの約1週間，日常生活を送る中での長時間の計測が可能である。

電極に関しては，これまでに使用されている電極の多くは，導電性のゲルなどを体表に接触させ，テープやゲル自体に粘着性を有させることによって固定させるものであった[12]。しかし，電極が粘着性を有する場合，長時間使用の際には皮膚がかぶれたり，発汗により電極の密着が弱くなるなどの問題があった。妊婦の日常生活の中での自律神経活動を長時間に渡って測定する研究をデザインし，そのために，日常生活に違和感が少ないこと，皮膚への負担が少ないこと，洗濯が可能であることが重要な要件となった。そこで，近年注目されている東洋紡㈱で開発したテキスタイル電極の一つであるフィルム状導電素材「COCOMI®」が使用されることとなった。COCOMI®はウェアラブルデバイス用の電極・配線材向けのフィルム状導電素材として開発され，特徴として厚さが0.3 mmと薄く，伸縮性があり，体の動きに追随することができ，違和感の少ない自然な着心地での計測を可能とすることが示されている（図2）。これまでに，COCOMI®は居眠り運転検知システムやスポーツ用途の生体情報計測ウエアなどに応用が検討されている。

図1

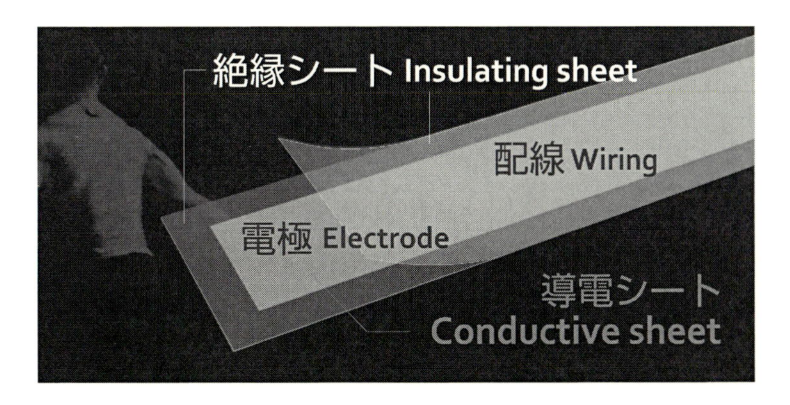

図2

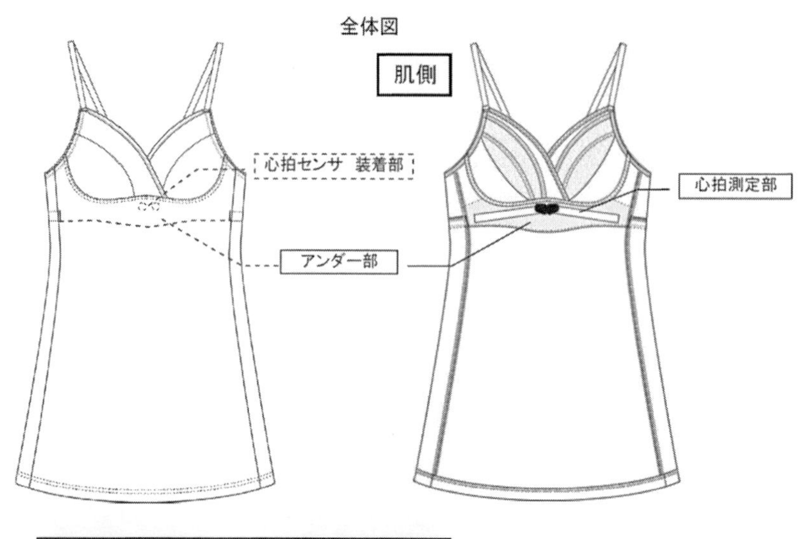

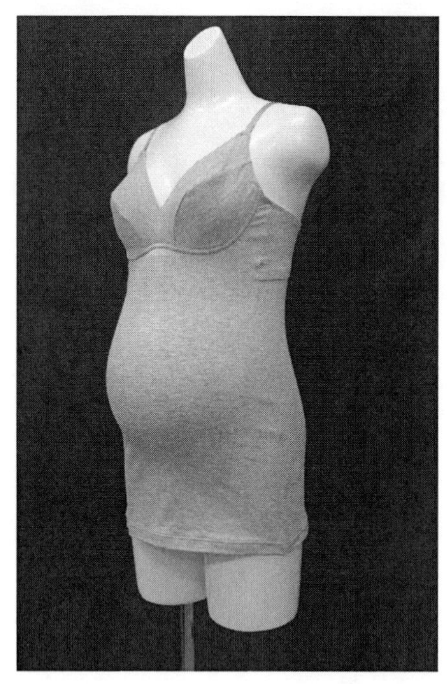

図 3

上記の研究のためユニオンツール㈱および東洋紡㈱と共同開発したスマートテキスタイルは，妊婦の日常生活での自律神経活動を評価するため，着用や心拍測定によるストレスをできるだけ少なくさせる必要があった。胎児の成長に伴い腹部が変化する妊娠 24～30 週の妊婦を対象とするため，腹部およびバスト部分にゆとりをもたせたカップ付きキャミソール型のマタニティインナーを採用した。カップのアンダー部分には電極として COCOMI® が熱圧着により貼り付けられている。マタニティインナーには日常生活で妊婦が使用しても違和感が少ないよう，綿

(COTTON) 素材を主成分とした生地を用い，心拍センサが外から見えないような仕様にした。また，日々変化する体型や個人差に対応するために腹部全体をカバーするゆとりの他に，電極密着させるため，アンダー部分にキャミソール型のマタニティインナーには珍しい3連4列のホックを取り付けている（図3)。

6 産後うつ予防のための技術開発に向けて

産後うつを含むうつ病の発症や増悪・改善の要因として ①食事，睡眠，運動，日照などを含む生活習慣要因，②視床下部—下垂体—副腎系などを介するストレス応答や脳内や末梢の軽度な炎症などの身体要因，③生活習慣の心身への影響やストレス応答などの身体的影響の個体差を規定する遺伝的要因などが，これまでの研究からのエビデンスとして集積されてきている。しかし，うつ病は多因子に規定される疾患と考えられており，従来の比較的小規模の横断研究では，各要因の病態への関与を発症・予後の予測や治療法の選択などの臨床応用が可能なレベルで活用できる知見を得ることは困難であった。

我々は産後うつを引き起こす要因の特定と予防法・治療法の開発を目指し，スマイリー・マミー・プログラムを立ち上げた。2013年から東北大学東北メディカル・メガバンク機構が遂行している長期健康調査に係る大規模コホート研究の一つ，三世代コホート調査に登録する2万人以上の母親を対象とする産後うつ研究の一環として，次子を妊娠した妊婦を対象として生活習慣，ストレス応答を経時的に評価する研究を企画した。本プログラムは妊娠24～30週から産後2ヵ月の期間に自身の生活習慣（行動パターン）や気持ちのセルフモニタリング，活動量計を用いた歩数，消費カロリー，睡眠（時間，睡眠の質）の計測，血液中のストレスマーカーの探索，EPDSおよび，子どもへの愛着の心理指標に加えて，上述の開発を行った妊婦用スマートテキスタイルと心拍計測機より得られる自律神経活動を評価し，これらの情報を統合して解析することで，産後うつを引き起こす要因の特定と予防法の開発に繋げることを目指すものである。これらの技術開発が産後うつの克服と妊娠，出産，育児期間中の心の健康の増進につながることが望まれる。

文　　献

1) Song, M. *et al.*, *Open Journal of Obstetrics and Gynecology*, **7**, 155 (2017)
2) 岡野禎治ほか，精神科診断学，**7**, 525-533 (1996)
3) (公財)母子保健事業団 (2016)
4) 竹田省，周産期医学，**47**, 623-627 (2017)

5） 佐藤幸子，遠藤恵子 & 佐藤志保，日本看護研究学会雑誌，**36**, 2_13-12_21 (2013)
6） 杉下佳文 & 上別府圭子，母性衛生 = Maternal health, **53**, 444-450 (2013)
7） 田中喜秀&脇田慎一，日薬理誌（Folia Pharmacol. Jpn.），**137**，185～188 (2011)
8） 野口律奈ほか，脂質栄養学，**21**, 89-97 (2012)
9） Balakathiresan, N. S. *et al.*, *Journal of Psychiatric Research*, **57**, 65-73 (2014)
10） Serati, M., Redaelli, M., Buoli, M. & Altamura A.C,. *Journal of Affective Disorders*, **193**, 391-404 (2016)
11） 水野妙子，後藤節子 & 田辺圭子，母性衛生，**56**, 311-319 (2015)
12） 塩澤成弘，生体医工学，**54**, 135-138 (2016)

第25章　高伸縮性配線材料とそれを活用した圧力・伸びセンサー

吉田　学*

1　はじめに

近年，人体に装着可能なウェアラブルデバイスが注目を集め，特に医療・ヘルスケア分野での活用が期待されている。例えば，長期の心拍変動の情報や体の動きの情報等の様々な生体情報を用いて日常の体調管理を行うことが検討されている。このような日常的な体調管理システムは，超高齢化社会を迎えながら，国民医療費の削減を迫られている日本社会にとって必要不可欠なものになると考えられている。

医療・ヘルスケアを目的としたウェアラブルデバイスは，長期間人体表面に装着しデータを収集することを想定しているため，装着時の快適性と，取得データの信頼性とが非常に重要な開発要素となっている。これらの要求にこたえるために，柔軟で耐久性が高く，人間が動いてデバイスが変形した時にも安定な出力信号を供給できるセンシングデバイスの開発が望まれている。しかし，現在，様々な柔軟デバイスやこれらを構成するための伸縮性電気配線等が開発されているが，取得データの信頼性やデバイス自身の耐久性，装着時の快適性等が十分に確保されているとは言い難い状況である。

これらの状況を打開するために，我々は，今までに培ってきた大面積フレキシブル電子デバイスの製造や評価に関する知見を活かし，柔軟で信頼性の高い大面積センシングデバイスの開発に注力している。

ここで，最も柔軟で高伸縮なデバイスが要求されている衣服型のウェアラブルデバイスを例にとってデバイスに対する要求事項等を説明する。現在，医療やヘルスケア分野において衣服型のウェアラブルデバイスを活用することが期待されている。例えば，長期の心拍・心電・血圧・体温・生体音・モニタリングや体の動きのセンシング等を行い，多種の生体情報を統合的に解析することにより，より精度の高い体調管理や診断に用いること等が検討されている（図1）。

これらの一般消費者のニーズに応えていくためには，いままでのエレクトロニクス製品と違った観点からデバイスを設計・製造していく必要があるため，製造プロセスや材料に対しては従来と異なる要求仕様が出てくることが予測される。特に，衣服型のウェアラブルデバイスは曲面で構成されている人体に装着して用いるため，フレキシブルな材料が必要となる。フレキシブルな

*　Manabu Yoshida　(国研)産業技術総合研究所　センシングシステム研究センター
スマートインタフェース研究チーム　研究チーム長

材料にデバイスを形成するという観点からは，今までに，フレキシブルエレクトロニクスやプリンテッドエレクトロニクスが盛んに研究開発されており，プラスチックフィルム上に印刷プロセスを利用して高速にデバイスを形成する技術は発展を遂げてきた。これらの技術は，プラスチックフィルム等の曲がる材料上にデバイスを作製できることが強みといえる。一方，人体への装着を考慮した場合，プラスチック基材のように曲がるだけでは，快適な使用感が担保されない場合が多い。図 2 に示すように，人体表面は二次元平面に展開できない非可展面でできているため，

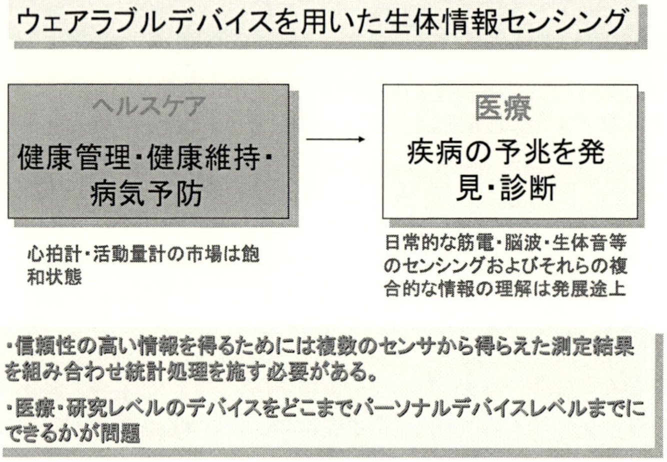

図 1　ウェアラブルデバイスを用いたセンシングデバイスの活用例

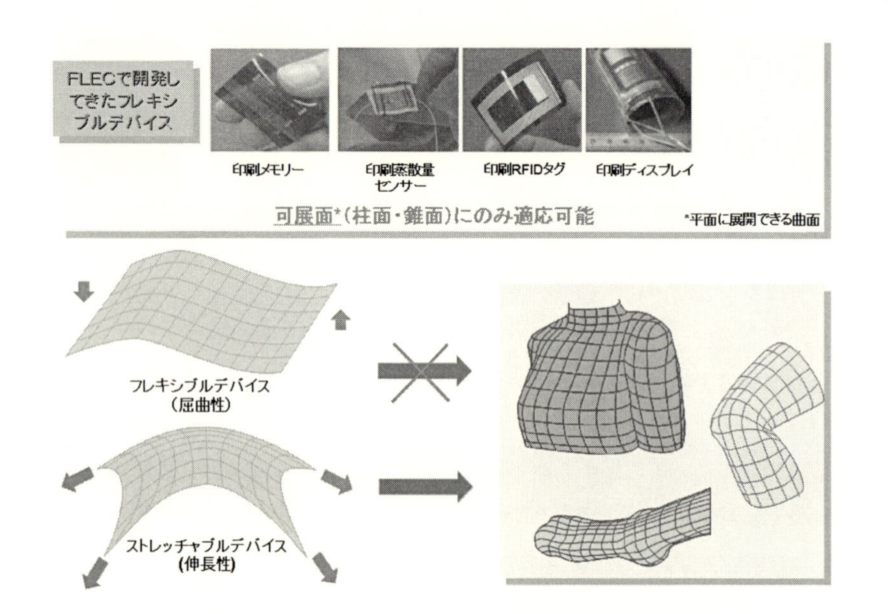

図 2　フレキシブルデバイスからストレッチャブル（伸縮）デバイスへ

プラスチックフィルムのように伸縮性のないフィルムを表面に張り付けた場合，隙間ができたり，皺が寄ったりしてしまう。例えば，衣服の洗濯表示マークのタグでさえ着用時の快適性を大きく損なうことがあるので，プラスチックフィルム上に形成されたデバイスを衣服の内側に付けて着用することで生じる問題は明らかである。これらを考えても，ウェアラブルデバイス用の基材としては，曲がるだけではなく，伸縮性を持つような柔軟な材料（例えば，ウレタン系材料，シリコーン系材料，ブチルゴム系材料，テキスタイル系材料等）が求められることになる。

故に，ウェアラブルデバイスを効率的に作製するためには，従来のプリンテッドエレクトロニクスやフレキシブルエレクトロニクスを対象とした製造プロセスからさらに発展させたプロセス開発が必要になると考えられる。材料に関しては，製造時の加熱プロセスに対応できる耐熱性や，寸法安定性，耐水性，耐溶剤性等様々な課題が山積みしている。

2　高耐久・高伸縮配線の実現

衣服型のウェアラブルデバイスを実現するためには，伸縮性配線は非常に重要な部材である。前述のように人体は非可展面で構成されているため，プラスチックフィルム等を用いたフレキシブルデバイスを装着した場合，完全な密着状態を実現することは不可能である。故に，人体表面への高いフィット性を実現するためには伸縮性を持つデバイスを作製する必要がある。

それでは，人体にデバイスを装着するために，配線部はどれだけ伸長する必要があるだろうか。図3は様々なアプリケーションにおいて布地等がどれだけの伸長率を要求されるかをまと

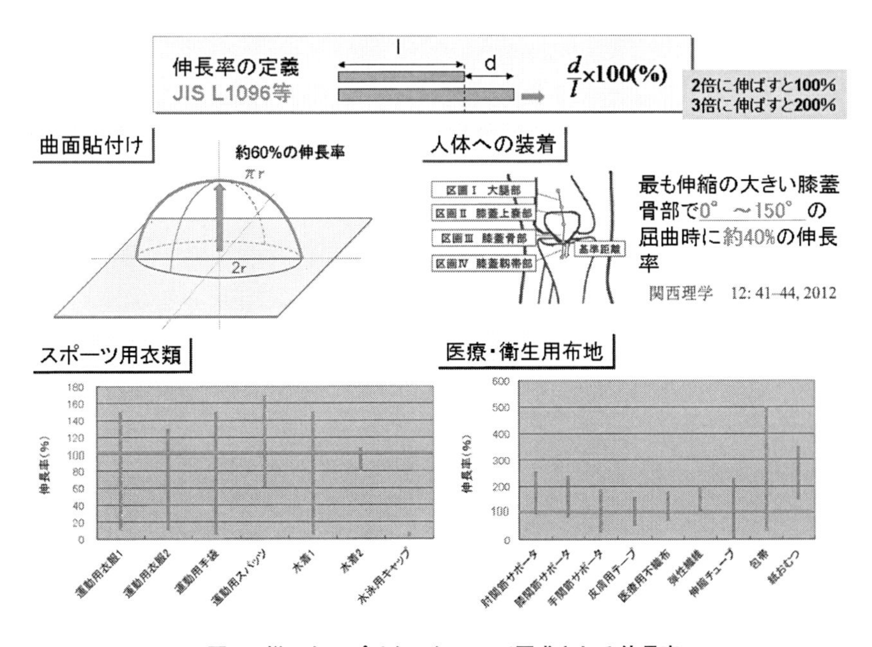

図3　様々なアプリケーションで要求される伸長率

めたものである。単純に球面等の曲面にデバイスを貼り付けることを考えた場合，最も伸長する部分で，60％の伸長率（元の長さの1.6倍）が必要となる。また，人体等では，装着後，体の動き等によりデバイスが伸長する。膝関節部等では，0度〜150度屈曲させた場合，40％の伸長率が必要となる[1]。

現在，印刷できる伸縮性導電ペーストは様々なものが開発されている。故に，印刷により伸縮性の導電配線を形成することが可能である。しかし，印刷により形成する導電性配線は，伸縮時の抵抗変化をどれだけ抑えられるかが現状の開発課題となっている。

我々は，図4に示すように，柔軟で，伸縮性の高いデバイスを実現するため，柔軟な薄膜樹脂上に導電性繊維をバネ状に形成した高伸縮性バネ状導電配線を開発した。この導電配線は，3倍以上伸長しても，抵抗値変化は1.2倍程度と安定な電気特性を示す。この高伸縮配線をLED用配線として用いたところ，3倍以上の伸長時にもLEDの発光輝度がほとんど変化せず，伸長時の抵抗値変化が非常に小さいことが確認された。一方，従来の伸縮性導電材料を用いた場合，配線抵抗が大きく変化しLEDの発光輝度の大きな揺らぎが観測された。一般的に，伸縮性導電配線を伸長・収縮させた場合，抵抗値が急激に変化したのち一定値に安定するまでに非常に長い時間を必要とする。故に，これらの材料を配線として用いたセンシングデバイスに変形が加えられたとき，出力信号にノイズがのってしまうことやセンシングした信号の定量性を確保できないことが問題となっていた。一方，開発したバネ状導電配線は，伸長・収縮時の抵抗値変化が小さ

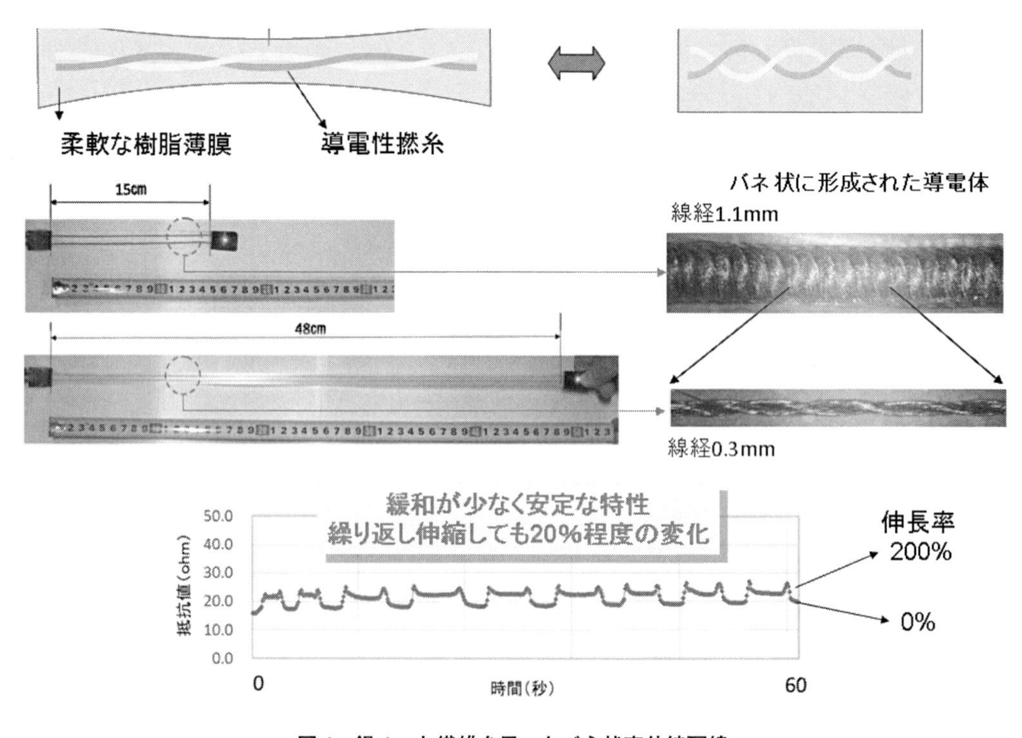

図4　銀メッキ繊維を用いたバネ状高伸縮配線

いことに加えて，抵抗値が安定するまでの時間が短く安定に信号をモニターすることができるため，信頼性の高いセンシングシステムを構築することができる。

また，図5に示すようにこの配線は折り畳んでもほとんど抵抗値変化を示さない。20万回以上折り曲げても（曲げ半径0.1 mm以下）抵抗値は安定しており，十分な耐久性を備えている。従来の金属系のフレキシブル配線では，折り畳んでしまうと断線してしまうため，ある程度の曲

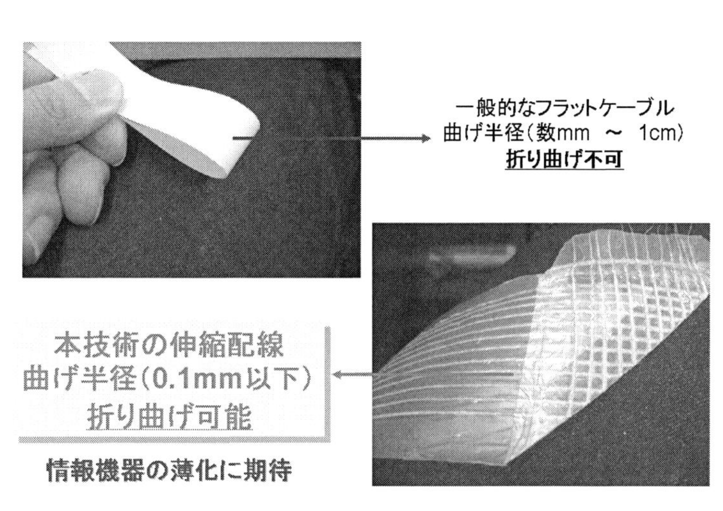

図5　バネ状高伸縮配線を折り畳んだ様子

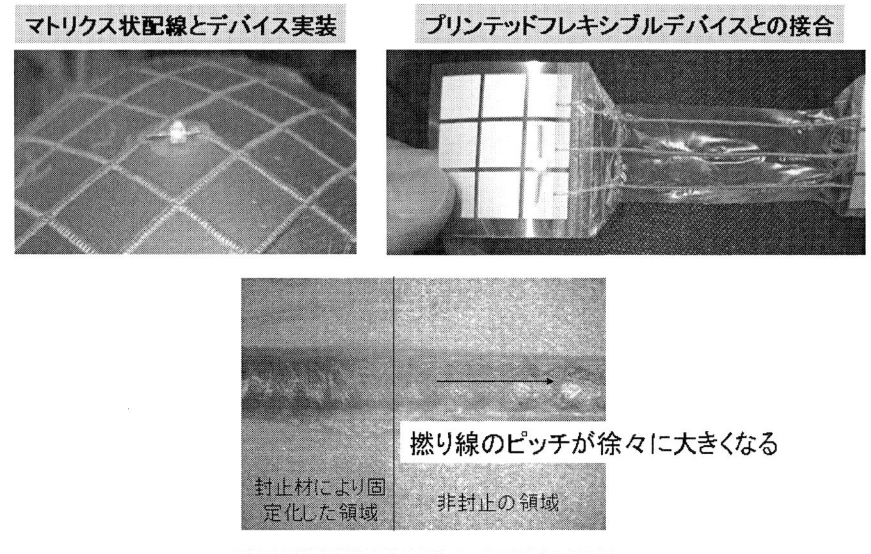

図6　マトリクス上に配線したバネ状高伸縮配線とフレキシブルデバイスやリジッドデバイスと高伸縮配線を接合した様子

率半径を担保して用いる必要があり，デバイス薄化の妨げとなっていた[2]。今回開発した配線を用いることにより，非常に薄いデバイスを実現することが可能となる。

伸縮性配線とフレキシブルデバイスやリジッドデバイスとの接合技術は，ウェアラブルデバイスを実現するに当たって，非常に重要な開発課題である。図6に示すように，我々の開発した高伸縮配線はマトリクス状に配置し，従来の電子素子を実装したり，印刷したフレキシブルデバイスと電気的に接合することができる。一般的に伸縮性デバイスと非伸縮性デバイスとの接合界面において，金属配線等が金属疲労を起こし，電気的な接触不良を起こすことが良く知られているが，我々の開発した高伸縮配線は，バネ状であるため，接合界面においてバネのピッチが徐々に変化することにより，伸縮により発生するひずみを吸収し，断線を起こりにくくしていることが確認されている。

3　高伸縮性短繊維配向型電極

ウェアラブルデバイスの作製には任意形状のデバイスを作製する必要があるため，高伸縮性電極を任意のパターンに形成する必要がある。我々は導電性の短繊維を高い配向性を持たせてパターニングすることにより高伸縮性を持つ電極を形成する方法を開発した（図7(A)）。

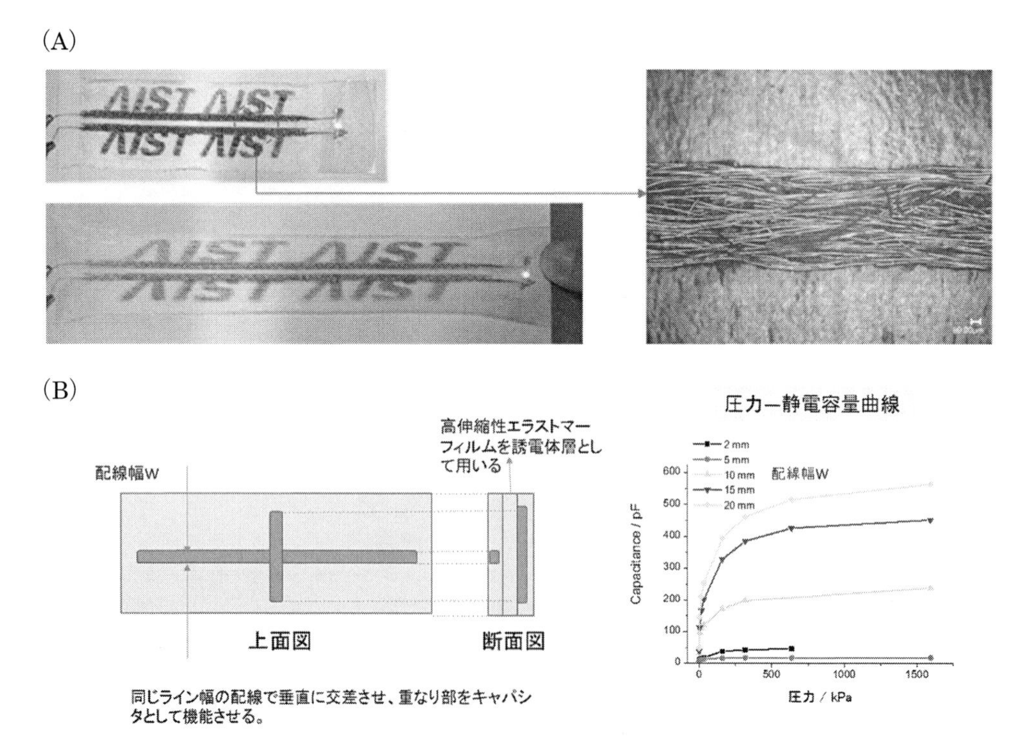

図7　(A) 高伸縮性短繊維配向型電極にLEDを接続し2倍に伸長した時の様子（左）エラストマーシート状に配向した導電性短繊維（右），(B) 高伸縮性圧力センサーの構造と特性

本高伸縮性電極は，広い面積に形成できるため，図7(B)に示すような高伸縮性キャパシタを作製することができる。このキャパシタは柔軟であるため，圧力等の力学的変化により発生する容量変化を検出する容量型圧力センサーとして利用することができる。

4　高伸縮性マトリクス状圧力センサーシート

従来のマトリクス状圧力センサーシートは，フレキシブルであるが伸縮性がないものがほとんどであり，特に信号配線として用いられるフラットケーブルは10 mmの曲げ半径で1万回程度の屈曲耐性しかもたなかった（折り曲げると断線する）。我々は，上記の高伸縮性短繊維配向型電極でマトリクス状センサー部を形成し，信号配線として高伸縮性バネ状導電配線を接合するこ

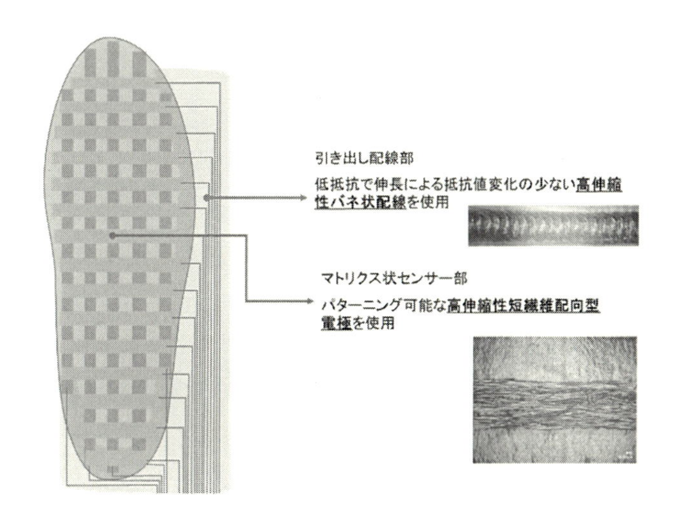

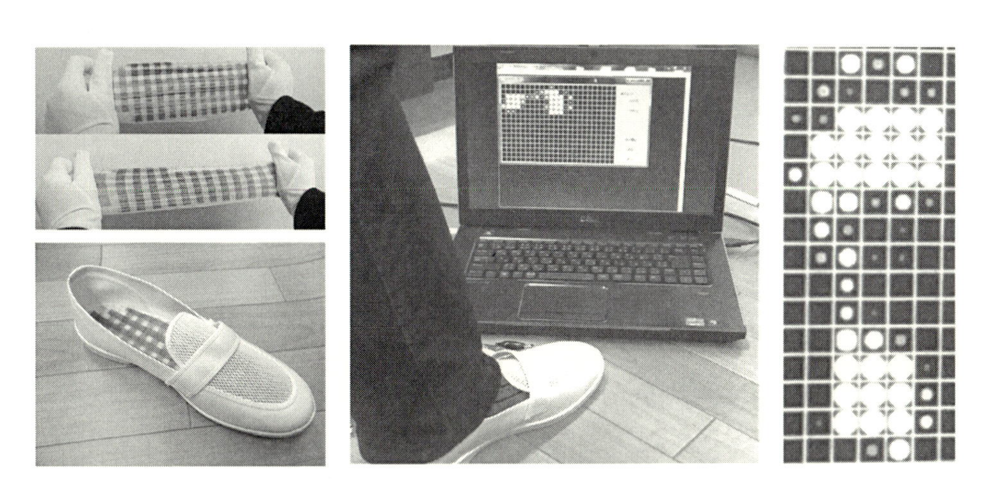

図8　高伸縮性バネ状配線と高伸縮性短繊維配向型電極を利用したマトリクス状圧力センサーシート

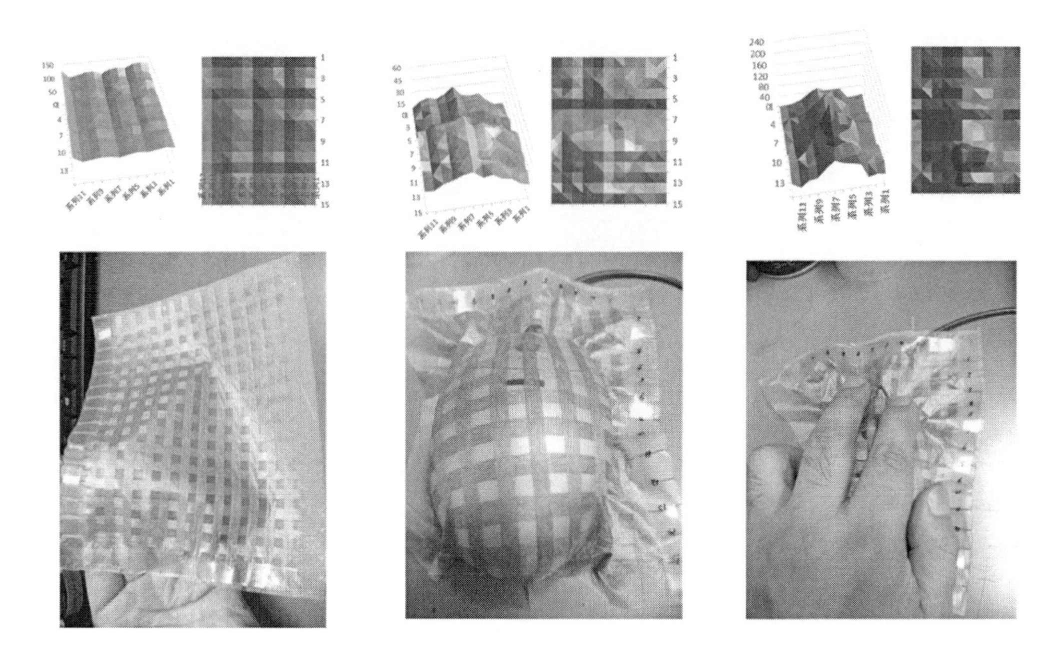

図9　圧力センサーシートをマウス上に配置した様子およびその時の静電容量分布

とにより，高伸縮性と高屈曲耐性を合わせ持つ新規のマトリクス状センサーシートを作製することに成功した（図8）。本センサーシートは200％伸長しても，0.1 mm以下の曲げ半径で，20万回以上折り曲げても安定に動作することを確認している。このセンサーシートは，靴の中のように長時間人間の体重分の負荷がかり，変形を繰り返すような，過酷な環境においても用いることができるため靴底圧力分布センサーとして用いることができる。

また，このセンサーシートは伸縮性が高いため，曲面に隙間なく貼り付けることができる（図9）。図9はコンピューターのマウス表面に圧力センサーを張り付けた写真であるが，センサーシートを貼り付けた際にマウス形状に対応した静電容量変化がおこる。これをマッピングすることにより，マウス形状に関する情報を静電容量変化の分布として取得することができる。また，このセンサーシート上に手をのせると更に圧力印加に対応した静電容量変化がおこる。これを利用して，マウス操作時にマウス表面にかかる圧力変化を常時モニタリングすることができる。

5　圧力と伸びを同時に検出するセンサー

我々の開発した銀メッキ短繊維は，前述のように伸長した時に抵抗値変化が小さい特徴を持っていることを述べたが，繊維長をコントロールすることにより伸びに対して抵抗値が変化する伸びセンサーとして用いることもできる。また，この伸びセンサーは銀メッキ短繊維をパターニングした電極と抵抗値の取り出し配線（銀メッキ撚糸）で構成できるため非常に薄くて柔軟なもの

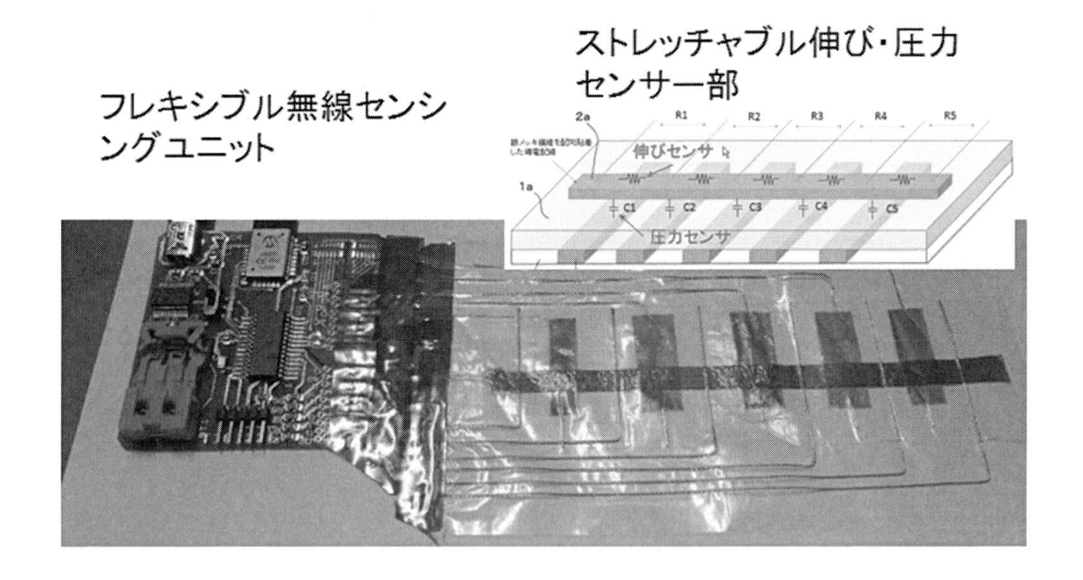

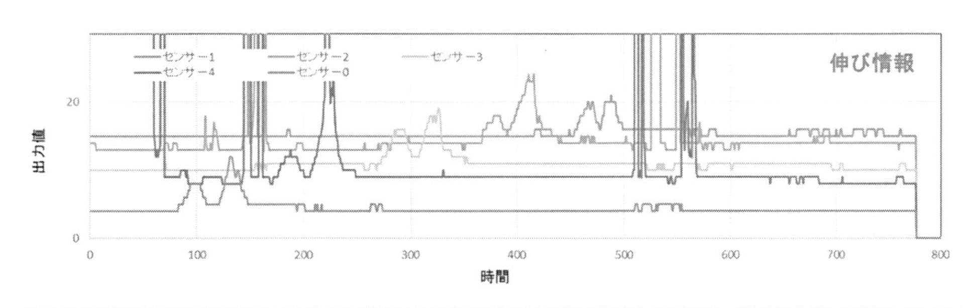

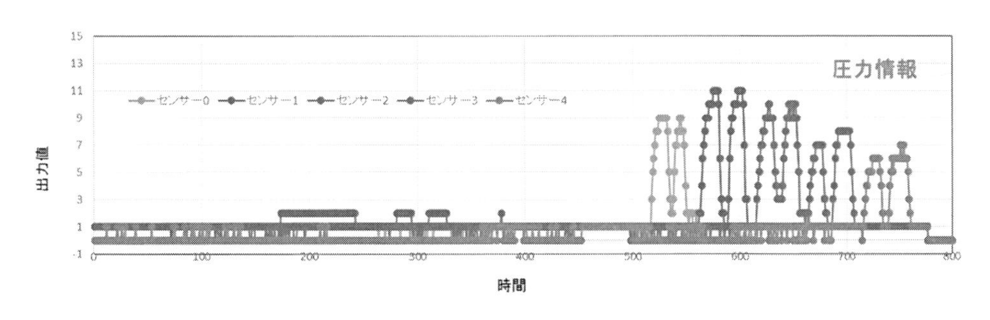

図 10　圧力と伸びを同時検出できるウェアラブルセンサーの写真（上）と伸び情報と圧力情報のデータ（下）

となる。前述のシート状圧力センサーも薄くて伸びるセンサーであるため，図 10 のように両センサーを積層し，伸びを抵抗値変化，圧力を静電容量変化で検出するウェアラブルセンサーを作製することができる。図 10（下図）はこのセンサーの出力特性を示すが，それぞれ圧力，伸びを独立して検出できることを示している。このセンサーを人体に装着し，衣服を着用することにより，衣服と人の皮膚間に発生する着圧や関節を曲げた時に発生する伸びを検出することができるため，スポーツウェアの設計等に活用することができる。

6 まとめ

衣服型デバイスのウェアラブルデバイスを普及させるためには，伸縮性の高耐久性柔軟部材を開発し，デバイス装着時の快適性向上を図ること等が重要である。今回は特に衣服型ウェアラブルデバイスを実現するために不可欠な高伸縮性配線材料とそれを活用した圧力センサーや伸びセンサーについて解説した。衣服型ウェアラブルデバイスでは，今回取り上げた伸縮性や屈曲耐性のみならず，他にも様々な開発課題があり，デバイス設計，部材設計，システム設計等様々な側面でさらなる研究開発を進めることが必要になる。

文　　献

1） 和田直子ほか，“膝関節屈曲動作時の膝周囲の皮膚の伸張性について”，関西理学，**12**, 41 (2012)
2） 岡田顕一ほか，“HDD 用高屈曲 FPC”フジクラ技報，**99**, 49 (2000)

第26章　有機導電性繊維を用いたテキスタイルデバイス

木村　睦*

衣服やインテリアなどの繊維製品に様々な機能を導入することができれば，違和感なく色々なサービスを受けられることとなる。繊維自体をデバイス化し編織によって多機能化することによって繊維製品のIoT化が可能となる。本稿では，繊維の導電性化および編構造形成によるセンサー機能に関し概説する。

1　はじめに

従来型の堅いシリコンエレクトロニクスでは実現困難であった新たな価値を持つデバイスの創成が求められている。「伸縮できる」「折り曲げられる」「巻ける」「折りたためる」などの機械的な特徴をもつやわらかいデバイスが注目されている。やわらかいデバイスを実現するための材料としてナノ機能材料開発が盛んに行われており，印刷プロセス可能な有機半導体，フラーレンやカーボンナノチューブなどの特異的形態・物性を持つナノカーボン材料，無機ナノ粒子やワイヤなどの無機ナノ材料などが創出されている。さらに，蒸着やスパッタリングなどの真空プロセスを用いない低コスト・大面積化可能なプリンタブルプロセスも進化している。これらの材料とプロセスを用い，プラスティックフィルムやゴムシートなどが基板としてフレキシブルもしくは伸縮可能なディスプレイ・照明・RFIDタグ・太陽電池・バッテリーなどの試作が行われている。しかし，フィルムやシートは通気性がなく着用には適さない。

繊維（ファイバー）は細く長い一次元構造を持ち，編織によって多次元のテキスタイルとなる。古代からテキスタイルは衣服として我々の身体を守り・飾り・快適性を付与してきた[1)]。また，テキスタイルは温かみや柔らかな光の反射を与えるため，車両や住環境において我々が手に触れる多くの部分にテキスタイルが使われている。つまり，一次元状の繊維からなるテキスタイルは，最も違和感ない外環境とのインターフェースである。テキスタイル内にセンサ・アクチュエーター・通信などの機能を組み込むことができれば，衣服のみならず我々の身の回りの多くのモノのスマート化が可能となる。スマート化によって，テキスタイルに接していれば様々なサービスが受けられる社会が実現する。

繊維は紡糸・編織・縫製の一連のテキスタイル化プロセスによって通気性に富み着用に適した

＊　Mutsumi Kimura　信州大学　繊維学部　化学・材料学科　教授

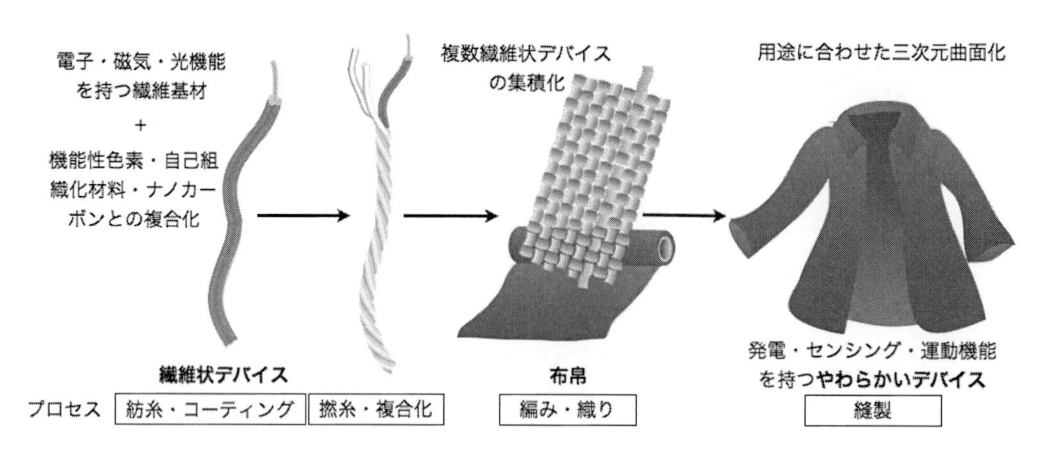

図1　繊維・布帛のデバイス化

テキスタイルとすることができ，さらに用途に合わせた三次元曲面を作製することができる（図1）。

ナノ材料および有機エレクトロニクスと繊維との融合および従来型のテキスタイル化技術利用による大面積・曲面化によって，日々着用する衣類および身の回りのインテリアを違和感なくスマート化することが可能となる。さらに，通信機能を付与すれば，人間活動や環境変動などの膨大な情報を収集し可視化することが可能となる。繊維製品をモノのインターネット（Internet of Things：IoT）の端末として利用できれば，新しいサービスの創造が可能となる。

2　有機導電性繊維の開発

テキスタイルプラットフォームによるIoTデバイスを実現するためには，電子・光・磁気機能を持つ軽くフレキシブルな繊維が必要となる。導電性を持つ繊維として，これまでに無電解メッキによる金属メッキ繊維，金属細線やカーボンを含む繊維，金属ナノ粒子を含む繊維などが開発されてきているが，導電性が低い，柔軟性に乏しい，機械的強度が弱いなどの欠点を持つ。ここでは，有機物である導電性高分子の繊維化および導電性繊維を電極とした布帛状心拍センサー開発を紹介する。

一般的な化学繊維の紡糸法として溶融紡糸と湿式紡糸法が使われている[2)]。溶融紡糸は高分子の融点以上に加熱し，ノズルから押し出し空気中での冷却によって繊維化させる方法である。有機導電性高分子であるPEDOT：PSSの場合，加熱しても溶融しないことから溶融紡糸法による繊維化はできない（図2）。湿式紡糸法は，溶融紡糸法に比べ加熱温度も低く，溶媒に溶解すれば様々な高分子を繊維化することができる。しかしながら，連続的かつ安定な紡糸には高分子溶液の粘度・凝固浴中での溶媒の除去速度・凝固過程での高分子の結晶化制御手法が必要となる。さらに，紡糸条件によって得られるPEDOT：PSS繊維の導電性および機械的強度が大き

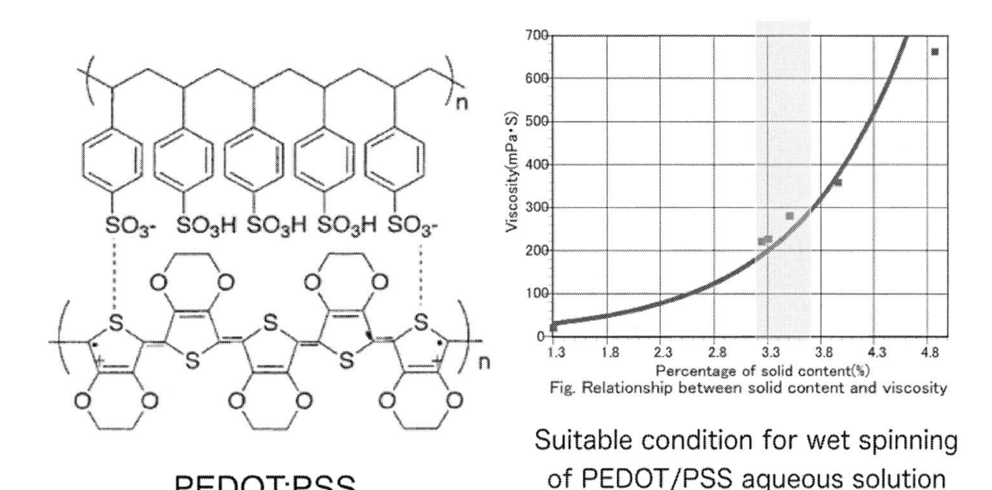

図 2　左）PEDOT：PSS の化学構造，右）PEDOT：PSS 濃度と粘度との関係
（3.2〜3.7 wt%が湿式紡糸に最適な条件）

図 3　パイロットスケール湿式紡糸装置

く変化する。高分子溶液および紡糸プロセスの最適化によって，PEDOT：PSS を含むポリビニルアルコール溶液の湿式紡糸が可能であることを見いだした[3)]。

そこで，布帛作製に必要な 100 g スケールの紡糸を可能とするため，パイロットスケールの湿式紡糸装置を信州大学に導入した（図 3）。パイロットスケールでの連続・安定紡糸のためには，高分子溶液粘度・温度・ノズル設計・凝固浴組成・紡糸速度・乾燥温度などの最適化が必要であり，企業出身者の指導のもと試行錯誤を繰り返した。その結果，導電性繊維の連続・均質紡糸に成功し，数時間で 100 g 程度の導電性繊維を得ることのできる条件を確立することができた（図 4）。

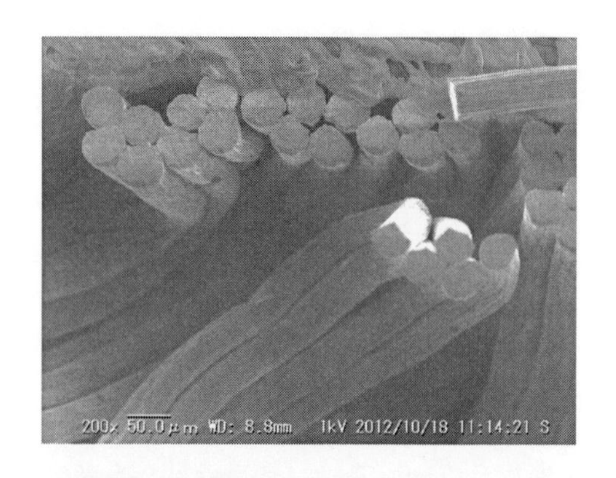

図4　湿式紡糸法によって紡糸した PEDOT：PSS 繊維

3　有機導電性繊維の布帛化

ポリビニルアルコールと導電性高分子の複合化によって，繊維のパイロットスケールでの紡糸が可能となると同時に，繊維の機械的強度の大幅な改善が得られた。繊維を編織によって布帛化する場合，繊維自身の強度とともに伸び率が重要となる。編機を用いた編み地の試作に適した繊維への柔軟性の付与のための繊維処理プロセスに関し検討を行った。高沸点なグリセリンへの浸漬によって，繊維の柔軟性は向上し編機での試作が可能となった。インテリアへの展開を見据え，導電性繊維を含むクッション性のあるスペーサーファブリックの試作を行った。スペーサーファブリックとは，2枚の編み地の間につなぎの糸としてモノフィラメントを用いることにより弾力・厚みのある生地である。企業との共同研究により，導電性繊維を含むスペーサーファブリック用編機を開発した（図5）。図6に導電性繊維を含むスペーサーファブリックの写真を示す。スペーサーファブリックの表面に，幅3 cm の導電性繊維からなるストライプを導入した（黒色の部分が有機導電性繊維）。下着などの編み構造を形成するには，編み構造の高密度化が必要となる。ここで示した有機導電性繊維は，繊維径が太いため密度の高い編み地は作ることができない。そこで，現在繊維の細径化および柔軟性の向上に関し研究開発を継続している。

図 5　スペーサーファブリック用丸編機
（左：拡大写真，右：全体）

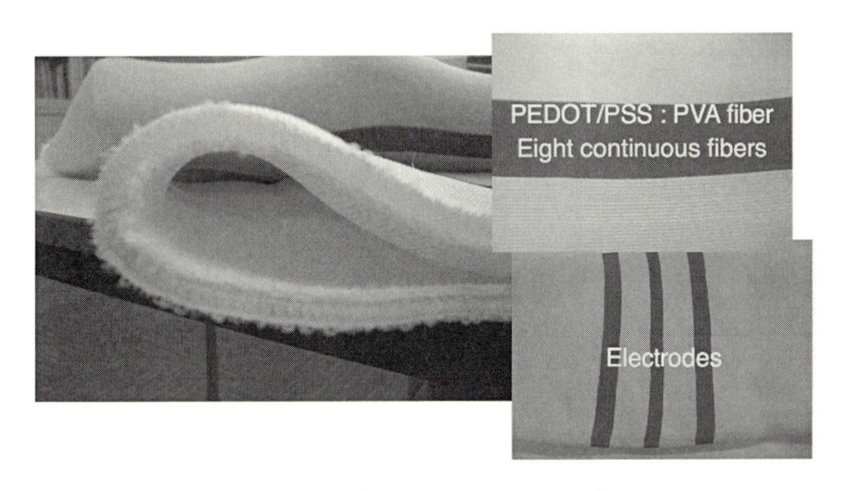

図 6　有機導電性繊維を含むスペーサーファブリック

4　有機導電性繊維を電極とした生体信号センシング

導電性繊維を布帛化し，布帛上の電極を試作した。布帛状電極に両手をのせるだけで，心拍数と周期を測定できた（図 7）。導電性繊維を衣類やインテリアの中に導入することによって，いつでもどこでも健康状態をモニタすることが可能となる。

有機導電性繊維でセンシングした心拍情報をワイヤレスで通信を行い，心拍情報をパソコン上で可視化および集積化するデモンストレーションを行った（図 8）。有機導電性繊維を含むニットを手で握るもしくはサポーターのように腕に着用することによって，着用者の心拍数をモニタリングできた。

導電性高分子である PEDOT：PSS を繊維化することが可能となり，また複合化および繊維

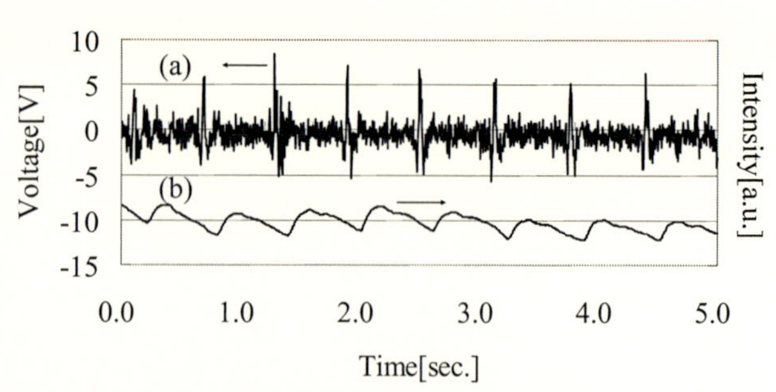

図7 導電性繊維を用いた布帛上電極（左）と布帛上電極を用いた心拍センシング（右）

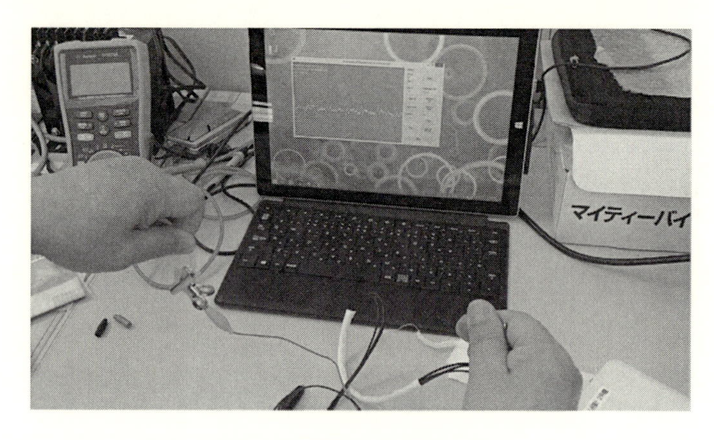

図8 ワイヤレス心拍モニタ

内ナノ構造制御によって機械的強度の向上が可能となった。また，有機導電性繊維からなるテキスタイルは洗濯することが可能である。

5 まとめ

テキスタイル内にデバイスを組み込むための加工技術およびデバイスを駆動するための電源が重要な課題となるとともに，テキスタイル形成のための編織機の高性能化も必要となる。アメリカでは，Revolutionary Fiber and Textiles Manufacturing Innovation Institute（RFT-MII）を立ち上げ，分野融合による革新的な繊維・テキスタイルの研究開発を始めた（図 9）[6]。1960-80 年代に合成繊維の開発で培われた繊維およびテキスタイル技術は，技術者の高齢化および生産拠点の海外展開によって失われつつあり，新たなテキスタイルプラットフォームによるイノベーション創発のために目を向け新たなコンセプトのもと活用しなければならない。

Advanced Functional Fabrics of America

高機能性繊維およびテキスタイルイノベーションを創発しアメリカの製造業を強化する！

AFFOAはNational Network of Manufacturing Innovation (NNMI) Institutesの一つとして2016年４月にMITに中に設立された（5年間のプロジェクト　総予算額$317 million　そのうち$75 millionは連邦、$242 millionはDepartment of Defense, 産業界, ベンチャーキャピタル,大学,NPO, マサチューセッツ州を含む州から）

リーダー：　Prof. Yoel Fink (Director of MIT's Research Laboratory of Electronics (RLE))

32大学＋16産業界メンバー＋72製造企業＋26ベンチャー＋プエルトリコを含む27州

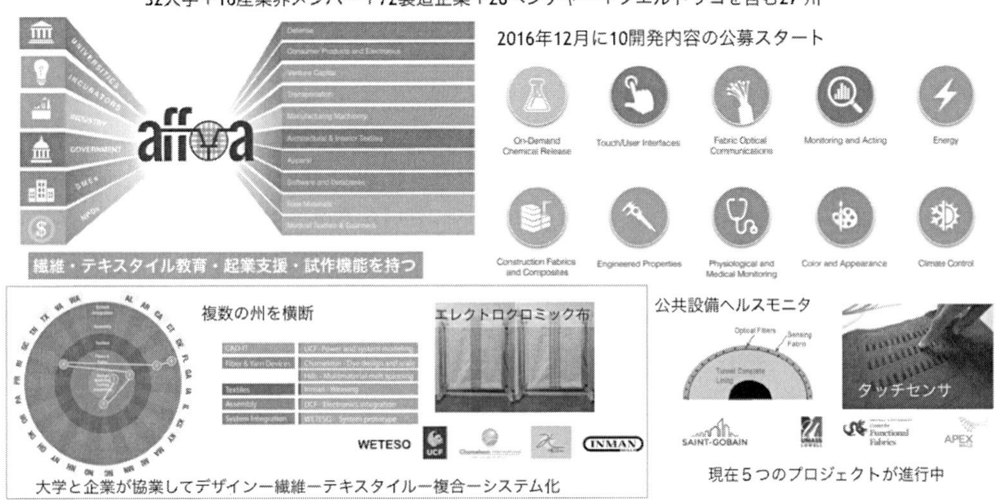

図９　アメリカの革新テキスタイルプロジェクト（affoa）

文　　献

1)　篠原　昭, 白井汪芳, 近田淳雄, ニューファイバーサイエンス, 培風館（1990）

2)　繊維学会編, 最新の紡糸技術, 高分子刊行会（1992）

3)　三浦宏明, 諸星勝己, 岡田　順, 林　榜佳, 木村　睦, 繊維学会誌, **66**, 280（2010）

4)　H. Miura, Y. Fukuyama, T. Sunda, B. Lin, J. Zhoh, J. Takizawa, A. Ohmori, M. Kimura, *Advanced Engineering Materials*, **16**, 550（2014）

5)　三浦宏明, 寸田剛司, 木村　睦, 電気学会論文誌, **135**, 948（2015）

6)　http://www.manufacturing.gov/rft-mii.html

第27章　スマート防護服

辻　創*

1　はじめに

防護服関連分野にも時代の潮流とともにスマート化が謳われ始めている。「スマート防護服」及び「Smart PPE」という用語でWeb検索すると，複数のページがヒットする。その中身を分析すると，対象としたページは研究段階のものもあれば，製品化しているものもある。しかしながら，量産しているものについて述べているものは数少ない。現在は，まさに防護服のスマート化の黎明期にあたるのかもしれない。日常生活，労働環境においても安全性が求められ，適正な働き方，生き方が要求される今日，防護服が必要とされるシーンは確実に増えていくと考えられる。そして，それらのシーンで着用する防護服に求められる機能は，今まで以上のものになると考えられる。その中の一つとして「スマート化」が含まれるであろう。

2　防護服とは

私たちが生活をしている身の回りには，常に様々なハザード（危険有害性）が存在している。いつどのようなタイミングで顕在化するかわからない潜在しているハザードや有害であることが明白な物質の取扱いに対して，私たちは自身の身体を守らなければならない。身体を守る手段の代表として防護装備がある。その中には，実際に身に纏って防護する防護服であったり，ハザードと身体の空間に遮蔽する物体を設置し防護する防護壁であったりする。本章では，様々なシーンで使用される防護服にフォーカスする。

防護服とはどのようなものだろうか。日本工業規格（JIS T 8005[1)]）では，身体を，一種類以上の危険有害性から防護するように設計された服と定義されている。身の回りで生じる様々なハザードから身体を防護するためにデザインされている服ということである。特に労働環境において，ハザードから労働者・作業者を防護するため予測される危害の大きさに応じた防護性能を持った服を作業服の上に重ねて，または作業服に代えて着用する服を指す。ここで述べる服は，広義であり頭部から手，足までを防護範囲に含むこととする。

労働環境に目を向けると，複数のハザードが潜在している現場がほとんどであり，その状況におけるリスク分析を行い，想定されるハザードに対して効果のある防護服を適切に選択し，適切

＊　Hajime Tsuji　（一財）カケンテストセンター　技術部　技術開発室

に着用することで身体に及ぼされる危害を軽減することができる。この様々あるハザード（危険有害性）を国際標準化機構（ISO）の専門委員会（TC 94）個人用防護装備（PPE）では熱的危険，化学的危険，機械的危険，生物的危険と分類している。今回は，これらの危険有害性に対する防護服の機能及び防護服業界での動向について紹介をするとともにそのスマート化について述べたい。

3　労働災害事例と防護服

厚生労働省が報告している労働災害統計[2,3]を見てみると，2017 年の労働災害による死傷災害者数（死亡及び休業 4 日以上の労働災害）は，120,460 人であった。2016 年よりも 2,550 人増加している。死傷災害は，製造業，建設業，陸上貨物運送業，小売業，社会福祉施設で増加し，飲食店，清掃と畜業で減少した。

発生している事故の形態を調べてみると，墜落及び転落，交通事故，はさまれ及び巻き込まれが上位をしめている。死傷災害事例の特徴としては，転倒は全体的に減少してきているが業種によっては増加傾向のものもある。高温・低温物との接触事故は増加傾向にある。また，交通事故によるものは増加傾向にあり，警備業や福祉施設の増加が影響していると考えられる。

前述の統計とは切り口の異なる視点で労働災害を分析してみると，2017 年の職場における熱中症による死傷災害の発生状況は，全産業を通して死亡及び休業 4 日以上の労働災害 544 人であった。2016 年よりも 82 人増加している。熱中症による死傷者数は，その年の気象状況により変動するが，毎年 400 人～500 人台で推移している状況あり，決して減少傾向にあるとは言えない。過去 5 年間（2013～2017 年）の業種別の熱中症による死傷者数は，建設業が最も多く，次いで製造業で多く発生し，全体産業の約 50％を占めている。なお，2017 年の業種別の死亡者をみると，建設業が最も多く，全体の約 60％であった。

これらの労働災害において，様々な労働災害事例の報告があるが，その対策事項の一つとして防護服の着用があげられている事例が複数みられる。防護服を着用していたら，防護服を正しく着用していたらどれだけの死傷者数を減少させることができるだろうか。防護服の着用は，労働者を災害から守る一つの手段である。防護服は対象となる有害危険性に対して様々な機能性を有するものが数多く生産されるようになり，労働者の身体の防護性は一昔前からすると格段に上がっている。しかしながら，防護服の防護性を向上させるためには，防護服自体が重厚長大になる傾向がある。その反面，着用者には，重厚長大になることが身体的負担になりかねないという点に注意を払うことが，今後防護服が今まで以上に普及し，発展していくための重要な課題である。特に，身体的負担が原因となっていると考えられる熱中症による労働災害は見逃せない。

4　熱中症と防護服

熱中症による国内における労働災害の発生事例の一つとして，「送電線直下の雑木伐採中の作業者が熱中症にかかる」が厚生労働省のホームページ「職場のあんぜんサイト」で紹介されている。（No.100901　一部抜粋引用）

【発生状況】

この災害は，送電線の直下の雑木伐採作業中，熱中症にかかったものである。

送電線と樹木などとの距離は放電などを防止するため，離隔距離が定められている。伐採作業は，チェーンソーと刈払機を用いて，送電線直下に生えている樹木の伐採及び下刈りを行うものである。

現場責任者と被災者は，チェーンソーを用いて伐採の作業をそれぞれ開始した。午後の休憩をとろうしたところ，被災者が見当たらないので探したところ作業場所に倒れている被災者を現場責任者が見つけ,病院に搬送した。病院に到着後間もなく熱中症による死亡が確認された（図 1）。

【原因】

① 炎天下でのチェーンソー作業という重筋作業を行っていたこと。当日の天候は晴れ，15時の気温は27.4℃，作業開始から災害発生時刻までの日照は100％であった。

② 作業場所が，日陰のない直射日光の強い場所であり，直射日光を遮るような対策が十分に講じられていなかったこと。

③ 作業中の発汗が激しく，塩分の補給が不足していたこと。また，用意していた氷水の量が十分でなかったこと。

④ 作業管理が不適切であったため，休憩のほか小休止をとることなく連続作業が継続されていたことにより疲労が蓄積していたものと考えられること。

図 1　労働災害事例―伐木作業時の熱中症
出典：厚生労働省・職場のあんぜんサイト

⑤　炎天下における作業を行うとき，事業者及び作業者全員が熱射病の危険に関する認識が欠如していたこと。

⑥　作業者の健康状態を十分把握していなかったこと。

【対策】

①　炎天下で作業を行わせるときは，作業場所の近隣に日陰などの涼しい休憩場所を確保し，気温，作業内容，作業者の年齢・健康状態などを考慮して，作業休止時間や休憩時間の確保に努めること。特に，高齢者の1人作業は注意が必要である。

②　チェーンソーを使わない他の作業と計画的に組み合わせ，チェーンソーの操作時間は1日2時間以内とし，連続操作時間は10分以内とするなどの作業標準を策定し，作業管理を徹底すること。

③　炎天下で作業を行うときは，作業場所にスポーツドリンクを備え付けるなど水分や塩分を容易に補給できるようにすること。

④　作業場所に温度計や湿度計を設置し，作業中の温湿度の変化に留意すること。なお，環境温度を総合的に評価する指標を示す測定器の備え付けも効果的であること。

⑤　休憩場所に体温計を備え付け，休憩時間などに体温を測定させることが望ましいこと。

⑥　熱中症の症状，熱中症の予防方法，緊急時の救急措置，熱中症の事例などについて労働衛生教育を実施すること。

この事例では，防護服に関しては述べられていないが，チェーンソーを用いた伐採作業を行う際は，チェーンソーによる切断事故から防護するためにチェーンソー用防護パンツを着用することが労働安全衛生規則において義務付けられている。このチェーンソー用防護パンツは，刃物に対する切断抵抗とは異なる原理によって切断による災害から身体防護を行っている。一般にチェーンソーによる切断事故は，キックバックや無理な姿勢での作業，操作ミスなどで脚部を被災することが多い。そのため，脚部を切断から守る構造になっているのが，チェーンソー用防護服の特徴である。

チェーンソー用防護服には，パンツタイプとチャップスタイプがある。どちらの防護服も，最外層生地の中に，6～8層の編布が積層されている。この生地の主素材は，ポリエステルが用いられていることが多い。この素材は決して切れにくいものとは言い難い。チェーンソー用防護服は，他の耐切創性防護服とは異なる方法で，切断からの防護を実現する。一般に，最外層生地が切断した際に，中わたとして入っている繊維材料が吹き出し，チェーンソーの刃に絡みついたり，駆動部に巻き付いたりすることで物理的にチェーンソーの回転を停止させるという方法を取っているため，必ずしも切れにくい素材でなければならないとは限らない。むしろ，いかに防護服内の繊維材料が吹き出し，上手く絡みつくかが重要である。このようにして身体を切断から防護するチェーンソー用防護服は，他の防護服とは一味違った構造性能が求められるのが特徴である。このように，ズボンには編布が積層されたものが使用されているため，伐木などの作業時に身体から発せられる熱が防護服内に蓄積し，身体的負担が非常に大きくなり熱中症になるリスクが高い。

チェーンソー用防護服を着用した際には，チェーンソーによる脚部の切断という機械的ハザードから防護できるようになるものの熱中症になるというリスクが高まることになる。すなわち，防護服の防護性と着用快適性はトレードオフの関係にあるのが現状である。これらに対して，スマート防護服の開発が進んでいる。

ドイツの HOHENSTEIN では 2012 年からスマートチェーンソーパンツの開発が研究されている（図 2）。

この防護パンツは，チェーンソーにより生成される磁場が作業者の人体に近づくとすぐに，センサーがすぐにチェーンソーを止める無線信号を発し，脚部を切断しないようにする仕組みである。

この防護パンツとともに，熱中症を予測するスマート防護服の上衣を着用することによって前述のシチュエーションの労働災害の発生を防ぐことができる可能性が大いにある。

機械的ハザードに対する防護だけでなく，ケミカルハザードに対する防護服を着用した際の熱中症は大きな社会問題になった。特に 2011 年に発生した東日本大震災による福島第一原子力発電所事故後の作業従事者は，放射線量を気にするだけでなく，密閉型の化学防護服を着用して作業をすることによる熱中症に対しても注意を払わなければならなかった。原子力発電所事故以降，防護服を着用しての作業と熱中症に関する研究が数多く行われた。高橋ら[5]は，原子力施設において透湿性の低い防護服を着用して作業に従事する作業員の筋作業及び暑熱負担に起因する深部体温の変化を把握することは，熱中症などの発生を予防し，安全に作業を進める上で非常に重要であると報告している。この密閉型の化学防護服による労働負担に関する研究[6,7]は，栃原らによって原発事故以前から行われていた。その研究では，密閉型防護服を着用して除去する作業を行った際の心拍数と直腸温の変化を測定した。室温 28℃，湿度 85％とそれほどの高温では

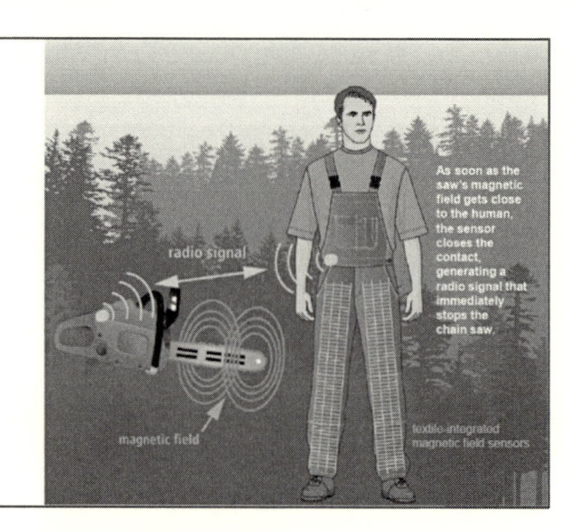

図 2　スマート防護服の研究例

出典：HOHENSTIN Web サイト

ない作業場であったが，作業者の直腸温は最高40℃まで達し，心拍数は170拍/分まで増加し，著しく労働負担が大きくなることに言及している。とくに夏季のアスベスト除去作業では熱中症発生の危険性が高いことが認められたと報告している。

この状況に対しても熱中症を予測することのできるスマート防護服が開発されれば労働災害の低下及び作業環境の管理がしやすくなると考えられる。

5　防護服×スマート

チェーンソー用防護パンツだけではなく，様々な分野において防護服のスマート化が進んでいる。H.CAOの報告[8]によると，産業用アプリケーションとして溶接作業者用のスマートヘルメットや消防隊員用のスマート防火服が紹介されている。

溶接作業用ヘルメットでは，溶接作業時に発せられる紫外線から目を防護するために，従来のヘルメットのフェイスガードの部分をスマート化したものである。溶接棒に接近していること自動で感知することで防護する機構である。

一方で，消防隊員用のスマート防火服では，Brynerらによる研究が報告されている。そこでは，スマート防火服をPASS（パーソナルアラートセーフティシステム）デバイスの１つとして位置づけ研究開発が進められている。このスマート防火服には，モーション検知デバイスと熱センサを組込み，消火活動中の消防隊員の動作及びおかれる作業環境をモニタリングすることを可能にしようとするものである。高温環境に曝された場合，消防隊員の防火服に取り付けられたLEDが点滅することにより自身だけでなく周囲の隊員にも状況を知らせるものである。

日本国内でもスマート防火服は，帝人㈱によって実用化開発が行われた。消防隊員はできる限り火炎に巻き込まれたり，強い熱にばく露されたりするシチュエーションにならないような消防戦術を取っている。しかしながら，消火活動時における活動環境は高温であることが多々ある。その状況においては，火炎及び熱からの防護だけでなく，隊員が熱中症になることを防ぐ必要がある。そこで，開発された「スマート消防服」は，防火服にウェアラブルデバイスを内蔵し，隊員の衣服内温度を計測し深部体温の予測によって熱中症リスクを予知するものである。このスマート消防服を着用した隊員が熱中症になることが予知された時点でアラートが発せられるとともに，管理者は活動中の消防隊員の体温や位置情報を常に把握しながら，熱中症リスクの予知や管理を行うシステムを構築する安全警報システムになっている。

このような開発を行っていくなかでは，消防隊員の活動量や体格などに差異があることから，ウェアラブルデバイスによる心拍数や体温の計測だけでは，熱中症リスクの予知は困難であったが活動中の消防隊員が着用する消防服内の温度の計測と，医学的な見地と検証に基づく深部体温の予測によって熱中症リスクを予知するデバイスを開発した。

6 スマート防護服の今後の展望

防護服に関する多くの製品規格，試験規格及び一般用規格が，既にISO規格や各国のローカル規格で規格化されており，それらに準拠した上で製品開発が活発に行われてきた。機械的，化学的，生物学的，熱及び火炎などの単一のハザードに対する防護服は様々開発され，現在では複合したハザードに対する防護服の開発が進むなど成熟期に達している。また，スマート防護服を用いた安全警報システムの開発が手掛けられ始めた。今後もこの傾向は続くと思われる。その際に，防護服に適用するスマートテクノロジーや電子デバイスに関する技術はまだ歴史が浅く，防護服の安全性を向上させることが最重要課題である。しかしながら，まだ安全面でのスマート防護服の安全性評価に関する規格は整えられていないのが現状である。

Buchweillerらによる報告[9]では，防護のレベル，信頼性や電子デバイスを防護服に組み込むことによるリスクについて提言がされている。スマート防護服の開発がされるなかでは，このリスクについては避けて通ることができない課題としている。スマート防護服になった場合でも従来の防護服より防護性が劣ることは許されなく，より高い防護性を満足することが不可欠となる。そのためスマート防護服にも，十分な信頼性と安全性が提供されること忘れてはならない。

これらの開発が着実に進むことで新たなスマート防護服の開発が進むことを期待する。

7 おわりに

近年，様々な防護服が開発され上市されるようになってきているが，防護服を着用する際に，絶対に忘れてはならない事項として「SUCAM（スウカム）」がある。この「SUCAM」とは，「Selection（セレクション）」の「S」，「Use（ユーズ）」の「U」，「Care（ケア）」の「CA」，「Maintenance」の「M」を合わせた造語であり，「選択，使用，保守，管理」を意味する。

防護服を適切に選択するために最初に必要になることは，まず防護服の使用環境に伴うリスクを評価することである。この評価実行の手順とは，対象となるある特定のハザードに対して予想されるレベルと，時間及び暴露の可能性との両方を検討することが含まれている。しかしながら，暴露のレベルは極めて多様なものであることが往々にして考えられるため，評価としては，リスクの程度及び危険の種類を分類することが多い。防護服を着用して作業する環境のリスク評価を行うことで，必要となってくる防護服の性能が明らかになる。そして，それに見合った防護服を選択することが重要である。この環境のリスク評価を行うところに，防護服のスマート化技術が用いられる可能性がある。

また，防護服は様々な他の装備品と一緒に着用することが十分に考えられる。その際には，防護服と防護装備間の接点において，すき間があくことで十分な防護性が確保できなくならないように注意を払うことが必要である。防護服は，海外から輸入されることも多々ある。海外からの輸入品の場合には日本人の体型に十分に合うものかを確認，検討を行うことが重要である。この領域におけるスマート化は，各防護服間の仕様を統一するような規格が存在しないこともあり，実現できていない部分である。着用者の体形，着用の仕方，装備品との組合せの違いなど，個々の製品製造の段階では十分な想定をすることが困難な領域である。だからこそ，スマート化技術により実現できると防護性を格段に向上させせることになるであろう。

続いて，防護服の「使用」上における注意点としては，意図した目的だけに使用することである。防護服は複数のハザードに対して耐性を有するものは少ない。したがって，対象としている危険有害性以外のリスクには耐性がないことを理解しておかなければならない。この世には，まだスーパーマンスーツがないことを忘れてはならない。

最後に，防護服の「保守，管理」において重要になることは，使用者が防護服を製造業者の指示に従って着用及び管理をしなければならないということである。管理計画をたて，定期検査及び修繕の記録を取る必要がある。使用している防護服が身体を防護する上で必要となってくる要求事項に適合しているかどうかの疑問がある場合は，その防護服は交換をすることが重要となってくる。

この防護服の「SUCAM」については，まだまだ普及していないのが実態である。しかしながら，身体を永続的に防護するためには非常に重要なことであり，防護服着用者は積極的に意識しなければならない事項である。スマート防護服の導入時に，是非現場の状況と照らし合わせ，「SUCAM」も積極的に取り入れ，より安全な生活労働環境が実現されることを期待する。

文　　献

1） JIS T 8005：2005，防護服の一般要求事項（ISO 13688：1998（MOD））
2） 厚生労働省，平成29年の労働災害発生状況（2018）
3） 厚生労働省，職場における熱中症による死傷災害の発生状況（2018）
4） 厚生労働省，職場のあんぜんサイト
5） 高橋直樹ほか，原子力施設において防護服を着用する作業員の熱中症遠隔モニタリング技術，日本原子力学会予稿集，2012年春の年会
6） 栃原裕ほか，夏季におけるアスベスト防護服着用作業の労働負担に関する調査研究，*The Annals of physiological anthropology*, **12**(1), 31-38（1993）
7） 栃原裕ほか，密閉型防護服着用時の生理負担，繊維製品消費科学，**41**(10), 801-804（2000）
8） H.CAO, "Smart technology for personal protective equipment and clothing", Smart Textiles for Protection, pp.229-243 (2013)
9） Buchweiller *et al.*, "Safety of electronic circuits integrated into personal protective equipment (PPE)", *Safety Science*, **41**, 395-408 (2003)

スマートテキスタイルの開発と応用

2019年7月9日　第1刷発行

監　　修　　堀　照夫　　　　　　　　　　　　　　(T1118)
発 行 者　　辻　賢司
発 行 所　　株式会社シーエムシー出版
東京都千代田区神田錦町1－17－1
電話 03(3293)7066
大阪市中央区内平野町1－3－12
電話 06(4794)8234
https://www.cmcbooks.co.jp/
編集担当　　伊藤雅英／町田　博

〔印刷　日本ハイコム株式会社〕

ISBN978-4-7813-1424-2　C3054　¥65000E